NF文庫
ノンフィクション

戦艦十二隻

鋼鉄の浮城たちの生々流転と戦場の咆哮

小林昌信ほか

潮書房光人新社

戦艦十二隻 ── 目次

写真提供／各関係者・遺家族・「丸」編集部・米国立公文書館

戦艦十二隻

鋼鉄の浮城たちの生々流転と戦場の咆哮

私は戦艦大和の最後の乗組員だった

右舷二十四番三連装二五ミリ機銃員が体験した大和最後の対空戦闘

当時「大和」八分隊機銃員・海軍水兵長　小林昌信

〽いやじゃありませんか海軍は　カネのオワンに竹のハシ　ホトケさまでもあるまいし　一ぜん飯とはなさけない――こう歌われた海軍に、昭和十九年五月二十四日、私は広島県大竹海兵団に入団した。それは叔父にひっぱられ、はるばる東京から小さなトランク一つぶらさげて夜行列車にゆられ、まだ見たことのない海軍の夢をみながら、大竹海兵団の門をくぐったのである。

小林昌信兵長

当日は、午前十時より海兵団のグラウンドで付添いの人と別れ、人員点呼と予防注射をされ、真新しい水兵服を渡された。これで初めて私も一人前か二人前になったのか知らないが、とにかく帝国海軍の一員になったことはたしかだ。当時の人間として兵隊にいくことは、当たり前のことであったから。

すぐその場で各班にわかれ、それぞれの班長に引率されて兵舎に入ると、ただちに一人ひとりの写真を兵舎前で撮影した。これは戦死したときに遺影として使用するものである。その当日の夕食は、小さいながらも鯛のお頭つきに赤飯だった。班長さんや古参兵たちが給仕をしてくれるので、軍隊なんてこんなによいところかと思ったくらいであるが、それも束の間の喜びであった。翌日になると、まるで前日とは正反対である。

陸軍ではラッパであるが、海軍は起床笛で起こされる。まず夏は朝五時に起床、自分の寝ていたハンモックをきれいに縛り上げ、すぐにグラウンドに出て朝の点呼があり、海軍体操をやったのちに朝食、それからは毎日、毎日、手旗信号の練習にカッターボートの訓練である。それに水泳がくりかえされた。

このような訓練を約五ヵ月ほどやり、呉ドックに入渠中の戦艦大和(やまと)乗組員を命じられた。

ここで新兵教育中、または大和に乗艦してからでもつづいた〝海軍精神〟の鍛え方の二、三を書いてみよう。

夏のことである。前日カッターで大竹海兵団から宮島まで行き、ここで夜営をして翌日は朝早く起こされた。全員朝食をすませ、見学気分でいると、班長から「これから大竹まで遠泳する」との命令には、いささかびっくりした。約七キロのところを泳ぐのでは大変だと思案していたが、海軍に入った以上やり遂げなければならないのである。

途中で泳げなくなった者はカッターに乗せられて大竹に向かったが、私は海兵団まで八時間もかかりながらもぶじ泳いで帰り、やっと兵舎にもどったそのときほど嬉しかったことはない。

さて、これからが大変である。泳げなかった連中は、夕食のとき「一班三十人」全員の食事の用意が終わると、班長から「泳げた者はこの食卓の上に座れ」と号令がかかる。泳げなかった者は、この食卓を差し上げさせられ、その上で泳ぎきった者が三十人分の食事を十二人で食べるのだが、いくらなんでも食べきれるわけがない。

そこで、残った分は残飯としてすててしまうのである。泳げなかった者は、腹が減ってつらいところ、手箱（この中には日用品が入っている三十センチ四方のもの）を持って食卓に向かって腰掛けて、陸上カッターとして一時間もやらされるのである。

またあるときは、新兵の靴下や袴下（モモヒキ）がよごれているといって、蜂の巣といわれる衣嚢のなかに入っている全部を（夏冬正軍服、襦袢、シャツ四枚、靴下八足など）着込んで、衣嚢袋のなかにはいり、古参兵に入口をしばられて衣嚢棚に入れられる。これは頭を外に向けているため、まるで蜂の子供のような格好をしているところから、蜂の巣という名がついたそうである。

このほか書けばいくらもあるが、あとは名前だけを記しておこう。うぐいすの谷渡り。ミンミン蝉鳴き。前へ支え。オスタップ（バケツの大きいもの）、この中に水をいっぱい入れて差し上げる。ハンモックの差し上げ。

それに軍人精神注入棒、という樫の木で作ったもので二、三十発もなぐられれば、一夜中ハンモックの中で、うつ伏せになって寝てなければいられないくらいだ。これほど辛いことはなかった。こんなに辛いのだったら海軍に入団しなければよかった、と何度も思ったが、そのたびに〝俺は志願してきたのだ〟と頑張ってきた。かくしてぶじに新兵教育も終わり、海軍一等水兵が出来あがったのである。

ここで海軍一等水兵になった同年兵は、約一二〇人ぐらいと記憶している。この新兵たちは大和が待っている呉軍港に勇躍向かったのである。これまた大和を見たことがないので、どれだけ大きいのか見当もつかない。あれやこれやと想像しているうちに目的の呉駅に到着した。

忘れられぬ田舎饅頭の味

ここでは大和から上等兵曹が五、六人の下士官を連れて出迎えにきていた。大竹から私たちを連れてきた上等兵曹も一緒になり、大和のいるドックに向かった。途中、呉の海兵団に立ち寄り、ここで人員点呼をし、人員の異状の有無をたしかめた後、大和に乗り組んだ。私もこのときばかりはあまりにも大和が大きいので、びっくりした。まるで海の城のようであった。

それもそのはずである。なんと全長二六三メートル、最大幅三十八・九メートル、満載排水量七万二八〇〇トン、という。ここで私たち新兵は各分隊に分けられた。私は第八分隊員（二五ミリ三連装機銃）を命じられた。

翌日から三日間、艦内見学といって大和の隅からすみまで案内されたのであるが、全部はとうてい覚えきれなかった。そこで、いちばん大事な食事の場所、烹炊場、それに機銃の弾薬倉庫と酒保をまず覚えることにした。酒保はいろいろな品物を買うところである。実際にこれだけ覚えていれば用は済むのである。

ところが四日目からは、のんびりとしてはいられなくなった。歌にもあるように、毎日、月月火水木金金と休日も返上して訓練に励んだのである。

かくして艦に乗ってから何回目かの外出日であった。この日は埼玉から父母が面会のため下宿をたずねてくる日である。私は心がウキウキしながら、大発というボートの大きなものに乗って呉の町に出かけ、下宿をたずねたら、すでに父母は私がくるのを今や遅しと待っていた。

私は父母の顔を見たその瞬間、目に涙があふれてきそうであったが、ここで涙をみせれば父母は心配すると思い、じっとこらえて、あえて笑顔で対面したのである。このときほど嬉しかったことはなく、いまでも忘れられない。

また同時に、母親がもってきた黄色い田舎饅頭を、配給のすくない砂糖をためておいて作ってきてくれたことを聞くと、ただただ母親への感謝の気持で胸があつくなる思いだった。海軍では、これよりもっと甘い食べ物はいくらでもあったが、両親のあたたかい心のこもったこの饅頭の方がよほどおいしかった。

ここで世界最大の戦艦大和に乗ったことだけは両親には知らせたが、出撃することは一言も、当時としてはいえなかった。もしこれで出撃して、戦死すれば二度と父母に会うことができないことを考えると、なんだか心残りがしたが、これが軍人として仕方のないことだとあきらめ、じっと涙をこらえて別れた。

楽しかった出発前の大宴会

かくして昭和二十年四月二日――とつぜん艦内スピーカーから「〇八一五（午前八時十五分）より出港作業を行なう」という声が流れたので、われわれはいよいよ作戦開始かと思い、出港準備にせわしくなった。私たち下士官兵は上層部の考え方はどのようであっても、ただ将棋の駒のようにはたらくことが軍人の本分であると思っていた。

この間いろいろと出撃準備も終わりにちかづいた四月五日の午後五時三十分、艦内スピーカーから流れた。

「候補生総員退艦用意」「各分隊ごと酒を受け取れ」「酒保ひらけ」

出撃前にはよくやるものである。普通の社会であれば壮行会か送別会なようなものである。夕食後、各分隊ごとに車座になって宴会がはじまった。宴会といっても、アルマイトのお椀に酒を入れて飲むのである。

私たち二十四番機銃員もみんな意気が上がり、洋羹や朝鮮アメ（長久アメ）を手にしながらいろんな歌がでた。「人のいやがる海軍に、志願でくるようなバカもいる」とか「連れて行きゃんせどこまでも、連れていくのはやすけれど女は乗せない軍艦、女乗せない艦ならば長い黒髪ぷっつりと、軍服姿に身をやつしついて行きますどこまでも」というような替歌をやっているときが、私たち少年兵にとっては、いちばん楽しいときだった。

日ごろは艦内どこにいっても、会う人、見る人ほとんどが上官であるから、この無礼講の指示で、気がるに世間話や訓練でつらかったことなど、気持よく話せるのである。

しばらくするとまた艦内スピーカーが「二三〇〇」と告げ、能村次郎副長みずから「きょうはみんな愉快にやって、大いによろしい。が、これでやめよ」と言われた。この言葉はまったく数時間後に死地に向かうとは思えないくらい親心のこもった声であった。

翌朝はやばやと艦内スピーカーが「出港は一六〇〇、一八〇〇総員前甲板に集合！」と当直将校の気負った声がスピーカーを通じて聞こえてきた。これでいよいよ出撃本番かと思った。

するとすぐに艦内スピーカーは「郵便物の締切は一〇〇〇までです」という。ここでわれも遺書なるものを書こうと思ったものの、二、三日前に父母に会っているので、書く気にもなれず、ただいつ死んでもいいように身のまわりを片付けていた。

かくして午後四時出港、大和を旗艦とする第二艦隊の司令長官は伊藤整一中将であった。これにしたがう九隻の軍艦は、巡洋艦矢矧（やはぎ）以下、駆逐艦冬月、涼月、雪風、霞、磯風、浜風、初霜、朝霜。これらの艦はほとんど百戦錬磨の精鋭ばかりであった。

そして午後六時、総員集合した。これは最後の総員集合ならんや、それは解散すればただちに戦闘配置に就くからである。ここで艦長に代わって副長が、連合艦隊司令長官よりの艦隊あての壮行の詞を伝達した。

「本作戦を以て、戦勢挽回の天機となさん」

いよいよ運命の賽は投げられたのだ。だれがということとなくみんな、東の空を仰ぎながら万歳三唱して、各分隊に三々五々と引き揚げていった。この夜は、おそらく全員が二度と内地を見ることができない最後の夜であることを考えながら、床についたのではないだろうか。

敵の爆撃にくずれる巨砲

かくして、右に九州、左に四国を見ながら豊後水道を一路南下した。このとき、はるか遠く別府湾にそって雨上がりのなかに桜が満開になっていて、私たちの前途に幸あれとばかりに見送ってくれたのを、甲板上の機銃底でながめた。明くる四月七日は大隅海峡を通過して、一路沖縄へとすすんだ。

午前中はなにごともなく進み、そして私は少し早めの昼食をとっていた。とつぜん艦内スピーカーから「対空戦闘配置につけ」の声が聞こえたので、私はまだ食べかけのまま最後の一口を頰ばりながら走って、右舷二十四番機銃の配置についた。

私が配置についたころにはもう敵の飛行機は、雨上がりの雲間から大和めがけて第一波が襲いかかってきた。敵の飛行機はグラマン、ボートシコルスキーF4Uの二機種であった。

そして五機、十機、五十機と、敵機がおそらく百機以上も一度に大和上空に来襲しはじめたときである。艦長の「射撃はじめ!」という号令と同時に、高角砲二十四門(一二・七セ

戦闘中の大和。左舷に至近弾、後部は命中弾で煙に包まれている

ンチ連装十二基）、二五ミリ機銃一三二門（三連装四十四基）、一三ミリ機銃十六門（連装八基）が一斉に火をふきだした。

ところが、第一波の交戦わずかにして、後部艦橋の軍艦旗をあげているところと副砲の間あたりに敵弾（二五〇キロ）が命中し、その硝煙や鉄の破片などが雨のように降ってきた。

この時である、左舷の方に魚雷が命中したような大きな衝撃を感じた。やがて第一波が去り、つぎの戦闘にそなえて、機銃の手入れや弾薬の補給にいそがしい。そのとき第二波の攻撃がやってきた。（百機以上）このときは左正横に雷撃機が多かったのを記憶している。

するとまもなく、大和の右舷前方を進行中の巡洋艦矢矧が攻撃を受け、沈んでいくのを目のあたりに見た。われわれもいつし

左に傾斜しながらも回避運動中で、右に初霜、左に冬月が直衛にあたっている

4月7日、米軍機の第二波攻撃にさらされる第二艦隊。大和は後部に被弾、

か彼ら戦友とおなじようになることを考えている。

その瞬間であった。大和に敵の集中攻撃がはじまった。敵機は爆弾を投下し、その後で機銃掃射をやっていくのである。

この第二波で、わが二十四番機銃も被害を受けた。まず射手が戦死、機銃の真ん中に弾丸が命中し使用不能になった（二五ミリ三連装機銃）。

足で引き金をふみ、手で仰角をきめ、十五発入り弾倉を差しこんで射撃し、約四、五百発ほど撃つと、機銃の先に閃光覆いというものがあり、これが真っ赤になってしまうので、これを濡れ雑巾で冷やしながら使用した。

この被害のときである。三連装の真ん中の銃身に機銃弾が命中した。瞬間、となりにいた轟上等水兵がとつぜん右の大腿部を弾丸でつらぬかれ、真っ赤に流れでる血を見てか、みるみるうちに顔色がなくなってきた。急いでそばに駆け寄り、しっかりしろと出血止めに手拭をしばり、中甲板の医務室の方につれていったが、途中で絶命してしまったので、轟上等水兵を他の兵隊にたのんで私は機銃にまたもどってきた。

この第二波のときであった。左舷に魚雷が三本くらい命中したようであった。

ところで機銃員の対空戦闘は、飛行機が千五百メートルぐらいから急降下してくるのをクモの巣のかたちをした照準に敵機を入れて、射撃するのである。しかし百機も二百機も一度に攻撃されては、照準をつけて射撃することはできないので、十五度の仰角をたもって弾丸を出しているのが精いっぱいであった。

やがて間髪をいれるひまもなく、第三波の来襲で、このときは直撃弾を数多くうけると同時に、魚雷も五本くらい命中していたようであった。このとき艦はすでに十五度くらいに傾きはじめていた。その時である。副長か航海長かわからないが、〝艦の復原を急げ〟という声がした。が、艦はいくらも復原しないまま戦闘をつづけていた。

そうこうしているうちに第四波の来襲があったが、このときすでに艦は十五度以上の傾きのままで、左舷の方向からは一五〇機以上の敵機が爆弾を投下してきた。このときの数発が艦に命中したのか、硝煙がたのぼっていた。

もうこれだけ傾けば、機銃などは甲板の板にボルトで締めつけてあるだけなので、ひとたまりもなく海中に没入してしまった。私もこれではどうにもならないので、夢中になり、右舷の横腹の上に這い上がっていくと、そこにはすでに機銃や副砲などの持場を失った者でいっぱいだった。

重油の海にひびく軍歌

ここで煙草をすったりビスケットを食べている戦友もあった。このときすでに艦は三十度以上に傾いていたので、復原の余地はまったくなかった。

その瞬間である。前部方向で大爆発音がした。と同時に（午後二時二十三分）私は気が遠くなるような気持のなかで、母親の顔がふっと浮かんできて「昌信どうした」と大きな声で叫んでいるような錯覚のなかで、気を失ってしまった。

そのまま海に放り出されてはじめて正気にかえった。だが、私は生きているのだということが、信じられずに自分の顔をつねったり、手をつねったりしてみた。痛い！　まさしく生きているのだ。私はもとより死は鴻毛（こうもう）より軽いということは知っていたが、やはり人間として生命を大事にすることを再認識したくらいであった。これは私ひとりではなく、おそらく助かった戦友みんなそうであったろうと思う。

あたりを見わたすと、二、三人の兵士が浮いていた。泳いで近寄り、おたがいに元気を出し合って四、五人ずつ一かたまりになって、板の浮遊物をさがしながら重油のいっぱい流れている海面を泳いだ（重油の厚さ約二、三十センチくらい）。

立ち泳ぎしながら救助をまっている間も、敵は攻撃をやめず、海面すれすれに機銃掃射してくる。そのたびに海中ふかくもぐり、難を逃れたのである。しかし、この攻撃も五、六回で大和が完全に沈んだことをたしかめると、敵は去っていった。

やれやれこれで一難去った。あとは海面に泳いでいる兵士の一人でも多くが救助されることを祈りつつ、みんな元気を出し合って、軍歌を大声で歌った。

大きな声を出さないと、眠くなるし、なにしろ四月のことゆえ、海中はまだ冷めたい。そのうち身を切られるような寒さを感じるようになってきた。これで救助されなければもうお陀仏かと心の中で覚悟をきめていた。

そのときである。前方二〜三百メートルのところに、雪風がわれわれの泳いでいる方向へ向かってやってきたので、われわれは白い手拭をふって、遭難している場所を知らせた。

雪風はしだいに近づいてきて、五十メートルくらいのところでロープを投げてくれた。これに、誰いうとなしにみんなで摑まった。

このロープを摑んだ瞬間、みんなこれで救助されたんだという安堵に、もう泳ぐ力が体中から抜け、グッタリとなってしまった。そして雪風がロープを引いてくれるままに体をまかせ、艦の外舷に体がぶつかってはじめて正気にもどったのであった。

戦艦「大和」ミッドウェー防禦戦闘

応急部指揮官としてダメージコントロールから見た知られざる不沈艦の秘密

当時「大和」内務科分隊長・海軍中尉　今井賢二

まず、地球儀を見ていただきたい。東京から東へたどると二五〇〇浬(かいり)（一浬は約一・八五キロ。海、空の用語であるが、以下単にマイルという）、サンフランシスコから西へ進むと三千マイル、そこに芥子粒(けしつぶ)のようなまことに小さな島がある。ミッドウェー島である。

東に行くときも、西を目ざす場合も、この島は航路のほぼ中央にある。しかも、北のアリューシャンまで一五〇〇マイル、南の赤道まで一七〇〇マイルで、太平洋のど真ん中の天王山といえる。この不沈空母の攻防戦は、まさに第二次大戦の「太平洋争覇の関が原」であった。

そもそも一八六五年、南北戦争を終わったアメリカは、ふたたび太平洋の制圧に乗り出し、一八六七年、まずロシアからアリューシャンを含むアラスカを買収、ハワイの領有を宣言。

今井賢二中尉

一八九七年、ハワイとともにミッドウェーを実質占領、一九〇三年に海軍基地を置いた。また一八九八年、米西戦争でスペインを降してフィリピン、グアム島などの譲渡をうけ、アジア艦隊を編成。かくして極東アジアにたいし、これを包囲するような弓なりの太平洋戦略体制を概成した。

一方、第一次大戦で内南洋ドイツ領の信託統治権を得た日本は、これが防備のため、昭和十四年にいたり第四艦隊を新編配備した。米国は近衛強がり内閣にたいし、ハワイ準州の無期限駐留計画と両洋艦隊法案を可決成立し、日米関係は急速に険悪化していく。

ミッドウェー（MI）の名前の由来は知らない。しかし、ハワイを軸に極東アジアに向かって鶴翼の陣を張ったその出城。また東京にとっては遮るもののない目の上のコブ。そして東京を目ざす者にとっては中央の道とあって、その戦略的価値ははかり知れないものがある。

この一文は、私が戦艦大和の仮称内務科分隊長（戦闘配置は応急部指揮官）として、ミッドウェー海戦に参加した、あまりパッとしない関が原負け戦さの記録である。連戦連勝の連合艦隊司令部にとっても、戦艦大和としても、私自身も初陣であったが、大和は一発の砲弾も撃たず、一個の爆弾も受けず、何もせずに帰ってきた。

圧倒的兵力で、負けることが考えられない戦闘で負けた。しかし、そこには負けるべき幾つかの要因があった。「敗軍の将、兵を語らず」というが、将軍ならぬ端役の目で、海戦の背景、大和の生い立ち、艦内防禦といった、あまり陽の当たらぬ部分にスポットをあて、その敗因などについて、戦後資料をまじえながら、当時を回想してみたい。

ミッドウェー海戦までの連合艦隊司令部

昭和十七年二月二十四日、舞台は内海西部の柱島、連合艦隊旗艦大和の最上甲板に張られた天幕の中である。ハワイ攻撃にはじまるわが国の南方資源獲得の第一段作戦は、予想外に順当に経過して、昭和十七年三月をもって一段落する。おりしも舞台では、連合艦隊の第二段作戦にたいする作戦会議と図上演習が行なわれていた。

これからの作戦は奇襲的な作戦でなく、彼我が堂々と激突することが予想された。旅順を要塞化するロシアの南進政策に対抗、これを破った日本海大海戦いらい、わが海軍にとっては四十年ぶりの本格的海上作戦である。そのソ連と不可侵条約を結んで後背の憂いをとりのぞき、いまや米英相手の太平洋戦争の真っ最中である。

不幸なことに、わが海軍首脳の頭のなかに、日露当時の大艦巨砲主義、艦隊決戦思想が根強く残っていた。対する米英海軍は第一次大戦で主役を演じ、近代戦の何物かを理解し、とくに空母を基幹兵力とする航空攻撃の重要性を感じている者が多かった。しかも今次大戦の劈頭(へきとう)、ハワイの犠牲を貴重な戦訓とし、国家を総動員して強力な対策を立てはじめていた。

油を断たれ、生存のため捨て身ともいうべき第一段作戦の予想外の展開にたいし、第二段作戦は何をなすべきか皆で戸惑い、決めかねていたのが実態ではなかったか。欲しい油が手に入る見通しがつき、さて、これからどうして維持しようかと思案中といったところであろう。守勢とか防禦は相手のあること、その意図を推察することもわずらわしいが、それだけ取るべき対策手段の幅が広くなる。「攻撃は最大の防禦」とかいって逃げを打つが、これが案外、真理なのであろう。

当時、大本営陸軍部はビルマ作戦の足をのばしてインドを経由、おりからペルシア（イラン）を目ざして快進撃をつづけているドイツ軍と手を握る案。海軍部は豪州を制圧して、南方資源地帯の防衛を縦深性のある不動のものとする作戦案を練っていた。これにたいし連合艦隊（ＧＦ）は、早期に、西からの反攻部隊にそなえ英国の牙城であるセイロン島を、東からにたいしてはミッドウェーを制圧しながらハワイを占領する案を持ち、三つ巴の状態で、なかなか一致を見ない状況であったといわれている。

いずれも攻勢作戦だが、陸軍は相変わらず理想追求型、海軍部は堅実型、ＧＦ司令部は現実主義であった。今回の図上演習はＧＦ案によるセイロン島の攻略、インド洋制圧作戦であった。

私はそのとき、戦艦大和乗組の中尉で、配置は副長付き甲板士官。二名の上甲板士官を統制し、副長および当直将校の命令をうけ、艦の上の雑用一切を引きうける任務についていた。いわば裏方で、この会場の設営はもちろん私たちの仕事であった。作戦会議は、東京から高松宮殿下をはじめ多数の大本営陸海軍参謀、所在の指揮官、参謀など二百名近くがキラ星のように集まってきていて、熱気があった。

二月の海上は寒い。広い最上甲板に天幕を張って側幕でかこい、電灯を入れる。煙草盆の火縄が唯一の火の気で、寒さで外套を着込んだ者もいた。士官室士官の折り椅子を準備したが、その背もたれに将官は黄色、参謀長は黄赤、艦長は赤、副長は赤青、その他は青の識別色をつける（内火艇の敷物も同じ）。

このときばかりは、六十個の折り椅子はほとんど黄色の布につけかえられ、大佐は初級士官用の小さな折り椅子、中佐は兵員用の木の腰掛けに毛布を巻いたものであった。

会議終了後の百隻に近い迎えの内火艇の整理がまたたいへんな仕事で、先任順を調べておき、副直士官とともに四ヵ所の舷門で呼び出しのプラカードで裁くのだが、すこぶる気をつかう作業であった。それでも、寒い舷門で待たされたのが気に食わぬらしく、退艦時に候補生の副直将校をつかまえ、「士官室士官は右舷梯を知らんのか」と怒鳴る人もいた。

会議の模様は、われわれ下っ端は出入りが制限されるのでよくわからない。しかし皆ご機嫌な顔だったので、セイロン島（スリランカ）は簡単に机の上で占領できたのであろう。そして、セイロン占領は行なわれなかったものの、わが機動部隊はインド洋に進出、連合軍の残敵を徹底的に制圧した。しかし、三月からのこの作戦は、機動部隊や前衛部隊にとって少なからざる疲労と慢心を残し、爾後の作戦に影響をあたえた。

アメリカ空母の暗躍

戦争がはじまったとき、アメリカの航空母艦はサラトガ、レキシントン、エンタープライズ、ヨークタウン、ホーネット、ワスプ、レインジャーの七隻と一隻の補助空母を保有していた。ほかに、エセックス級正規空母四隻、補助空母四隻を建造改装中だったと記録されている（連合艦隊始末記、千早正隆氏による）。

日米開戦の日、レキシントンはミッドウェーに海兵隊を、エンタープライズはウェーク島に戦闘機中隊を輸送中、ホーネットは南太平洋で訓練中、サラトガは本土にあり、日本のハワイ奇襲を予知していたルーズベルトは安心して、戦艦を囮（おとり）としてハワイを攻撃させ国民の団結をはかったとの一説がある。ヨークタウンのみ大西洋のノーホーク軍港で整備休養中で、十二月十六日、同港を発って太平洋に回航、一月上旬、ハワイに入港している。

ハワイ大空襲の難をのがれた米海軍空母部隊は、タイプ指揮官である空母部隊司令官（Com Car Pac）と訓練部隊司令官（Com Tra Pac）の指導のもとに練度をあげた。

この得体の知れぬ両司令部は、日米開戦前の大西洋で、武器貸与法によりイギリスなどに貸し出されたＰＦ（哨戒護衛艦）などの面倒を見るために発足した駆逐艦型司令部をまねて、太平洋でも一九四一年七月、戦艦、空母、準用・駆逐艦など艦のタイプごとに新編された司令部である。太平洋全空母の部署・内規、修理、人事など雑用を指導処理し機動部隊に派遣する裏方司令部で、いわば芸者置き屋の女主人みたいなものである。訓練司令部は艦隊の学校を運営し個艦の訓練を指導する、いわば空母に芸を仕込む家元であった。

一九四二年（昭和十七）一月、レキシントン、ヨークタウン、エンタープライズの三隻はこの訓練を終わり、日本の占領した南太平洋の作戦に機動部隊として参加しはじめた。まず、二月一日、日本の防衛線の最東端のマーシャル群島クェゼリン、タロア、ウォッゼ、ヤルート、マキン、ミレーの各島に、艦載機による攻撃をしかけ、機動部隊の一部の重巡は砲撃さえ加えてきた。これが最初の威力偵察であった。

マーシャル群島は大小数百のサンゴ礁の島があり、比較的大きな島は第六根拠地隊がまもっていたが、この攻撃によって相当の被害をうけ、八代祐吉司令官は戦死、将官戦死第一号となった。GFの宇垣纒参謀長は、その日記の中で、『今後と雖も、彼としては最もやりやすく且つ効果的なる本法を執るべし、その最大なるを帝都空襲なりとす』と述べている。その予言のとおり、二ヵ月後にはハルゼー中将指揮のエンタープライズの支援をうけ、ホーネットのドーリットル陸軍中佐指揮する十六機が東京空襲を敢行した。

南方の三隻の米空母は、休む間もなくつぎつぎと攻撃をかけてきた。二月二十日、ブラウン中将指揮のレキシントンがラバウル攻撃のためソロモン群島に接近してきたが、わが中攻（一式陸上攻撃機）の哨戒網にひっかかった。ただちに第四航空隊の中攻十八機が攻撃に向かったが、生還はわずかに二機という大損失をこうむった。

この中攻の被害が大きかったことは稀有のことで、敵はレーダー探知により、あらかじめ迎撃戦闘機を上空に飛ばしていたことによるものであった。このとき、たまたま航空乙参謀と話をしたが、「中攻には、ぜひ戦闘機をつけねばならぬ。そのためには離れ島に飛行場を建設しなければならない」と息巻いていた。レーダー対策がなければ奇襲は困難と、このとき悟るべき貴重な戦訓であった。

二月二十四日の図演が行なわれたその日、ハルゼー中将率いるエンタープライズがウェーク島に、また三月四日には日本固有の領土である南鳥島に攻撃をしかけてきた。このころの参謀室は何となくいらいらした雰囲気で、殺気だったものをわれわれに与えていた。GF司令部がミッドウェー攻撃を決意し、具体化しはじめたのはこのときであったと思う。

敵の空母は単艦で機動部隊を編成し、それぞれ重巡や駆逐艦数隻の護衛を持つことが多い。空母自身の航続距離が長く、しかも補給部隊がつかず離れず随伴する長期作戦なので、予想外の海域に現われる。まさに神出鬼没といった行動が多かった。機動部隊指揮官は護衛部隊をふくめ空母と搭載航空部隊の両方を指揮し、戦術単位として、大作戦になると互いに連係作戦をとり、組み合わせがそのつど違っていた。

これに反し日本の空母は集団で行動し、一作戦を終了すると母港に帰って全艦隊休養する。対照的行動であったが、陸上機の行動圏外でもこの現象があらわれていた。

長期行動が可能なのは、国民性のほかに何か秘密がありそうだ。戦後にわかったのが米軍艦のローテーション制度で、たとえば空母四隻がいるとすると、A・B・C・Dの四周期に区分し、八ないし六ヵ月ごとに訓練周期があがる。

A周期の艦は本国で特別修理、人事の大幅な異動、新乗艦者の艦隊学校（Fleet School）における任務課程教育、訓練司令官による個艦訓練などを終了して前線に出撃、周期Bに移る。BはCを押し出し、Dは押し出されて本国に帰りAとなる。C期間には若干の年次修理があるが、B・C・Dはタスク部隊として人事異動も少なく、トップレベルの練度を持った空母機動部隊として、三隻がきわめて長期間活躍できる仕組みだ。Aは日本の予備艦とはまったくちがう。サラトガは開戦時、おそらくAだったので本国にいたと思われる。

前にも二つの忍者司令部について触れたが、空母部隊司令官が四隻の面倒を見るのがType Organizationであり、三隻の機動部隊編成がTusk Organizationである。

われわれの目には、米空母は入れ替わり立ちかわり戦場に現われるように見えたが、じつは規則正しい交替制度を持ち、一隻に作戦、訓練、後方の三人の将官が関わっていた。これとても、米海軍には「指揮」という概念を、軍事指揮、管理指揮、作戦統制・技術指令などに分割して処理する制度・慣例があり、一つの組織が数ヵ所から指揮統制をうけることが通例となりはじめていた。

第二段作戦はこうして決まった

第二段作戦は三者三様の意見があったことはすでに述べたが、ようやく意見の一致を見せはじめた。結論はミッドウェー攻略を柱とする南洋諸島の攻略作戦であった。

陸軍部はドイツ進撃の鋒先がペルシアへ行かずに南に折れ、北アフリカに転ずるのを見て握手をあきらめ、ビルマの油田地帯を確保したことに満足、以後はチャンドラ・ボースをもり立て、光機関を設置、自由インドの独立運動に力を入れはじめた。二年後、私は伊二六潜水艦でボースの第一の子分であるバチェラー元文相と、後方攪乱部隊師団長などをインドのカラチに運んだが、当時は神ならぬ身の知る由もなかった。

一方、フィリピン攻略部隊はその平定に手間どり、占領地の維持に主眼をおくこととなった。マッカーサーはフィリピンを脱出、豪州北部で連合軍の指揮をとりはじめた。

大本営海軍部は、北豪州を占領し米豪間の交通を遮断、豪州の連合国側からの脱落をねらう積極南進策に変わったが、占領に必要な陸軍十二個師団の協力が得られず断念、わずかに当時、連合軍の大策源基地であったニューギニア島のポートモレスビー（ＭＯ）の攻略案に後退したと伝えられている。三月下旬のことであった。

ＧＦ司令部は、米海軍の戦力が回復せぬ間に積極的に太平洋に進出して、米艦隊を捕捉撃滅する案を提案していた。とくにハワイで撃ちもらした米機動部隊のわが占領地にたいする空襲が本格化するにつれ、司令部の目はそれに注がれ、ミッドウェー（ＭＩ）の占領を主張しはじめた。

これにたいし海軍部は、占領後に自活能力がないので補給維持と防衛に懸念を持ち、反対した。しかし、ＧＦの渡辺安次戦務参謀が伊藤整一軍令部次長に直接はたらきかけた結果、賛成し、とくに四月十八日のホーネットの東京空襲以降、軍令部はアリューシャン（ＡＬ）占領をふくめ、積極的に賛成にまわったといわれている。アリューシャンはもともと陸軍部が米ソの離間のため希望していた作戦であるが、海軍部の作戦は陸軍にひかれがちの傾向にあった。

一方、ＧＦ司令部は海軍部の北豪州占領、マッカーサー追撃案にたいし、東西から側面を衝かれるのではないかと反対していたが、ＭＯ計画に縮小されたことにより妥協、消極的ながら賛成にまわった。しかし、ポートモレスビーはあくまでミッドウェーの枝作戦と考えていた。

山本五十六長官の胸の内は、終始一貫、長期戦の不利を思い、敵の主力を誘い出し一気に決着をつけるにはミッドウェー以外にないと考えていたと思う。ミッドウェーに関する多くの読物で、同作戦は山本長官の真意にあらず、が大勢の意見であるが、私にはそうは思えない。

戦後、ミッドウェー作戦に参加したという米海軍の少将と会食したことがある。そのときの話では、もしミッドウェーで負けたならば日本と講和を結んで、全力をもってドイツに当たるような雰囲気だったそうである。慰めかも知れないが、山本長官の思惑もその辺にあったと思われる。劣勢の米海軍は、今川の大軍を迎える織田信長の桶狭間の心境であったろう。

とにかく、第二段作戦は以上のような経過をたどり、以下のように決定された。

五月MO、六月MIとAL、七月FS作戦（上旬仏領ニューカレドニア、中旬英領フィジー、下旬米領サモア）。MO作戦にはツラギ、ナウル、オーシャンの占領がふくまれていた。米海軍が五十年かかって築きあげた対日包囲態勢の中央突破であった。

四月十六日、軍令部は大本営指示としてMO作戦を発令し、連合艦隊は同日付で第二段作戦の発動を全軍に指令した。準備期間はわずかに一ヵ月であった。

ここでお断わりしておきたいのは、MIとMOは表の上で第二段作戦として並んでいるが、大和に関するかぎりMOには参加せず、しかも三千マイル以上離れているので、まったく別の作戦として認識されていた点である。GF司令部もそう考えていたに違いなく、MOには比較的に冷淡で、MIには熱心だったとの印象が残っている。

ところが、米海軍は暗合解読で、ほぼ全容をつかんでいたためであろうが、これを一連の防禦作戦と考えていた。両作戦参加部隊は、われの方がほぼ別の部隊であったのにたいし、彼は同一部隊であり、いわばウォーミングアップができていたのである。

初の空母決戦

ＭＯ作戦について、ミッドウェーの前哨戦という意味で、ごく簡単に触れておきたい。

わが海軍は四月十六日から第二段作戦にうつり、各隊はＭＯ作戦の準備に入った。作戦は井上成美第四艦隊長官の指揮のもとに、四月下旬トラックに集結、作戦行動が開始された。ＭＯ機動部隊は五戦隊（妙高・羽黒）、五航戦（翔鶴・瑞鶴）など、攻略部隊は六戦隊（青葉など）と輸送船であり、この海域は二十五航戦（台南空・四空・横浜空）、中攻を主体とする最大約一五〇機の作戦担当海域であった。

まずツラギを占領し、飛行艇と水上偵察機の基地とする作戦計画が立てられた。五月三日のわが部隊のツラギ攻略にたいする米軍の対応はすばやく、艦上機延べ百機をもってただちに攻撃をしかけてきた。フレッチャー少将率いるヨークタウンで重巡五、駆逐艦五を伴っていた。わが五航戦は補充の零戦をラバウルへ空輸中で間に合わず、二十五航戦も連日の被害と、ポートモレスビーに手いっぱいで索敵さえもできなかった。

攻略二日前に豪州守備隊は撤退し、上陸直後に空母が反撃してきた。なにゆえか？　この分析が欲しいところだが、無責任者の後からの繰り言というべきか。それとも作戦中枢のなかに、ツラギの兵要地誌的重要性を洞察する者、対日包囲態勢構築の歴史的背景を考える者がいなかったと見るべきか。

敵の急所はわが急所である。この南海の一孤島にすぎぬツラギが、わが飛行場完成直前に、八月のガダルカナルの死闘を招くことになろうとは、誰が予想していたであろうか。また、このただの一隻（ヨークタウン）が、一ヵ月も経たぬうちに、日本海軍の命とりになろうとは。

珊瑚海においては五月五日から七日にかけ、わが軍は情報の混乱や空母と見間違ったタンカーに攻撃をかけ、前代未聞の敵の空母に着艦をこころみるなど、錯誤とミスの連続混乱のなかで戦果はあがらず、われは空母祥鳳を失い、ＭＯ攻略は二日間延期された。

五月八日、五航戦は敵機動部隊と遭遇、初の母艦同士の海戦となり、「サラトガ型一隻撃沈、ヨークタウン一隻撃沈確実」と報告する戦果をあげた。しかし、翔鶴に爆弾三発命中の被害をうけ、五航戦は攻撃隊の三分の二を失う結果となり、井上長官はＭＯ作戦の延期を打電した。

余力を残したわが空母部隊を見たＧＦ長官は、「残敵を掃討せよ」の厳命を発し、五航戦は反転したが、ふたたび敵にあうことはなかった。五航戦の喪失が七十七機と多かったのは、夜間着艦のさい練度の不足と長時間行動の疲れにより、六機は無事着艦したが十一機が着艦に失敗、失ったことが響いている。夜間の離着艦は重要な訓練項目だったのである。

戦果報告にあるサラトガ型はレキシントンであったが、魚雷二本と爆弾二発が命中した。

そのときは重油の移動により六度の傾斜を復原、二十四ノットで作戦を続行していた。しかし、日本の航空機もいなくなった午後、突然、発電機のスパークが破損したパイプから漏れていたガソリンに引火、爆発を起こした。はじめは大したことなく、飛行機の収容をつづけていたが、二時間後に大爆発が起き手がつけられなくなり、米軍の魚雷で処分された。米空母初の喪失であり、海軍通のルーズベルトに衝撃をあたえた。

撃沈確実と伝えられたヨークタウンは、被弾が一発だったので、発着艦に多少の困難をきたしたが作戦を継続、海戦終了後にハワイに向かった。艦内工作兵による取り片づけ、修理準備をおこないつつ、五月二十七日にハワイに着き、入港前から工廠員が乗り込んで緊急修理のうえ、五月三十一日にはミッドウェーに向けて出港している。失われた多数の搭乗員と航空機は、ただちにサラトガから補充された。

一方、傷ついた翔鶴は、瑞鶴とともに五月十七日、呉に入港した。大和はミッドウェー出撃準備のため呉入港中で、副長の梶原季義大佐と泉福次郎中佐（防禦指揮官）のお供で空母見学にいったが、艦首左舷の飛行甲板はめくれ、格納庫は火災の跡もあり相当の惨状であった。ただ前日、山本長官の視察があったとはいえ、現場は入港後四日もたつのにそのままで、取り片づけもほとんどはじまっていなかった。日本人は被害を受けたりすると、子供がワーワー泣くように、そんなおかしな気になるのは残念なことである。また、工廠の修理体制も大らかなものであったとしかいいようがない。

さらに初の空母同士の海戦であったにもかかわらず、その戦訓調査や要員養成の対策が遅れ、たとえば搭乗員の養成が本格化したのは、それから一年以上あとのことであった。これにたいし米海軍は搭乗員の養成について、二ヵ月後の七月、早くも少年飛行兵法を制定した。高校二年終了者から採用、教育訓練をはじめたのである。三年現役で、飛び石作戦後半のパイロットの主力となったといわれている。また、ルーズベルト大統領はただちに正式空母四隻の追加建造を決定した。空母コーラルシーなどである。

珊瑚海海戦は互角などといわれているが、後始末に雲泥の差があり、わが海軍はもちろん、国全体がまだ緒戦の戦果に酔い、気が緩みすぎていたといわざるを得ない。こんな情勢のもとに、MI(ミッドウェー)作戦を迎えることとなったのである。

戦艦大和の就役と開戦

MI作戦の舞台がととのったところで、同作戦で存在価値に引導を渡され、主役の座を降りた今世紀の遺物のひとつ、戦艦大和のあまり知られていない裏話について語っておきたい。

昭和十六年八月、連合艦隊は例年より三ヵ月早く全訓練を終了、母港で臨戦準備に入った。私は一号艦(大和)の艤装員を拝命、煩雑な防諜手続きをすませて着任した。すでに准士官以上約五十名、下士官兵約三百名が艤装にあたっており、工員約三千名が年末完工を目ざし、艦内は昼夜ごった返していた。大和総定員は二二五〇名である。

配置は副長付き甲板士官で、一次室(初級士官の部屋、俗称ガンルーム)の定員二十一名はだれも着任していない。黛治夫副長が防禦指揮官なので、自然と目がそちらにいく。十数名が就任後、二期下の緒方少尉が着任、彼が上甲板と最上甲板および十二階建ての艦橋、探照灯甲板などを受け持ち、私は中・下・最下甲板・船倉・艦底の受持ちであるが、名目上で区分はない。

長門より甲板が二枚多いうえに、なにしろ甲板一枚が後楽園球場と同じぐらいの広さで、しかも、中甲板以下の四層は、縦が三〜五枚、横が三十数枚の隔壁で仕切られていて、上下しなければ隣りへ行けない。海水は入りにくいかも知れないが、中甲板士官にとっては重労働であった。

巡検のための下点検は、急ぎ足でまわっても三時間近くかかる。心臓破りの丘が百近くもあるマラソンコースのようなものだ。兵学校名物の階段の昇降を二段ずつ駆け足で何回もやりなおす躾(しつけ)教育があったが、まさかこのトレーニングとは知らなんだ。

艤装甲板士官の最大任務は副長を補佐して部署・内規の取りまとめである。部署には戦闘と保安の二種があり、各種状況でどこの誰がどうするかを決めるもの。内規とは艦内各部の受持ちや番兵・役員の派出区分、点検・行事の方法などを決めたりするもの。甲板下士官など約四十五名の作成チームを指揮し、二ヵ月で五種の部署・内規・例規など約三千枚の原稿をつくったときはホッとした。睡眠一日四時間、流行作家なみだった。

苦労したのはほとんどの図面が軍機で写せないので、ポンチ絵で一ランク低い軍極秘内規としたこと。たとえば、千百の防水区画に、数百の防水扉蓋や八百個のマンホールがある。その受持ちを決めるのに、現場確認のためポンチ絵書きに艦底に潜っていくのだが、主砲の下やバルジや二重底の構造が複雑で、七ヵ所ほど潜らないと行けぬところがある。懐中電灯を振りまわすうちに方向感覚がなくなり、ポンチ絵をどうひっくり返しても出られない。親甲板士官が甲板の下で行方不明と騒がれ、音で誘導脱出した。

何百、何千の諸弁や諸管があるが、その行く先や開閉の区分を表示することが大変な仕事だった。内規の受持ちを決めても、現場で手分けして実際に書き込むのに、約百名でほとんど毎日二時間、六ヵ月かかり、ミッドウェー出撃までにようやく間に合った。

甲板士官は、民間でいえば異業種数社の全総務係長といった役割で、日常では、月や週間の予定表づくり、当直将校を補佐しての日課の監督、競技や娯楽の計画実施、客があれば部屋割、酒保や糧食搭載の運搬業、ゴミ、空きビンの回収業、ペンキ屋、厠掃除の監督から従兵などの教育、風呂屋の番台、ラムネ製造の世話役から剃夫・洗濯夫の監督まで、それこそ何でも屋の便利屋である。筑摩甲板士官の経験が役にたった。

進級会議では、横のバランス上、意見を述べるよう規定があるため、二千名を越す乗員の名前や顔、勤務状況（規定では性能）まで知らねばならず、半年で九割ぐらいが精いっぱいであった。世の中には覚えにくい顔や名前があるものである。平凡も覚えにくい。

私の戦闘配置は、副長付きという他の戦艦でも見られない贅沢な配置。副長が艦橋や後部艦橋、防禦指揮のため司令塔に行かれることもあるので、腰巾着のようにただひたすらに付いて行く。甲板に弾丸が当たれば、応援に駆けつける機動部隊要員だ。

開戦と大和竣工

昭和十六年十一月、ほとんどの定員がそろい艦内居住となり、いよいよ公試運転がはじまった。二十数名の七十期の候補生も乗艦してきて、ガンルームも四十数名になり、にぎやかになった。甲板士官見習が配属され、人並みに眠れるようになった。ケプガン（ガンルームのキャップ）業務も張り合いを増し、飯がうまい。候補生も艦内旅行の合格に一ヵ月はかかるだろう。

十五名の六十九期もつい先日、一本になったことを忘れ、古参少尉のような顔をして浮きしている。帽子の徽章に塩水をかけたり、型をわざわざ崩している者もいた。サブガン（次席）の井上砲術士など五名の六十八期は、候補生の指導官付き。ガンルームは一艦の軍規・風紀の根源、元気の源泉である。みんな張り切っていた。

公試は順調に進み、錨泊することも多かったが、陸岸や航路筋から遠くて錨泊に適した水深の海面、人目をはばかる秘密部隊の隠れ家で、そこが柱島沖であった。頭隠して何とやらだが、長門以下の戦艦部隊も室積沖から柱島水道にひき移ってきた。公試海面は伊予灘。国じゅうに油がないため、商船・漁船の数がめっきり減ってきた。

公試でやや問題になったのは、転舵の初期に舵の利きが悪かったことで、十二ノットで転舵を令しても、頭が一度動きはじめるのに約四十秒かかる。動きはじめると早い。これは急降下爆撃や潜水艦魚雷にたいし、一分以上前に回避する必要があることを意味している。見張り部署を一直十六名から二十四名に増員し、訓練を強化せねばなるまい。

変針で思い出したが、伊予灘から呉に帰る途中イルカが数匹見物にきて、うち一匹が艦首のバルバスバウの渦の中にはまり込み、他は帰ったのに一時間余り本艦を先導するかたちで泳いでいた。呉の手前で減速変針のとき、ようやく抜けだして帰っていったが、遊んでいたのか、吸い込む力が強くて出られなかったのかわからない。

四六サンチ主砲の砲熕公試では、煙突まわりや砲身の真下など、各所に爆圧計と生きたモルモットが置かれた。発砲音は物凄く、振動はズシリと腹にこたえた。みな耳栓をしていたようだが、三十匹のモルモットは全滅と思ったが、十匹ほどが生きていた。

射撃後の腫中手入れでは、仕上げのため少年のような水兵が砲尾から潜り込んで四五口径、

同砲弾に対する十分な防禦を備えた

昭和16年10月30日、宿毛湾で全力公試中の大和。46cm主砲3連装砲塔3基、

二十一メートルの砲身を磨き上げていた。後ろに戻れないらしく、砲口から顔を出し、古参の砲員長に助けを求め、引っ張り出されているほほえましい光景もあった。

暮れも近づいた十二月八日、すべての公試が終了、その日、開戦の軍艦マーチが鳴った。大和は起工時（昭和十二年十一月）、完成は昭和十七年六月と予定されていた。国際情勢の変化にともない、完成時期の繰上げを二ヵ月ずつ三回、大臣から強く指示され、最後は二週間短縮された。太平洋戦争開戦の主役象徴として、完工を合わせたかったのであろう。

公試が終わった翌九日、呉に帰る途中、ハワイ機動部隊と合同のため出撃していく大将旗を掲げた長門以下の主力部隊を総員帽振れで見送ったが、緒戦に参加できず髀肉（ひにく）の嘆をかこったものである。某下士官いわく、「従軍記章はもらえないのですか」

呉では引渡し前の最後の重心査定、ドック入り、三日間の大掃除などが行なわれた。世界最大の四ドック入りは、舷側との隙間がわずか数十センチの放れ技で緊張した。排水をはじめたとたんに着底し、最上甲板が陸岸よりもはるかに高く、あらためてその巨大さに驚嘆した。ドックの下から眺めると、まったく平らな巨大な箱型艦底と特異な艦首に威圧感を覚えた。

戦艦大和の建造の背景を考えてみると、遠く大正のむかしにさかのぼる。大艦が国運のゆくえを左右するとみた米国は、大正五年（一九一六）、十・六艦隊の建造計画を発表、世界に第一次建艦競争を巻き起こした。日本も八・四艦隊計画をただちに修正、八・六（大正六）、八・八（大正八）艦隊計画と、異常な速度でこの競争に参加していった。また密かに一九インチ（四八サンチ）砲の試作をはじめ、大正九年には完成、テストにも成功している。

八八艦隊は大正八年から大正十六年の間に戦艦八隻、装甲巡洋艦八隻建造の計画であったが、ワシントン軍縮条約によって立ち消えとなり、結局六・四艦隊に落ちついた。

昭和十一年に計画建造された大和は、前の計画を受けついでいる。二十年の眠りからさめたかたちであり、依然として大艦巨砲そのものであった。一年遅れて米国は戦艦四隻を建造したが、主砲はパナマ通峡の重量制限で一六インチで我慢し、その代わり五〇口径で射程は三・八万メートルと長く、大和の四万に対抗した。

速力は早く、副砲ははじめから搭載せず、高角砲と機銃で埋めつくし、防空砲台に徹した。大和も昭和十九年、高角砲二十四門、二五ミリ機銃一一三梃と針鼠のようになったが、なにを撃つのかわからぬ副砲六門は依然残されていた。

なお、副砲は最上型から撤去の一五・五サンチ砲を捨てずに搭載したので、水平アーマー（二〇サンチといった厚い鉄板の表面を硬く加工した物）を四本の弱い副砲が貫通し、時限爆弾のようになっていた。これは防禦上の弱点として、われわれも発言はタブーとされていた（のちに補強されたが、まだ弱かったという）。貧乏海軍の悲哀というべきか。ＭＩ作戦のときはまだ時限爆弾を抱いていたので、行動に制約を受けたはずである。

いずれにしても開戦直後の十二月十六日、戦艦大和はついに完成、一戦隊に編入された。大和路の大和神社から御神体を迎え、艦内神社にも灯りがともされ、武運を祈った。開戦に関連して最近珍しい資料があったので紹介しておきたい。

▽開戦の重要電文綴り

「連合艦隊集合に際し各指揮官に訓示」（昭和十六年十月九日）

ここに艦隊大部の戦備を完了し開戦に応ずる訓練を再興するに当り、親しく各艦隊司令官以下、各級指揮官の英姿に接するを得るは本職の最も欣快とする所なり。

戦勝の道、固より容易ならずと雖も、我において先ず必勝の兵力を持つあらば、備えを保有すると共に、遠謀深慮、画策を密にし、将兵一心貫く忠誠の一念を持ち、勇猛果敢、事にあたらば又何事か成らざらん。諸官は須く思いをここに致し、急迫する本時局に当面せんとする作戦を認識徹底せしめ、熾烈なる奉公の意気を持って、速やかに戦力の練成、戦備の充実に邁進し、本職と死生を共にして連合艦隊の使命達成に万違算無からん事を期すべし。

連合艦隊司令長官　山本五十六　於室積沖　旗艦長門

部内にたいしてはすでに断固とした決意の表明である。

▽東條内閣は十一月五日の御前会議により「対米英蘭戦争を決意」。これを受け、大本営からただちに各部隊につぎの作戦方針が指示されている。これを第一段作戦という。

○機動部隊（1AF）及び先遣部隊（6F）は開戦劈頭ハワイの米艦隊を攻撃。

○南方部隊（2F、3F、11AF、KF、1Fの一部）は陸軍と協同、比島、マレー、蘭印を概ね三ヵ月で攻略。（注、Fは艦隊、AFは航空艦隊、KFは南遣艦隊）

○南洋部隊（4F）はグアム、ウェーク、次いでビスマルク群島要地を攻略。
○主力部隊（1F）及び北方部隊（5F）は本土で待機、哨戒に任ずる。
○支那方面艦隊は陸軍と協力、香港を攻略、大陸から米英兵力を一掃する。

まさに帝国海軍の全力をあげた進攻作戦であり、各隊は十一月十一日の潜水艦を皮切りに二十三日、機動部隊は単冠湾に進出、その他所定の各地に粛々と戦略的展開を開始した。

▽以下、開戦にあたっての電文綴りである。

「ハワイ作戦の首途に当り飛行機搭乗員に訓示」

機密機動部隊訓示第2号　軍規扱

昭和十六年十一月二十四日　単冠湾　旗艦赤城　　機動部隊指揮官　南雲忠一

暴慢不遜なる宿敵米国に対し愈愈（いよいよ）十二月八日を期して開戦せられんとし、ここに第一航空艦隊を基幹とする機動部隊は、開戦劈頭（へきとう）敵艦隊をハワイに急襲し一挙にこれを撃滅し、転瞬にして米海軍の死命を制せんとす。

これ実に有史以来未曾有の大航空戦にして、皇国の興廃は正にこの一挙に存す。

本壮挙に参加し護国の重責を双肩に担う諸子に於ては、誠に一世の光栄にして武人の本懐何ものかこれに過ぐるものあらんや。正に勇躍挺身、君国に奉ずる絶好の機会にして、この感激今日を措いて又いずれの日にか求めむ。さはあれ本作戦は前途多難（たなん）寒風凛烈（りんれつ）怒濤狂乱する北太平洋を突破し、長駆敵の牙城に迫りて乾坤一擲の決戦を敢行するものにして、その辛酸労苦固より尋常の業にあらず。これを克服し能く勝利の栄冠を得るもの、一に死中に活を求むる強靱敢為の精神力に他ならず。

顧みれば諸子多年の演練により必勝の実力は既に練成せられたり。今や君国の大事に際会す。諸子十年兵を養うは只一日これを用いんが為なるを想起し、以てこの重任に応へざるべからず。

茲に征戦の首途に当り、戦陣一日の長を以て些か寸言を呈せんとす。

一、戦勝の道は未だ闘わずして気迫先ず敵を圧し、勇猛果敢なる攻撃を敢行して速やかに敵の戦意を挫折せしむるにあり。

二、如何なる難局に際会するも常に必勝を確信し、冷静沈着ことに処し不撓不屈の意気を益々振起すべし。

三、準備は飽くまで周到にして事に当り、些かの遺漏なきを期すべし。

今や国家存亡の関頭に立つ。其れ身命は軽く責務は重し。如何なる難関も之を貫くに尽忠報国の赤誠と、果断決行の勇猛心を以てせば天下何事か成らざらむ。

希くば忠勇の士、同心協力、以て皇恩の万分の一に報ひ奉らんことを期すべし

▽十二月二日、GF長官は「新高山登れ　一二〇八」を発令。賽は投げられた。

昭和十六年十二月七日、発GF長官

宛連合艦隊　緊急信　GF七七六番電　七日〇二〇〇　連合艦隊電令　第十三号

「皇国の興廃繋りて此の征戦にあり。粉骨砕身各員其の任を完うせよ。〇六〇〇発令」

柱島艦隊と戦艦大和

大和が弾薬燃料を満載、臨戦準備完成のうえ、柱島へ向かったのは十二月二十一日である。一発一・五トンの弾丸数千発の搭載は気の抜けない大作業であり、副砲・高角砲のような小さな鉄砲玉（約四十キロ）は、舷側に石炭搭載のような足場を組み、手渡し作業であった。柱島に着いた翌朝、久しぶりで海水の甲板流し方、裸足（はだし）となり甲板棒を持って飛びまわっている間に、白木の甲板に磨きがかかってわれながら美しい。作業を終わり、艦首の三メートルもある菊の御紋章の後ろに立ち、右手をあげ、一二〇メートル以上離れた艦橋の副直将校へ「甲板宜（よろ）し」と怒鳴りあげるときの爽快さは忘れられない。

つぎの日から六十九期の緒方や七十期の名倉にまかせたが、分隊長となる前日、思い出のためもう一度やった。筑摩の前甲板も一〇三メートルあり、私は大声学校を無事卒業し、いまでもその成果を保っている。

人呼んで無為の長物、主力戦艦部隊を〝柱島艦隊〟という。しかし、緒戦連勝の当時にはまだその蔑称はなく、連日、見学者があとを断たなかった。艦隊決戦の伝統的思想は一部に深く浸透していて、大和乗員にもそれなりのプライドがあった。それが六ヵ月後のM1作戦において、弾丸も受けずにみじんに打ち砕かれることになろうとは。

ハワイ攻撃の成功や、英国艦隊撃沈などで航空部隊の鼻息は荒く、クラスの飛行機乗りがたずねてきて、「お前の艦一隻つくるのに、中攻三百機ができること知っとるか、それにしても横山大観の絵などとは贅沢なもんやな」とか、かの源田実中佐がいった「秦の始皇帝は万里の長城を造って恥を千載に残し、日本海軍は大和・武蔵を造ってその悔いを後世に残すか」の警句が耳に入ったのは、その少し後のことだった。

ともあれ、大和は柱島艦隊の住人となり、成すあるの日を待ち望むこととなった。

十二月二十三日、山本長官の巡視、翌日のクリスマス、敵潜が伊予灘に侵入したというんだプレゼントがあり、艦隊は警戒体制に入った。年末まで艦載水雷艇六隻に爆雷を積み、クダコ水道や大畠瀬戸を警戒した。偵察にきたのかも知れないが、知ってももう問い合うまい。秘密区分が弱くなり、岩国から船に乗って外から見物にくる者もいる。

イギリス海軍の最新鋭不沈戦艦プリンス・オブ・ウェールズはすでに沈められている。暮れになるとハワイ空襲の教訓がしだいに明らかとなり、前記の潜水艦侵入事件と相まって、乗員にも意識の変化が表面化してきた。水面下の最下甲板に居住区を割り当てられた乗員のうち、かすかながら不安と不満があることが耳に入ってきた。いっこうに早くならない「配置に付け」の訓練が、突撃ラッパで何回も行なわれるようになり、そのつど、何回もつづけて十数階のラッタルを駆け上がり、降りる辛さもあったのだろう。

運用長からは臨戦準備が終わっているのに、可燃物が多すぎるとの提言もあった。ハワイの火の粉が直接、柱島戦艦部隊のわが身に降りかかってきたのである。クラスの横山正治と古野繁実が、特潜でハワイ攻撃から帰ってこない噂も聞こえてきた。

個艦訓練は朝五時からの早朝訓練と、夜九時までの夜間訓練が重視されていた。帝国海軍得意の照明弾（星弾）を撃ちながらの夜間艦隊決戦の準備である。

正月早々、大和では実戦に応ずる対策が真剣に検討された。たとえば「配置につけ」で十分もかかる原因は何か。三直で奇襲された場合、ただちに応戦できる対空砲火はどうか、日常生活に必要な最小限の可燃物はどれか、などであった。会議に陪席し、いままで取り組んできた部署・内規の取りまとめの態度が、いかに甘かったかを思い知らされた。さっそく「戦闘居住区に関する件」と「防水扉蓋の閉鎖区分に関する件」の副長通達が出された。

いずれも内規の変更に関する通達であるが、大要は、むかしガンルーム士官が副砲砲廓に住んで、常時射撃体制を維持していた故事にならい、対空射撃関係の待機所をひろげて戦闘居住区とし、各科もそれにならって、平素の居住を分隊編成をくずしても戦闘配置に近づける、今様でいう職住接近である。

最下甲板にある八室約二百名分の居住区を禁止、不急の可燃物（柔道相撲のマット、木製食卓・腰掛けの四分の一、兵棋盤など）を入れて防水蓋を閉鎖してしまうなどであった。

大和の居住区は蒸気による暖房、および弾火薬庫の兼用ながら各室に冷房も入っていて、トラックでは〝大和ホテル〟などといわれたそうだ。しかし、このときばかりは、それらのない部屋に割り当てられても苦情ひとつ出ず、みな真剣だった。

艦内閉鎖はむしろ規制をゆるめる方向に動いた。設計者の工廠側は閉鎖の厳しい指定をするが、人の通れる開閉可能の小さなマンホールが設けられており、それが防毒マスクをつけた人の流れを阻害する元凶だとわかり、中甲板以上の防水扉蓋はほとんど「解放」と指定替えした。その代わり、平素の受持分隊の整備責任者の表示の横に、専務の応急員の閉鎖責任者を表示することにした。総員が配置についたあと、応急員が閉鎖してまわる。以上の措置によって「配置につけ」は半分の五分に短縮された。

百ノットの飛行機などもうないかも知れないが、二万メートルで発見できれば何とか弾丸が撃てる。ただケッチが多く、全部閉鎖するのに六十人で二十分近くかかり、それだけが気がかりだった。

一月下旬、大和ではじめて事故が起こった。各科訓練の課業止め直後、一番主砲の揚弾機（砲塔内防弾板の穴を小さくするため垂直格納、垂直揚弾）を上げての掃除中、突然、水圧が低下し、下で作業中の八名の砲員が全員圧死するという痛ましい事故である。

水圧低下の場合、揚弾機付属の爪が溝の木材に食いこむ安全装置があったが、木材が裂けて機が落下した。お互いの連絡不十分といってしまえばそれまでだが、機関化は水圧機は主砲だけに使うので、砲術科に渡してしまえという者も現われた。種々の補助機械や動力が複雑強力になるにつれ、艦としての独立補機の概念が高まり、これが後に述べる試行内務科のきっかけとなり、のちに補機は内務科に編入された。

一月下旬ごろ、艦底点検が行なわれた。艤装中のマンホールの状態について掌運用長が記録していて、それまでに約五百ヵ所の不具合点を発見、修理されていた。今度の点検は大丈夫と思っていたところ、なんと三十ヵ所以上の不良個所が見つかった。ボルトやパッキンの不備、脱落、緊締不良、ボルト穴の開け違いなどであった。出港前、甲板下士や艦底係を動員して調べ、副長に「艦底マンホール良し」を報告し出港となるのだが、恥ずかしかった。

昭和十九年、三号艦の空母信濃が呉へ回航中、潜水艦に攻撃され、わずか数発の魚雷で沈められたが、おそらく艦底マンホールに多数の欠陥があったと思われる。当時の徴傭工員などの技量が低下していたのかも知れない。

艦船には建造時に防水区画の水張試験があり、その後、諸管や電線貫通後、気密試験が行なわれていた。区画気密試験には艦側も必ず立ち会うのだが、試験では現われないこともあり、こんな結果になった。

気密試験はもっと高い圧力で定期的におこなう必要がある。工廠から人がきて直し、これで防水は万全と思っていた。しかし二ヵ月後、応急部指揮官となり種々検討したところ、まだ多くの欠点があり愕然とした。これは後で述べる。

連合艦隊旗艦となる

柱島に畳八枚よりも大きい旗艦用ブイが入り、大和はこれに係留替えした。呉鎮および東京との間に直通電話でつながれている。ブイの下の黒鯛(くろだい)は私の管轄である。

二月十二日、連合艦隊旗艦が長門から大和に移された。山本長官は、宇垣参謀長、機・主・医の三長官、黒島亀人先任参謀、三和義勇作戦、渡辺安次砲術、有馬高泰水雷参謀などを帯同していたが、気象班・軍楽隊をふくめ一六〇名に近い大世帯で、七十期の候補生の暗号士も四名いた。

私事ながら、山本長官が赤城艦長時代、鎌倉の私たちの家の近くに住み、礼子夫人や義正君（弟が同級生）などと家族ぐるみの付き合いがあった。新潟の同県人で、姉の仲人でもあった。私は中学生だったが、まさかこのようなかたちでお会いしょうとは、当時、夢にも思わなかった。

旗艦変更数日後、副官から長官が風呂の蒸気出口弁で軽い火傷を負われたとの苦情がきて、さっそくお詫びにうかがった。机に向かい書き物をしておられたが、火傷はなかば口実らしく、山本大将とはそんな繊細な心配りをするお人柄であった。のちに長官の赤城時代の航海長、原田は私の岳父となった。

長官のところへは来客も多く、三十二期のクラスの徴傭船の船長など、楽しげに談笑しながら舷門まで見送りに出られるが、白手袋の手を振って送られたあとは、なんとなく淋しそうであった。大戦争を指揮する最高責任者の孤独といった風情が漂っていた。

参謀事務室は机がずらりと並び、なんとなく雑然としていた。副直将校が当直参謀に届けに行くときなど、よく怒鳴られることがあって、敬遠していた。私もなにかと用事があり出入りしたが、なんとなく威圧を感じた。事務室が人数のわりに狭かったようだ。

艤装中の話だが、昭和十六年九月ごろ、司令部施設の大幅な増設要求がGF司令部からあったが、手遅れで半分も実現できなかった。本艦は第一艦隊司令部施設はあるが、航空艦隊まで指揮する連合艦隊司令部は考えていなかった模様である。昭和十七年八月完成の武蔵は二ヵ月かけて相当充実した設備を左舷に持ったとのこと、本艦は右舷であった。

宇垣参謀長の鉄砲撃ちは長門いらい有名で、鳥打ち帽子をかぶり、長官艇でしばしばお出かけになった。息抜きしながら構想を練られるのだろうが、獲物も多く、司令部の糧食補給係の任務もお持ちだったのであろう。候補生がチャージ（艇指揮）である。

長官や参謀長の食器室はもちろん巡検や下点検の対象で、長官従兵二名は長門いらいの横鎮所属の兵曹、大和からは松山一水を派出していた。宇垣参謀長以下の従兵は大和からの役員で、私の教育対象者であった。

黒島セサは奇人で、あまりお行儀の良い方ではなく、風呂からあがると、寒いのに褌ひとつの姿で巡検通路でぶつかった。従兵に風呂場に寝巻きを届けさせたところ、以後は浴衣姿となりホッとした。参謀に名案を出してもらうには、少々環境がお粗末だった。

旗艦になって間もなく、防雷ネットが完成し、大和の周囲にも張りめぐらされた。潜水艦や雷撃機の魚雷を防ぐそうだが、係船や内火艇の達着の邪魔になり、誰いうとなく、これを〝腰巻き〟と称していた。いまのオイルフェンスにスカートをはいた姿である。

冒頭で述べた二月二十四日の作戦打合会議では、腰巻きの三畳敷きほどの浮体の上で、三式弾の素子の発火試験が披露された。これはマグネシウムの花火のお化けのようで、その青白い強烈な光芒がいまでも目に焼きついている。ただ性能が不安定だったらしい。三式弾とは、水上射撃用の弾丸に貨幣五十枚を束ねたくらいの素子を多数封入し、爆発すると素子をシャワーのようにバラ撒（ま）き、その熱で飛行機を撃ち落とす新兵器であった。

三式弾ははじめ二〇サンチ以上の砲弾に装塡されたが、のちに一二・七サンチ高角砲にも使われたという。三戦隊の三六サンチ弾がガダルカナルの陸上砲撃では相当の威力を発揮したが、反対に艦船を撃ったとき、火災は発生したが敵艦を沈めることはできなかったという。

昭和十七年二月ごろの連合艦隊司令部は、わが戦艦部隊をどのように使用しようと思っていたのであろうか。緒戦のハワイ攻撃では敵の戦艦部隊をたたいた。これらが大修理をうけて戦線に復帰、あるいは新式戦艦が出てくるまでには、しばらく間がある。いわば艦隊決戦の相手が、いっとき土俵にいなくなってしまったのだ。艦隊は対空射撃に力を入れはじめた。

軍務局は対空防禦をふくむ水上艦の挙艦防禦を検討しはじめていたが、後述する。

三月一日の宇垣日記の抜粋。『大西少将来艦、フィリピン、蘭印の作戦のみをもって、軍備の中心は航空なり、大艦巨砲主義は奇兵なりと主張せり。広漠たる大洋上、基地航空兵力の使用は困難なり。航空を前進させるためには、航空母艦のみにて足れりや。嶋田大臣は二号艦の建造を中止せよの意見なりしが、それは待たれたしとて抑えありと、福留軍令部一部長に語れり』

ふたたび四月二十三日の日記。『軍令部一課部員来る。戦艦建造は三号艦までとし、その余分を空母建造に集中するを可とするとの当司令部の意見を述ぶ』

世界海戦史上の転換点における、苦悩の一時機であった。

三月のはじめ、対空射撃訓練が三田尻沖で行なわれた。そのころの主砲の研究テーマに「跳弾射撃」があったが、アーマーをブチ抜く徹甲弾（当たってから一秒ぐらい遅れて爆発）

で水平射撃をおこない、海面でバウンド作動させ一秒後に空中で爆発、その直径二千メートルの弾幕で低空の雷撃機を撃ち落とす戦法である。

大和の二番砲は十五メーター測距儀を持つ哨戒砲であるが、砲台長から距離六千メートルで跳弾にするには、二番砲の高さで仰角零度二十八分であるとか、主砲の時限信管調定装置の開発は困難とか、徹甲弾の遅動信管と三式弾の散布帯の関係の話などを聞いた。海面が平穏なことが条件で、実戦的ではない。

その他、副砲を近いところに撃ち込み、水柱で雷撃機を落とすことも研究していた。戦艦部隊も否応なく、敵の航空威力に対抗せざるを得ない戦況となっていた。米海軍が開発使用したVTヒューズ（飛行機に近づくと爆発する近接信管）でもつくられていたら、戦艦ももっと活躍できたかもしれない。日本海軍は平弾頭とか魚雷の擁弾頭部、艦底起爆装置、尖鋭頭部、V頭部などと戦艦を沈めることばかり考え、飛行機を撃ち落とすことなど、こまいまいであった。大物狙いの釣師というべきか。

艦隊訓練で忘れられないのは、戦艦日向の砲塔爆発事故（当時機密）である。第一艦隊では委員を交換し、練度の向上に努めていた。四月のある日、大和から委員を出し、日向が戦闘訓練を実施する番で、私は戦闘応急の想定指導書をつくり、部下二十名と乗り込んだ。

主砲射撃がはじまり、何斉射目かに異常な振動を感じた。しばらくして「航海長室火災」と応急指揮所に第一報が入った。そんな想定はないはずだと思っていると、意味不明の報告が上がってくる。おかしいと思い伝令を連れ、無人の通路を現場にとんだ。

応急電話の通話員が、真っ青な顔で震えながら前を指差している。見れば巨大な鉄の固まりが上甲板を突きやぶり、左舷の士官私室数個をおしつぶし、火災が発生しているではないか。鉄の固まりは砲塔の旋回部とわかったが、砲塔内の機銃弾がパチパチと破裂していて、電線や諸管が散乱している。現場には数名の日向応急員がきているが、あまりの凄さに各部を調べているだけで、消火作業ははじまっていない。叱りつけ、呼び寄せた大和の指導員にも消火を命じた。

艦橋に知らせるため、破れた穴から上甲板にはい上がった。二本の砲身が食いちがって天を指している。砲塔内をのぞくと肉片などが飛び散り、まさに阿鼻叫喚。弾庫はくすぶってはいるが、炎は見えない。艦橋へ急ぐ途中、黒焦げの死体が数個、甲板に横たわり、弾庫から這い出して夢遊病者のように海に飛び込む者もいた。

艦橋では五番砲塔が爆発したことはわかっていたが、付近の火災など、それは本物か想定かなどの電話のやりとりがつづいている。トップの砲術長は現場との連絡がとれず、状況が皆目わからぬらしい。私は日向副長に手短に状況を説明した。

やがて艦長みずから拡声器に向かい「五番弾庫注水」と連呼した。結局、五番砲員は全員殉職、大和委員も三分隊長の特務大尉、七十期の候補生ほか数名の委員が殉職した。日向はのちに六番砲も撤去し、二十二機の艦爆をつむ航空戦艦に改造された。

帰艦後、検討会が開かれたが、応急にとって多くの教訓が述べられ、試行内務科の編成が、砲術長の積極的な発言によって一気に解決の方向にむかいはじめたのは、不幸中の幸いというほかはない。そのあたりの経過については、つぎの内務科編成のいきさつの項で述べることとする。

戦艦大和の防禦体制

大和の防禦体制には、制度の不備と船体の欠陥という人知れぬ悩みがあった。

昭和十七年二月下旬のある日、私は副長に呼ばれた。来客は海軍省軍務局の中佐で、運用長と工作長が同席した。私は途中参加で詳細はわからないが、推測をまじえて局員の話を再現する。

(1)戦勢の拡大にともない、各地に根拠地隊等の地上部隊が新編され、指揮官、副長級が不足。機関科将校を補職せよとの要請がある。この場合、軍令承行令の見直しが必要である。

(2)戦訓により同時被害が多くて、挙艦防禦の考えを強く打ち出す必要があるが、現行の艦内編成は必ずしも適切でないことがわかってきた。

(3)以上を踏まえ、大和において新しい組織をつくって試行し、なるべく速やかに意見を出してもらいたい。新編成は運用科を中心に定員増を局限、他科の応急員も加えたい。

(4)この話はなるべく関係者だけで進めてもらいたい。

以上のようだったが、つづいて副長から「君は運用長を補佐して、この問題にとりくめ」

と言われた。甲板士官兼務では物理的に困難で、これは大変なことになったと思った。軍令承行令とは艦船や部隊の指揮権について、上級者が戦死したり事故が起きた場合、だれが指揮を継承するかの順序を決めた内令で、兵科将校が優位にあった。

大和は三月上旬、七十日ぶりに母港へ帰り、私は「補大和分隊長」を命ぜられる。帝国海軍最初にして最後の先任の運用科分隊長となる。しかも二週間後に艦内に限り「内務科分隊長」と変な呼称に変わった。内戦部隊の内務科分隊長か。これは甲板士官の大親分が隠居したような呼び名ではないか、と思った。なにをやるかは「無（な）い無長（むちょう）」（ワープロ造語）と相談しながら自分で決める。

運用長兼分隊長の泉福次郎中佐は兼職を解かれ仕事が半分になったが、俸給はもちろんそのまま、しかも六月に大佐に進級とあってご満悦である。六十八期の砲術士に親甲板とケプガンを引き継ぎ、士官室に移った。私室は三五〇ミリの舷窓二個付き七・五畳、冷暖房完備でまるで天国だ。わずか一日で二十名の相部屋とは全然ちがう。

大和の戦闘部署では副長が防禦指揮官、運用長が応急指揮官、工作長が注排水指揮官、私が防禦指揮官付き、応急は前・中・後部に三個応急班が編成され、それぞれ上甲板士官、掌運用長、分隊士が指揮官である。

班の指揮所は司令塔と直通電話で結ばれ、交換電話と簡単な状況表示盤がある。各班の班員は剃夫・洗濯夫などの雇人と部署で決められている各班四名の烹炊員を加えても、せいぜい二十数名ずつであった。一発の被害でも五枚の甲板では対処はむずかしい。隣りの班まで

比島沖海戦で左回頭して敵弾を回避、対空兵装を総動員して防禦戦闘中の大和

百メートル、十数区画離れている。

もちろん、戦闘被害時には副長の命令で、各科から数十名の兼務応急員が応援にくるようになっていた。これが五組ほどある。しかし、戦闘中はまずきてくれない。わずか七十名ぐらいでこの巨大な戦艦を弾丸雨飛の中から守れるだろうか。砲術科は九五〇名、機関科は八百名である。根本には攻撃重視、防禦軽視の思想があったことは否めない。

今回の改正のねらいは、戦闘中も応急班を画期的に強化して、被害即応体制をとることである。応急指揮官が副長を助け、防禦指揮官付きの私が応急指揮官を補佐または分掌指揮することになりそうだ。それに三名の現場指揮官も十名ぐらいに強化したい。

いままでの訓練の実態は配置教育で、応急員は防火・防水（浸水遮防や隔壁補強）、薫煙（くんえん）排除、救急・破壊物の処置などで、実演も「密閉消火する。三十分経過――隔壁の温度低下」「火災鎮火とする」などで、すこぶるおざなりのものだった。発煙筒も白（煙）、赤（火災）、青（有毒ガス）を使うが、赤い煙は熱くもないので気分が出ない。

兼務応急員が参加する大規模な戦闘応急も、年に数回程度で「兼務応急員到来」を指導部に届けると、指導員は「想定中止、訓練終了」を例としていた。特務大尉が指揮する兼務応急員がきても、現場の少尉が応援の大尉を指揮するわけにもいかず、指揮系統が曖昧で遠慮があり、「応急長の中佐殿きてください」とも言えず、訓練になりにくい。

三月下旬、内務科が発足したが、応急軽視の思想は変わらず、戦闘部署はなかなか改正できずに、わずかに電気と補機分隊の協力が得られる程度のムードだった。また司令部の軍楽隊も、暗号その他を考えると、いくらか出してくださいとも言いかねた。

新内務科としての構想は、戦闘配備において、一個応急班は指揮官、同伝令、通話員、応急作業員、電気員、工作員など少なくとも十数名が要る。一つの現場には右左、上から攻める三個班が必要だ。艦内にこのグループを三ヵ所ぐらいに分散配置しておきたい。しかもこのグループには、弾火薬庫、揮発油庫、飛行場格納庫、補機室、通風系、電路系などに精通した専門員を一名ずつでも配置することが望ましい。そうなれば一個応急班は約二十名になるが、この班を九個もつくれるだろうか。

一八〇名に通話員を加え、現在の三倍としたい。総員の一割にも満たないが、現状では実現不可能であった。もちろん、各科ともぎりぎりの定員なので、常時派出は困難として構想は難航していた。そこに出たのが、例の日向砲塔爆発事故のところで述べた砲術長の積極発言で、最上甲板と中甲板に弾火薬庫の、合計三十個ほどの注水弁があるが、その警戒員も兼ねた応急員を出してもよいという。

この他にも、四六時中警戒している弾庫の番兵五名がいる。これだけの人員があれば、応急員待機所に電話係をおくことも、五～六名の応急員そのものを強化することも可能である。とりあえず規模はそのまま、六個応急班をおくこととなった。

最大派閥の応援を受け、弱小派閥は勢いを得た。ムードが変わったのである。

兵科と機関科が手を握る

新内務科のひとつの問題点として、指揮系統をどうするかという問題があった。当時の戦艦の防禦は、応急と注排水による傾斜復原の二つの概念があり、運用長と工作長がそれぞれの指揮官である。応急指揮所は艦橋櫓内の直径四メートルぐらいの司令塔内に、注排水指揮所は防禦区画内の最下甲板にあった。これを副長がまとめて指揮する。

司令塔は一番副砲の後ろ、艦橋六階の位置にあって、五五サンチのアーマーに囲まれ（底は二〇サンチ）、戦闘中はだれが入るか明らかではないが、たぶん運用長と思っていた。この司令塔には、操舵系統や艦橋からの砲戦指揮・機関指揮など艦の神経や血管のすべてが入っている。電線など何百本もあり、まさに艦の心臓部で、監視員一人がいる。

さて、注排水指揮は副長の指揮下にあるときは問題ないが、新編の内務長の指揮下に入るとすれば、少佐が機関中佐を指揮することもありうるわけで、問題がありそうだ。このあたりは副長と内務長が、海軍省の軍務局と話し合っていたので、私には正確にはわからない。後部艦橋は、応急と注排水を指揮するには通信指令設備が不足である。

試行後の私の戦闘配置は副長と一緒の司令塔、内務長と一緒の司令塔、中部応急指揮所、前部応急指揮所など通信訓練のつどに変わり、種々の案が検討された。

ミッドウェー出撃時には、副長・内務長とも司令塔に入ったが、大きなお二人が司令塔の下の長い垂直ラッタルを昇り、直径四十センチの小さなマンホールから、防毒面を持って入る姿は涙ぐましいもので、失礼ながら、まるで運動会の障害物競争に似ていた。

結局、中部（予備）をふくめ前部指揮所は私の受持ち、後部指揮所は掌運用長の藤本特務大尉となった。他科の応急員については、私が補機分隊長、電機分隊長、砲術士、工作士、掌整備長などと話し合い、その結果、六個の応急班に砲員・補機員、電機員、工作員を各一〜二名ずつ互換増加する見通しがついた。

こうなれば応急照明、特設電話、動力、通風、換気関係、隔壁補強角材の加工など百万の味方を得たようなものである。あとは飛行機格納庫のある後部応急部に整備科から人員をもらうことだった。

航空機整備科は旧運用科よりも大世帯で、時節がら鼻息が荒かった。しかも柱島艦隊の水上機は小松島へ行っていてほとんど艦におらず、掌整備長に会う機会が少ない。たまに会えても、飛行機と格納庫は私たちが守りますで、なかなかラチがあかない。

こちらは隣接の左右、上下の内火艇格納庫付近まで内務長に電話をつないで、その指揮下で受け持ってもらいたいのだ。艦全体の応急の問題は飛行機六機の保護の問題ではない。そこを忘れてもらっては困る。ただY字型の飛行機格納庫は、平素定員七百名の大和映画館に貸してもらっているので、あまり強くも言えなかった。

整備員は兼務応急員として組織されてはいたが、その一部を専務応急員にすることはミッドウェーまでには話し合いがつかなかった。当時、空水分離の思想がはやりはじめていて、応急の場合はこれと別の問題と思っていた（米海軍は空水分離で、母艦と飛行隊は別組織、飛行隊の中の整備員に数百名の特別訓練を受けた防火員を持っていた）。

ミッドウェーで沈んだ四空母は、母艦の乗員と、それよりやや少ない数の飛行要員の間が大和のような関係だったとしたら、まことに不幸なことと言わざるを得ない。とくに母艦の飛行機は、母艦が停泊中は訓練できないので基地に行き、疎遠になりがちである。

旧運用科の悩みの一つは、応急指揮補助員というか、気のきいた通話員が区画整備員をかね、数多くほしかった。なにしろ総員が戦闘配置につくと、丸ビル数個分の艦内はさながらお化け屋敷となり、五人の番兵を除き人っ子ひとりいない状況となる。

警戒員を充実すると肝心の応急員が手薄となり、充実しなければ応急指揮系統や警戒体制が成り立たない。さりとて兼務的な他科員では、教育訓練にも支障をきたす。要するに、巨大艦としては戦闘被害を想定するとき、定員六十余名では不足ということであった。

幸いにも、ミッドウェーから帰着直後、かねて軍務局へ増員要望をしていたのがようやく認められ、師現徴兵三十名の臨時増員が配員された。五ヵ月の現役兵で三曹、師範学校の先生のタマゴだけあって、わずか一ヵ月の訓練だったが、すこぶる優秀であった。

いずれにしても、帝国海軍は攻撃精神旺盛で、捕虜は死ねの陸軍戦陣訓の時代、敵弾が飛んでくるいまごろになって、応急員が足りないとは恥ずかしい話であった。それでも、内務科は多くの試行錯誤を繰り返しながらも、陰の戦力といえるような部隊に育ってきた。しかし混成部隊であるだけに、指揮命令系統に配慮が必要となる。

応急班長や分掌指揮官のような低い段階での軍令承行令は、あまり問題にならないが、独立現場では、機関科将校も特務士官も所在全員を指揮することが合理的であろう。とにかく、ミッドウェー海戦そのものは次の項に譲って、この問題の後日談に進みたい。

軍令承行令の改正と内務科の新編

戦いに敗れ、ミッドウェーから柱島に帰ったのは昭和十七年六月中旬であった。副長からいままでの経過概要と所見の提出を命じられた。当時はなにか虚脱状態で、内容の記憶が薄いが、おおむね以上述べた経過概要および所見として、空母四隻を失ったのは、応急体制の不備と防禦にたいする認識不足があったものと思う。

応急はきわめて大切な問題なので、兵・機・整一丸となって真剣に取り組み、学校教育もそれに合わせるよう意見として提出した。そして敵を一隻沈めるのも、味方一隻を救うのも価値は同じである、と締めくくった。

以下は戦後に出た諸資料によって、あとで知ったことである。

軍令承行令については、開戦時に適用されていた法令は、大正八年に制定された内令（部内限りの秘密令規）で、「軍令は兵科将校が優位」の原則で決められていた。昭和の御代となり、軍艦の機関は近代化、高度技術化してきわめて重要な戦闘要素となり、それにつれて機関将校の地位も向上し、承行令を改正すべしとの意見が機関科の総意になりつつあった。

この一系問題は、帆船時代の風まかせから、罐炊き（かまた）の時代にさかのぼるとまでとはいわないが、根は日露役と古く深く、昭和十年の機密訓令により「機関科将校制度に関する調査委員会」が設置されたが、結論は一系問題は時機尚早というものだった。

昭和十一年、永野修身海軍大臣は、その答申を是認しつつも疑問を感じ、兵科万能体制に批判的な井上成美少将に白紙検討を特命した。この直後、米内光政大臣、山本五十六次官に代わった。そして井上少将の一年にわたる検討の結果は「一系とすべし」との結論であったという。

このとき、すでに支那事変がはじまっていて、多数の予備士官、予備役将校が召集され、小艦艇の長や監督官などに補職された。陸戦隊でも特務士官が指揮官となり、新問題の生起でそのつど特例で処理していたが、ついに応じきれなくなった。

昭和十六年、承行令をふくめ海軍諸制度の改正調査研究がすすめられ、ミッドウェー直後の昭和十七年七月に結論に達し、次官は海軍部内に申進した。制度大改正の要旨は次のとおりである。

一、海軍士官の語に代えて、海軍将校の語を用いる。

二、機関科将校を廃止し、機関の術科は兵科の所掌とする。機関科将校は兵科将校に転官の上、原則として機関・電機・工作・整備などの専修将校として服務する。

三、造船・造機・造兵・水路の士官は技術部将校とし、制度、内容を充実する。

四、特務士官を将校に列する。

五、舞鶴海軍機関学校を廃止し、機関術などを専修する兵科将校養成の学校とする。

六、艦内編成を改正、機関科を推進機関系統に限定する。工作科、電機部、補機部の編成を改正、内務科を新編する。整備科を廃止し飛行科に整備部を設ける。

この海軍の大方針にもとづき、昭和十七年十月二十七日、内令第一九八七号により、軍令承行令の大改正が行なわれ、一元問題とその他もろもろの指揮権問題は、曲がりなりにも解決した。そして数次の特例や改正をへて、昭和十九年八月、兵科と機関科の一系問題はすべて解決した。

米海軍はもともと機関はラインの一部であるので、この問題は起こっていない。英海軍は戦後の一九五七年、それまで五十年つづいていた兵・機・電機・主計の四職種を統合し、これをGeneral List Officerとした。余談になるが、日露戦争で通信の重要性を学んだ英海軍は、弱電と強電を合わせて電機科士官を養成した。このグループが民間および空軍と組み、第二次大戦のカギを握ったレーダーを戦力化したという。

内務科の新編についての艦内編成の変更は、前記の制度改革の方針をうけ、昭和十七年十一月、内務科編成の内令が出された。細かい点は省略するが、数次の改正をへて昭和十九年の姿は次のようなものだった。長い規則なので要点のみを抜粋する。

一、副長は、防禦の全般指揮に関し艦長命令を執行するときは防禦総指揮官という。

二、内務科の編成は次の通りである。内務長、内務士、掌内務長、内務科要具庫員及び防禦幹部、応急部、注排水部、電機部の四部とする。

三、防禦幹部の編成

防禦指揮官＝艦長の命を受け所掌業務を指揮する者で内務長を当てる。

防禦指揮官付＝指揮官の命を受け業務を補佐し内務士を当てるのを例とする。

防禦幹部付＝防禦幹部に属する下士官兵で、補助員、通信伝令員、電話交換員。

四、応急部員の編成

応急部指揮官＝防禦指揮官の命を受け応急部を指揮する。分隊長を当てる。

応急部付＝応急部指揮官の命を受け業務を補佐し、または一部を分掌指揮する者で、乗組士官、特務士官、准士官を当てる。応急長と言う。

応急班指揮官＝応急班を直接指揮する者、乗組士官、特・准士官を当てる。

応急員＝応急部に属する下士官・兵の総称。応急班下士官（兵・機・工・整）。

補機員＝冷却機、製氷機、消防ポンプ等の取扱に従事、応急班員を兼務する。

五、注排水部員の編成

注排水部指揮官＝防禦指揮官の命を受け部を指揮する。工作分隊長を当てる。

注排水部付＝部指揮官の命を受け、乗組士官、特・准士官を当てる。

注排水員＝管制装置員、弁開閉員、ポンプ員、補助員、通信伝令員。

六、電機部員の編成

電機部指揮官＝防禦指揮官の命を受け、電機部を指揮する。分隊長を当てる。

電機部付＝電機部指揮官の命を受け、その業務を補佐し、電機長と呼ぶ。

電機員＝電機部下士官、発電機員、電動機員、内務科電路員、通信伝令員。

これを見ると内務科は、推進機関をのぞく機関科、運用科、工作科、整備科の一部を持った大所帯（大和で約三五〇名）となった。そして大和はレイテほかの被害から生還した。この内務科編成は、航空機時代を迎えた水上艦船の生き残り策、と見ることもできるのであり、戦後、米英海軍はいずれもこれにヒントを得て、次の改正を行なっている。

米海軍は一九五二年、ダメージコントロール・オフィサーを設けて機関科に入れた。英海軍は一九五七年、デフェンス・オフィサーを設け、機関または電機専修者の中から任命した。

不沈戦艦大和のウイークポイント

不沈戦艦大和なる言葉は、いつ誰が言い出したのかわからない。この項は造船学的にはまったくナンセンスと思われそうだが、当時、実際に感じたことなどを述べてみたい。

大和は千百の防水区画を持つことは前に触れたが、予備浮力は六万トンと聞いていた。魚雷が当たり片舷十度くらい傾斜しても、ただちに反対舷に注水して傾斜を復原し、復原力と戦闘力を維持できると責任者は豪語している。

処々に見えるアーマーは、四六サンチの砲弾や五〇〇キロ爆弾がどんな距離、角度で命中しても貫通しないとも聞いた。艦内をまわりながらここは防水区画、予備浮力の一部なんだ、六万トンの水を入れない限り沈まないんだな、くらいに思っていた。そしてアーマーを手で叩いて、無表情ながらいかにも頼もしい重厚な冷たい感触を、手のひらで楽しんでいた。アーマーの厚さは、司令塔と砲塔前面が五五センチ、魚雷の当たる舷側が四〇、空からの中甲板は二〇センチである。

大和はアーマーの重量を局限するため、弾庫や主機械などを中央に集めて防禦区画とし、幅を広く長さを短くしてある。しかし砲熕兵装だけでも一万二千トン、アーマーの重量だけで二万トンを越える。したがって艦の防禦区画の前と後ろを長くして、その重量を支えなければならない。この部分も構造材や、小型の爆弾対策としてある程度の厚さがあり、船殻の重さが二万余トン、計五・五万トンの鉄の固まりだ。

アルキメデスの目で見れば艦の重さが約七万トン、喫水線下の排水量が七万トンで釣り合い、その上に予備浮力として六万トンの空所が乗っている。上でも下でもよい、穴開け合戦がはじまるのだ。グッと後ろにそった煙突の中は蜂の巣煙路という穴開きアーマーで守られている。

魚雷にたいしては、垂直アーマーの外側三メートルぐらいまで、いくつにも仕切られたバルジが付いていて、爆圧のバッファーの役目を果たしている。なるほど女子供も好きになりそうな宇宙戦艦ならぬ不沈戦艦、と称するだけの立派な身体をしているわい、と思っていた。

個艦の応急訓練がはじまり、艦内諸管などの色分け、諸弁の閉鎖区分の作業が進むにつれ、また内務科分隊長で応急の直接責任者の配置についたとき、恥ずかしい話だが、予備浮力とは静的なものであることに気がついた。

そんな目で艦内を眺めてみると、不安の個所、弱点が意外に多いことがわかってきた。まず区画がやたらに広すぎる。アーマーにしても、その外で爆発し付近をクシャクシャにする元凶だ。艦尾に魚雷が当たれば相当の水が入る。私の知らぬ間に艦首の区画に水を入れられる。そうなると予備浮力が減るが、これは簡単な引き算の話である。

傾きすぎて転覆するのも困るが、反対側に注水すれば、浮力を減じて自殺行為になるのではないか。航空機の時代、敵の雷撃機にたいし、いま具合よく注水したばかりなので、反対舷にお回りくださいともいえまい。

応急の私の受持ちは艦の前半分、しかも主としてアーマーの外側である。アーマー内部の重要性は百も承知だが、ブリキ同然の副砲の穴が四個も開いている。アーマーが憎く見え出したのは、まったく不思議な感覚だったというほかはない。

対空砲火員、艦橋まわりの戦闘幹部、応急員の他はすべて防禦区画内にいる。配置につくと、広い数段の艦内は、われわれのほか人っ子ひとり見えぬガランとした防毒区画だが、海の空気に毒ガスがあるのだろうか。むしろ、なかで爆発した有毒ガスを外に出す方が重要ではないのか。

ふたたび防水について、アーマーの継ぎ目も気になるが、予備浮力がなくなれば、アーマーは「重し」以外の何物でもない。「守るも攻むるも黒鋼（がね）の浮かべる城ぞ頼みなる……」が頼みにならなくなるのだ。いったい予備浮力とは何なのだろう。素朴としかいいようのない疑問が生まれてきた。

そんな思いで艦をまわると艦内には大きな通風管計、海水管・汚水管・真水管・ベント管、それに伝声管・空気伝送管まで、無数の管が縦横に這いまわっている。管には出口、入口および隔壁貫通部には、原則として弁がとりつけられているが、なかにはないものも相当あった。

これらの諸管や諸弁は、何事も起こらぬときはよく機能しているが、ひとたび破壊されると空気や海水の通路となり、これも予備浮力減少の元凶だ。風呂場の排水孔や厠の掃除孔など、弁があるにはあるがお粗末な代物で、パイプが破られたら、下の区画の空気抜きになってしまう。何発までは大丈夫など言えたものではない。不沈戦艦大和の幻影は、私の心の中でもろくも崩れ去っていくのであった。

電線の隔壁貫通部の金物やパテの詰め具合など、妙に気にかかるようになった。復原力を考えても、幅四十メートルは有難いが、喫水が深すぎ、トップに巨大な測距儀が乗っているのも気に食わない。

魚雷が当たれば、フリーウオーター（自由液面）でジャボジャボと動く。いっそ空気を抜いて、満水にした方がよいのか悪いのか。設計者の悩みや艤装現場の努力にかかわらず、浮いている物はいずれ沈む運命にあり、それを少しでも喰い止めるのがわれわれの仕事なのだ。そんなことがようやくわかってきたが、まったくうかつな話だった。

重巡育ちの応急屋のタマゴが、戦艦の応急の本質を知った。とにかく一万二千トンの大砲を撃てるところまで運び、ふたたび乗員もろとも持って帰らねばならない。大和では掌運用長が、艤装時にかなりの木栓を準備していた。これを徹底的に再検討して、複数の区画にまたがる諸管の管の径に合わせ、工廠で木栓や閉塞用具をつくってもらい、各応急班に布袋に入れて配ったが、大和の初陣にはなんとか間に合った。

泉内務長の主張である可燃物の陸あげも終わり、これも彼お得意のご婦人用びんつけ油を搭載した。小さな孔を塞ぐには最適で、後年、潜水艦で爆撃の至近弾をうけたとき、リベットの緩みや多数の破孔を塞ぐのに、このノウハウがたいへん役立った。

試行内務科も実質的に一二〇名を越える陣容をととのえることができた反面、副砲の時限爆弾をかかえ、不沈戦艦の弱点を気にしながらミッドウェーに出撃することとなった。だれが名づけたか知らないが、不沈戦艦大和の防禦戦闘のはじまりはじまりである。

ミッドウェー防禦戦闘

ミッドウエー（ＭＩ）作戦の具体的な動きは五月早々にはじまった。大和最上甲板でふたたび大規模なＭＩ作戦の図上演習がおこなわれ、今度は兵棋演習も加わった。主役の機動部隊がインド洋作戦から凱旋するのを待つようにして、招集がかけられた。お髭の立派な将校が目立つ。

兵棋図演とは参加員が赤（敵）、青両軍に分かれ、各級指揮官や参謀連が、それぞれの軍の各司令部や母艦艦長に指名される。他に審判部が中央テーブルに位置する。まず審判部から情勢や想定が与えられ、索敵からはじまるが、両軍はたとえば六時間の自分の動作票を書いて審判部に送る。ここでは作図によって、六時間後の彼我の態勢から新しい想定を与え、つぎの動作票を求める。

これが繰り返され、動の時間間隔が短縮され、戦闘がはじまる直前に、場面は兵棋盤に移される。一辺十二メートルもある将棋盤のような盤上に、艦や飛行機の模型をならべ、十分か数分単位でゲームのように彼我の駒が作図員によって動かされる。実際に見えそうもないところは衝立で隠される。太陽の位置や雲の量、その他の状況は想定票で両軍に示され、対策を演練する。

最終場面になると、何の兵器をどういう調定諸元で撃ったか、どう回避したか、何発撃ったかなどを突き合わせ、海軍大学校でつくられた演習審判標準の表をひく。演習審判標準には、長年の積み上げによる科学的命中率や運不運の山勘的確率が原始的な数個の賽の目の組み合わせで示されていて、賽が振られ両軍の被害率が出る。

被害は艦型により違うが、大艦は四分の一が小破、四分の二が中破、四分の三が大破、四分の四が廃艦となる。小艦は持ち点が少なくすぐに廃艦、レーダーなど新兵器は載っていなかった。

二月のときはもっぱら会場の設営係であったが、今回は作図員として手伝った。そのとき、米空母四隻が半分廃艦になる間に、六隻のわが空母のうちにも何隻かに相当の被害が出て、統裁部の宇垣参謀長から、「敵の陸上機の命中爆弾九発を三発として図演続行」

また航空参謀から、現行審判標準は実態を現わしていない、との釈明があった。零戦は表よりもはるかに強く、敵のグラマンF4Fワイルドキャットの数機よりも強いそうである。

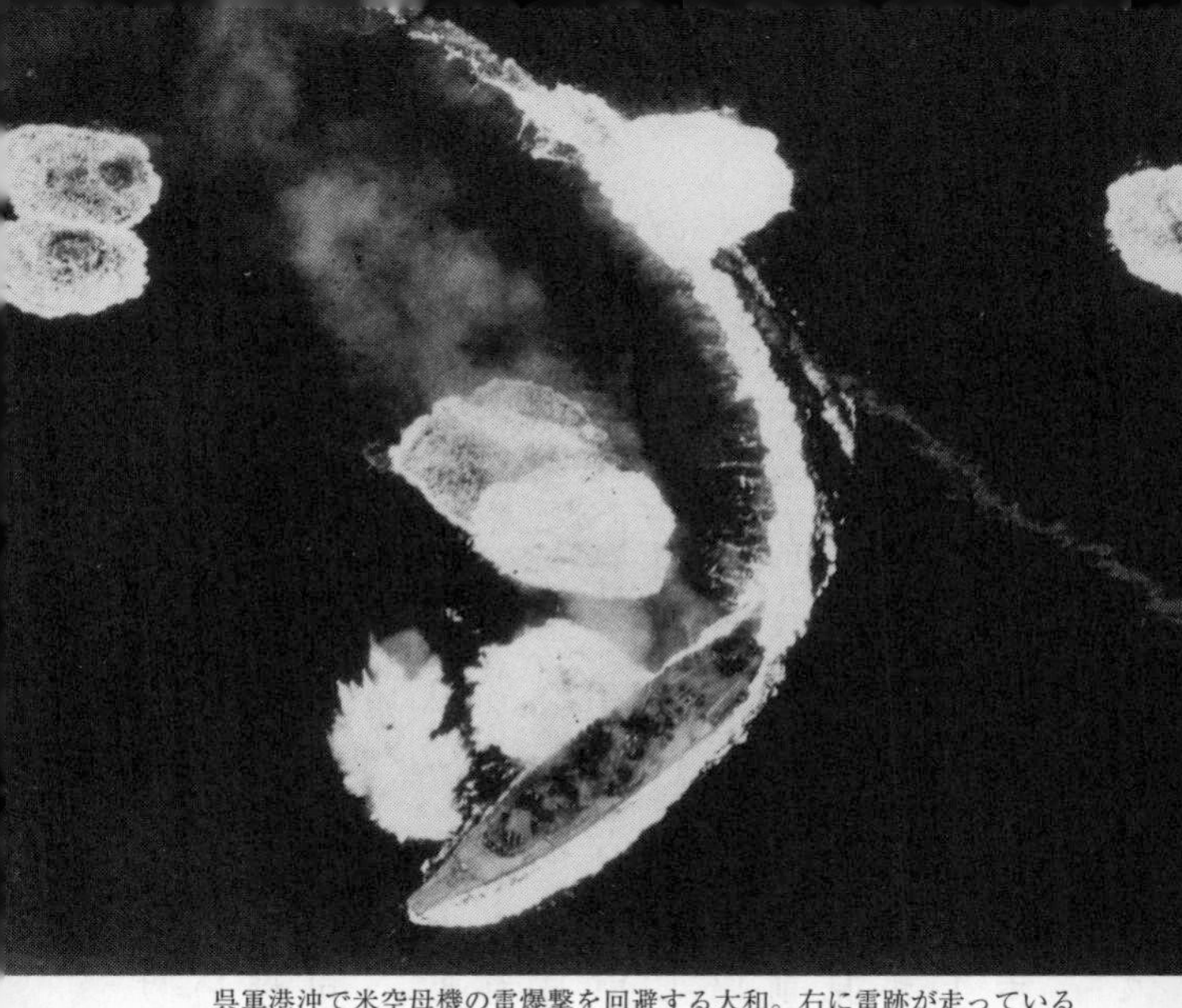

呉軍港沖で米空母機の雷爆撃を回避する大和。右に雷跡が走っている

しかし、作図員としては、（そんなことがあるのかな、甘いぞ）と思った記憶が残っている。

当時、二乗の法則というのがあって、空母四隻対六隻の場合は、十六対三十六と戦力が開くが、敵には未知数のミッドウェー配備の陸上航空機があった。軍令部の見積りでは六十機である。ところが、実際にはB17をふくめ一二〇機に増強されていた。ハワイから千百マイルで、航続距離千二百マイル以上のB17やPBYは展開できた。このことを軍令部は知らなかった。

五月五日の端午の節句に、MI作戦の大海令が発令された。数日後、珊瑚海海戦が起こり、空母一隻が参加できなくなったが、ミッドウェー攻略のX日は六月六日、ALキスカの攻略はX

＋1日と決められた。ハワイが八ヵ月の準備をかけたのに対し、今回は時間が短すぎたようだ。しかも参加部隊に連戦の疲れがあり、溜っていた人事異動も行なわねばならない。当時、練度の回復訓練も必要だ。しかも正規空母二隻が参加できない。図演の結果にかかわらず、これでもやれると考えたGFや機動部隊司令部に、驕りと過信と敵にたいする過小評価があったといわざるを得ない。

南方の戦況も気になるので、私はガンルームの七十期の司令部付になにげなく聞いたりしていたが、鬼より怖い一号の言うこと、彼らもそれとなく戦況を教えてくれた。まさかわれわれから計画が漏れたとは思わないが、米海軍は日本の暗号を解読し、つぎの目標がミッドウェーであること、その日が六月四日か六日らしいということを知っていたと言われている。このあたりは多くの書物で語られているので省略したい。

X日は月齢二十三で、月の出が真夜中の零時。暗闇で近づき、月光で準備発進、黎明に空襲をかけるという忍者的正攻法で、あまりX日を前後できない事情があった。米軍に山鹿素行か猿飛佐助がいれば、暗号を解読しなくても、見破っていたであろう。

五月十五日、ツラギに進出していた偵察飛行艇から、敵空母二隻発見の電報が入ったが、これは東京空襲ののちハワイに帰投直後、ツラギ上陸の異変を聞き、緊急補給してただちに出港、珊瑚海救援に向かったエンタープライズとホーネットの二艦だった。GF司令部は出すべき空母もなくこれを無視した。

しかし、この情報はきわめて重要な意味を持っていた。ひとつはアリューシャンからハワイ、フィリピンを結ぶ日本包囲線を突破したわが軍のツラギ占領を米側は重視し、三ヵ月後のガダルカナル戦につながっていったこと。もうひとつは傷ついたヨークタウン（日本は撃沈したと思っていた）を収容し、何としてもミッドウェー作戦に参加させたい目的があったことである。

大敵たりとも恐れず、小敵たりとも侮らずの言葉があるが、わが作戦部隊は空母二隻の不参加をのぞき、世界の海戦史上、空前絶後の大艦隊であった。空母八隻、戦艦十一隻、巡洋艦二十三隻、駆逐艦六十五隻、潜水艦十八隻、その他タンカーなどを加えると総計一九〇隻にも達した。作戦航空機数は七百機、将兵はじつに十万人である。

わが大艦隊はミッドウェーの救援に駆けつける敵艦隊を誘い出し、これと決戦して、一気に戦争の雌雄を決する目的も持っていた。間もなく開戦六ヵ月になるが、山本長官の頭に描いたスケジュールといおうか、信念といおうか、堅い決意が秘められていたと思う。ただ残念なことには、艦隊の中にレーダー搭載艦がただの一隻もなかった点である。

不幸はまだつづく。ハワイの監視に出た十八隻の潜水艦は、ほとんど休む間もなくクェゼリン経由で六月二日に配備点についたが、敵情を得ず、沈黙を守っていた。GF司令部は、この無言の情報を敵の空母はまだパールハーバーに在泊中と勝手に判断し、ミッドウェー攻略の報により必ず出撃してくるものとのみ思い込んでいた。

あに計らんや、わが意図を知っていた敵は、空母三隻主体の小部隊であったが、リメンバー・パールハーバーの意気に燃え、五月三十日、すでにミッドウェーに向かっていた。突貫工事のヨークタウンのみ三十一日、残工事のため数十名の工員を乗せたままの出港であった。工員は数日後に送り帰したという。

太平洋戦争において、日本が米軍にくらべ、物量で上まわりながら士気の弛緩という精神力で彼を下まわった唯一の例が、このMI作戦であった。いうなれば、この戦いはすでに裏をかかれた日本軍がいかにこれに対するか、神のみぞ知る防御戦闘であった。

また、罠にはまった参加艦の被害時の防禦戦でもあった。同時に、驕（おご）りたかぶる日本海軍が、自らの心に打ち勝ち、褌を締めなおせるかどうかの受け身の戦争でもあったのである。

対する米海軍タスクフォース（TF）16および17は、ハルゼーの急病によりスプルーアンス少将がこれを率い、空母エンタープライズ、ホーネット、ヨークタウンの三艦と巡洋艦九隻、駆逐艦十七隻、潜水艦二十一隻と、当時の当海域所在の全稼動艦隊を動員し、背水の布陣で待ち構えていた。

先に述べた米海軍のアドミラルの「もしこの戦さに負けたならば、対日講和を持ち出す雰囲気だった」の言葉もわかろうというものである。米国にとっても、ファシズムから自由連合国家群を守り得るか否かの防禦戦争であった。

ちなみに、あとあとまでわが軍を苦しめたスプルーアンス中将は、このときまで巡洋艦の艦長であり、大抜擢された猛将で、それまで空母の経験は皆無であった。事実は小説よりも奇なりという。MI作戦は景気の悪いはなしで申し訳ないが、事実だから仕方がない。

ミッドウェー作戦

日本側の主役は一航艦長官指揮の機動部隊で、赤城・加賀・飛龍・蒼龍の空母四隻に戦艦榛名・霧島、重巡利根・筑摩を加え、護衛の十戦隊（長良以下駆逐艦十二隻）、それにタンカー八隻を随伴している。またミッドウェー攻略部隊は近藤二艦隊および輸送船をふくむ約五十隻である。

アリューシャン攻略の北方部隊は細萱五艦隊で、空母龍驤・隼鷹を持ち、悠々と作戦できる。各艦隊ともまことに堂々たる布陣であった。

忘れるところだったが、さらに全作戦の支援に任ずる主力部隊として、山本長官直率の大和以下の戦艦七隻、九戦隊（大井・北上の魚雷特別装備艦、一艦三十二門）、駆逐艦十一隻、古い補助空母一隻の艦隊水上決戦部隊がひかえていて、タンカー四隻が付属していた。

集中と分散よろしきを得ることは、戦略戦術の基本原則であるが、結果から見て、わが四分の一である機動部隊が、敵の集中した一隊と戦闘を交えることとなった。

各隊は五月中旬以降、内海西部を経由してサイパン・グアムに進出、主力は柱島に集結、五月二十七日の海軍記念日にまず機動部隊が、ついで二十九日に大和以下の主隊が豊後水道を出撃した。その陣容はじつに壮観であり、旗艦艦橋からながめて、まことに心たかぶるものがあった。いわゆる鎧袖一触、戦わずして敵を呑むの気概である。

大和は初陣で、私ももちろんそうであり、艦内哨戒配備では第一から第三配備まですべて哨戒長を補佐する当直将校という戦争に無関係のような裏方配置であった。哨戒長付のほか副直将校もいるので、私は艦橋にいる観戦武官といった役割である。

艦内哨戒配備には、第一(一直)第二、第三(三直)があり、第一が戦闘配置とちがうのは、日常生活に必要な最小限度の役員で、トイレ休憩などができる点で、食事は竹の皮につつんだお握りの戦闘配食、第二配備以下は各固有の場所で食事する。戦闘配食は応急員が、二千名のお茶を持って配置に配るのを手伝うことになっていた。

私の戦闘配置は前部応急部指揮官であり、三組約六十名の応急班を持っていた。掌運用長の藤本特務大尉が後部応急部指揮官、同じく三組の応急班を持っている。

豊後水道を出撃時、大和の聴音に感度があり、駆逐艦が捜索に向かったが敵情を得なかった。戦後の米側資料にも記録がなく、虚探知であったようだ。主隊の航行序列は、一本棒の戦艦群を中心に、左右を駆逐艦にまもられた陣形で、ときどきタンカーから給油が行なわれた。梅雨前線に沿って進んだが、大和は揺れず快適だった。

士官室はベッキ(最後任)なので、ときどきガンルームへ息抜きに行くが、そのときの会話。候補生が、「ケップガン、イギリスにレーダーがあるの知っていますか」「違いますよ。電波で捜す探知器のことですよ」

「馬鹿言え、レーダーはヒトラーのところの海軍長官じゃないか」「違いますよ。電波で捜す探知器のことですよ」

学校出たての物知りはさすがである。それにひきかえ、レーダーのレの字も知らないとは恥ずかしい。わが海軍の電波探知器は昭和十年ごろ、空母赤城で実験、使い物にならずとして放棄された歴史があったこと、伊勢で実験を復活していたことを戦後に知ったが、残念なことであった。

閑話休題。攻略部隊は途中から針路を南寄りにとり、分離した。機動部隊は左前方四百マイルを先行、練度を回復すべく訓練に余念がない。

当時の大和の防空能力は、主砲の跳弾による弾幕射撃の研究がはじまったばかりだ。対空砲火は一二・七サンチ十二門で少なく、二五ミリ三連装機銃は未知数、三式弾はまだ搭載していなかった。防禦の弱点はすでに述べたとおりであるが、このあたりが米国戦艦が高速と高角砲を主とした対空重装備で機動部隊に入り、空母護衛の防空砲台に甘んじた点と違っていた。わが海軍はいつ大艦巨砲、艦隊水上決戦主義の幻影から抜けられるのか？

主隊は六月四日、ミッドウェーの北西千マイルに達し、警戒部隊（第二戦隊）を北東に分離した。残るはわずか数隻の主力部隊である。こうなると、戦艦大和、陸奥、長門といえども主力とはいえず、悪くいえば戦闘参加に意義があるオリンピック精神で、ここまで出撃してきたのは形式にすぎない。射程二十五マイルの大砲では二五〇マイルは届かない。

その大和では午後、敵の機動部隊らしい電波をキャッチしたが、無線封止中なのと通信参謀の「赤城の敵信班は優秀です」との言により、機動部隊に通報されなかった。

機動部隊では不幸にも、この電波をつかんでいなかった。これが雷装転換の判断を誤らせ、重大な結果をまねいたが、連合艦隊参謀がいかに部隊の力を過信していたかがわかる。また機動部隊の後方三百マイルの大和の無線封止と、情報の重要性との比較に疑問が残る。

六月四日、陽動のためダッチハーバー空襲を行なったが、米海軍の反応はなかった。おなじく六月四日、攻略部隊前路の掃海部隊が敵哨戒機を発見し、午後に攻撃をうけたが被害なし。夜間、飛行艇数機の雷撃をうけ、タンカー一隻に被害を生じた。ミッドウェーの西五二〇マイルであった。

いままで敵の潜水艦情報をほとんど得ていなかったが、それもそのはず、二十一隻の潜水艦は日本軍のミッドウェー攻略を知り、お家の大事とばかり、外周を百マイル間隔で三重の防禦線を敷き、上陸部隊の接近をいまや遅しと待ち構えていたのである。

六月五日午前四時三十分（現地時間）、機動部隊は攻撃隊一〇八機を発艦させた。戦闘の状況を語る知識も少なく、空戦そのものを述べるのも本旨ではない。要するにわが軍の負け戦さであった。戦死の方には申し訳ないが、敗因などについての観戦武官のあとからの感想は次のとおりである。

一、五月一日の図演時点でのミッドウェーの敵兵力は陸兵七百、航空機六十機であったが、実際には兵力三六〇〇、航空機一二〇機であった。なぜ最新情報の収集に努力しなかったのか。

三月四日にはK作戦でハワイ爆撃に成功している。敵は幾万ありとてもすべて烏合の衆なるぞ、兵力などは問題ないでは困るのである。五月三十日の二式大艇のハワイ攻撃は断念、六月三日にウェーク発進の哨戒機は、ミッドウェーの西六百マイルで敵の飛行艇と潜水艦を発見。偵察にあと一歩の努力が必要だった。

二、一航艦に連戦連勝の驕りがあり、珊瑚海の未熟な同僚にたいし、先輩・中核として「ヤーヤァわれこそは過ぐるハワイの海戦で汝ら大将を打ち取ったる者なるぞ」とする気負いがあった。瑞鶴などは編成直後の新参で、ハワイでは陸上攻撃にまわされていた。

三、索敵線中央の利根（三十分）、筑摩（八分）の水偵の発進が遅れ、雲に邪魔され、とうぜん空母部隊を発見できる位置にありながら、早期発見できなかった不運があった。これにより南雲忠一機動部隊指揮官は、軽はずみにも付近に敵空母なしと判断した。もっとも重要な索敵に七機（艦攻二機、利根、筑摩各二、榛名一）では過小ではないのか。重巡配備を四隻に増強できなかったのか。母艦はもっと出せなかったのか。現に飛龍は二式艦偵（後の彗星艦爆）を搭載、三時間後に空母数確認のため飛んでいる。

四、日の出は午前四時五十二分、ミッドウェーのカタリナ飛行艇はこのころ、わが部隊を発見、平文で発信している。赤城はこれを傍受したが、不思議なことに艦橋の司令部に届いていない。「春眠暁を覚えず」では、これまた何をかいわんやである。

五、攻撃隊がミッドウェー上空に達したとき、敵陸上機はすでに空中待避、敵戦闘機二十五機が待受け攻撃してきた。わが指揮官は午前七時、第二次攻撃の必要あり、と意見具申した。

母艦では一五〇機以上を空母攻撃用に控置していたが、午前七時十五分、この空母攻撃用魚雷を陸上用爆弾に兵装転換しはじめた。と、不運というか、午前八時九分、利根の索敵機から敵艦発見の報告が入り、八時三十分、ふたたび艦船用に転換、発艦準備をととのえ、風に立ち高速を出しはじめたところへ、燃料切れ寸前の敵の急降下爆撃機三十五機の奇襲をうけ、午前十時二十四分以後、わずか数分のうちに赤城・加賀・蒼龍が被弾、火災を起こした。

さらにヨークタウン十七機の急降下攻撃をうけ、不幸にも格納庫にあった陸上攻撃用爆弾などが誘爆し、航空機から流れ出たガソリンに引火、火の玉となった。被弾は少ないのに手が付けられぬほどになった。

飛龍は突出した行動をとり、雲量六の雲が幸いし、攻撃をかわすことができた。

三時間で二回の兵装転換は目がまわるほど忙しいだろうが、なぜ準備できた飛行機を発艦できなかったのか。集中と少数先制攻撃の比較はどうか。なぜ副長・運用長は危険物の格納整理を指導できなかったのか（すでに陸上機の攻撃があった）。

六、山口多聞二航戦司令官はすでに準備できている艦爆隊の発進を意見具申したが、黙殺された。なぜ全艦、まったく同じ行動をとらねばならなかったのか。敵は各個撃破もされているが、陸上機をふくめ、それこそ十回以上も波状攻撃をしかけてきている。

ヨークタウンは航続距離二五〇マイルの雷撃機を、敵までの距離一五〇マイルで発進させ、帰艦するまでに母艦を百マイルに近づける戦法をとっている。先制攻撃に徹していた。

七、わが軍はまず基地攻撃、数日後に空母撃滅の二兎を追った。これならば四隻集中もよいが、同時に生起することと予想して、せっかく控置した一五〇機をなぜ二隻に集中しておけなかったのだろうか。素人にはわからぬことが多すぎた。

八、機動部隊は前に戦艦一、重巡二、後ろを戦艦一に守られ、中央に空母四隻が、皆で渡れば恐くない式の箱型の集団体形をとっていた。なぜ母艦は通信のゆるすかぎり散開しなかったのか。レーダーがない分だけ、目をひろげるほうが自然ではなかったのか。それよりも、二月の未帰還激増のころからレーダー使用の兆候が現われている。古い者にレーダーの認識がなかった。戦訓の分析態度が不備だったのではないか。出撃前、空母四艦は珊瑚海海戦の教訓を瑞鶴などから聞いたのであろうか。

九、このときまで数次の敵機の来襲があり（午前七時十分、第一波B26、B17、アベンジャー各九機。七時四十五分、第二波B26九機、B17十八機、急降下爆撃機二十七機、戦闘機四機）、そのつどそのほとんどを撃墜し、わが空母に被害がなかった。たまたま、この直前に来襲した敵の超低空雷撃機三波、数十機にたいし、わが防空直衛の零戦は低空に引きつけられ、上空はからとなり一瞬の虚をつかれた。

艦隊防空とその上空の防衛の指揮系統はどうなっていたのか（米海軍は空母一隻ずつ独立した機動部隊で護衛を持ち、離れた行動が多かった。この海戦でもTF17二隻は、TF16と五十マイル離れて別行動をとっていた）。

十、全般を通じて索敵機の報告する位置の誤差が多く、敵の空母の数や動静が、大和でもなかなか摑めなかった。教育訓練はどうなっていたのだろうか。

十一、飛龍が孤軍奮闘中、宿敵ヨークタウンに三発の爆弾を命中させ、当初、赤城など（赤城三発、加賀四発、蒼龍三発）と彼我の被害は同じように思えた。彼は三十分で火災鎮火、われは全滅するにいたった。空母の艦内防禦のちがいはどこにあるのか。

飛龍は第二次攻撃によって、空母に魚雷二本を命中させたが、何とそれは応急修理を終え、航行中の同じヨークタウンだった（飛龍は二隻撃沈と判断）。さらに翌朝、伊号一六八潜水艦が救助作業中の空母を発見、二本の魚雷で撃沈したが、これもヨークタウンだった。珊瑚海での被弾も同艦で、軍艦マーチが四回に増えた。

彼の最初の火災は、後部下段格納庫内の七機の爆撃機に燃えうつったためだが、スプリンクラー全開、燃えている翼を切り落とすことによって三十分で消し止めたという（格納庫は四区画に区分）。戦後、海上自衛隊で、ハワイの二代目同艦に二週間乗艦する機会を得て、格納庫の整然巧緻な消火設備を見て感動をおぼえた。大和の主砲をはじめて見たときのそれだった。

蒼龍の沈没は午後七時十三分、加賀同七時三十分、赤城は翌朝、野分の魚雷で処分された。飛龍も巻雲に沈められ、運命を分けたこの海戦もわずか一日で終わった。この一日のため、どれだけのことがしてあったのか、なかったのか。無責任な観戦武官の発言で、思いちがいの点も多く、まことに申し訳なかったが、反省点の多い戦闘であった。

GF司令部の苦悩

大和のGF作戦室は艦橋の下、操舵室の上の九階にあり、伝声管で結ばれ、艦橋から逆潜望鏡のような装置で下の作図台がのぞけるようになっている。長官や参謀は戦闘中、いずれかにおられた。当日は払暁から参謀の動きが活発であったが、なぜか山本長官の姿は見えなかった。従兵に聞くと、下痢ぎみでお休みですとのこと、それでも第一次攻撃がはじまるころから艦橋に出られた。

メモの内容や記憶が飛び飛びなので、以下は推定を含んでいる。

大和は日の出前に配置につき、昼戦に備えてからひきつづき艦内哨戒第一配備で、受信可能な電波を傍受し、一航艦と航空機の交信の内容もほぼ艦橋でわかっていた。

攻撃隊発進後、戦況の推移を息を殺して見守っていたが、このころ、機動部隊との距離は約三百マイルだったと思うが、正確にはわからない。

午前六時、主力部隊は極東丸以下のタンカー四隻を列から切り離し、二十一ノットに増速、大和のマストにZ旗があがった。ミッドウェーまで五五〇マイル、触接機の飛来もなく、大和艦橋は戦いの前の静けさである。高速の艦首が波をかぶり、ときどき艦が身震いする。わずかになった直衛駆逐艦も、白波を頭からかぶって苦労していた。天候晴れ、雲量五。

ミッドウェー攻撃隊の指揮官からの「戦闘機と交戦中、滑走路に敵影を見ず」を傍受する。何か不吉な予感が心をよぎった。艦橋にはいつもより多い参謀があがってきている。

午前八時十分ごろ、索敵機からの敵大部隊発見、つづいてこの部隊に空母一をふくむ報告を傍受し、参謀連中は俄然色めきたった。先任参謀が潜水艦参謀に「潜水艦、頼りねーな」など、まだ余裕がある。

八時五十五分、機動部隊指揮官から「〇八〇〇、敵空母一、巡洋艦五、駆逐艦五をＭＩの十度二四〇マイルに認め、これに向かう」との緊急電が入った。参謀連は機動部隊の位置がわからないのと、「これに向かう」が部隊が行くのか攻撃隊が向かうのかわからず、なにやら論議がはじまっている。ただ空母が四対一で司令部はまだ楽観ムードであった。

しかし、その後の状況や指揮官の意図がわからず、無線封止中なので問い合わせることもならず、GF司令部は完全な傍観者だ。そろそろ攻撃がはじまる時機だが、機動部隊からはその後、何の報告もない。それよりもミッドウェー攻撃隊の着艦に混乱がある気配で、気をもんだが、雷爆転換のことはまだ知らない。

待つこと一時間、いきなり赤城被弾の第一報が八戦隊から入ってきた。加賀、蒼龍も被弾という。大和艦橋は殺気立った。参謀が電信室の伝声管にしがみつき、大声で真疑を確かめていた。

長官をはじめ艦橋にあふれていた参謀連は、下の作戦室に降り、モニター電も消された。二十四ノットに増速、機動部隊救援に向かうが、後ろに低速の陸奥などがいて、機関の限度いっぱい、二十二ノットに落とすというハプニングがあった。心せくのであろう、大和は二十七ノット。

無線封止が解かれ、近藤信竹攻略部隊指揮官にたいし、七戦隊のミッドウェー砲撃、二水戦の機動部隊救援、船団の待避などが発令された。分派の二戦隊も呼び戻された。わが三隻の空母群は誘爆を起こしたらしく、通風管から火災がひろがっているとの情報が入った。まったく信じられない事態となった。一年間乗っていた筑摩も気にかかる。

朝から第一配備がつづき、ミッドウェーまで五百マイル以内にきているのに、敵の触接機は現われない。三空母は依然猛火につつまれている様子だ。それなのに、どうしても助けてやれない。二十二ノットでは何もできないもどかしさ。離れすぎていたのだろう。

飛龍の敵空母二隻撃沈の報告により、司令部もいくらか憂色がうすれてきている。主隊は得意の艦隊決戦を目ざしているらしく、ミッドウェー北方二百マイルに向かっていた。

夕闇がせまり、飛龍の薄暮攻撃が期待されているとき、突如、飛龍被弾の悲報が飛びこんできた。やんぬるかな。大和艦橋は沈痛の空気につつまれた。それでも艦は一路東を目ざしている。午後八時ごろ、蒼龍・加賀沈没の報告が入った。その位置まであと百マイルか。

GF作戦室では、大和のミッドウェー砲撃も検討されたことであろう。敵空母の残存数も論議されたに違いない。敵情がまったくわからない。決戦兵力に不足はないが、母艦はなく、陸上機の支援も得られない。得意の夜戦に持ち込みたくても、今夜の戦闘は望めそうもない。

暗くなった艦橋は重い空気につつまれ、広くもないのに空いている。参謀は会議中で、下から苦悩が伝わってくるようだ。艦橋まわりの片舷六基の見張員から、ときどき異常なしの報告があるほか、沈黙がつづく。暗黒の闇のなかを、眼鏡で最後尾の鳳翔に寄りそう駆逐艦を見ると、トンボ吊りの立てる艦首の白波が、夜光虫で不気味に鈍く光っていた。

ふと気がついて司令部の近江従兵長に、熱いコーヒーを作戦室に運ぶように命じた。司令部の苦悩の四時間。月齢二十三の月が上がりはじめた六日午前零時、ついに七戦隊にたいする反転命令が下された。ミッドウェーまであと三時間の行程まで近づいていた。夜間攻撃、黎明の避退は可能だろうが、敵航空機の餌食になることは必至である。

司令官栗田健男少将は、のちにレイテ湾突入の際、このときのことを山本長官とともに思い出されたに違いない。

反転した栗田七戦隊を待っていたのは、忌まわしい衝突事故だった。旗艦熊野が敵潜水艦を発見、緊急左一斉回頭を発令したとき、四番艦最上は三番艦三隈に衝突した。最上は艦首に損傷をうけ、出しうる速力十四ノット。二艦は駆逐艦に守られてトラックに向かった。

六日の空襲は回避したが、七日、エンタープライズ艦載機の攻撃をうけ三隈沈没、最上は五発の直撃弾をうけたが辛うじてトラックに帰着した。

戦いのあと

七戦隊の夜間砲撃を断念したGF司令部は、進路を北北西にとり速力を落とした。

六月六日朝、艦橋当直に立ってみると、機動部隊の一部と第一艦隊が合同をはじめていた。対空警戒のため、はじめて輪形陣なる航行体形が発令された。

空母全滅はいまだに信じられなかったが、どこを捜してもいない。敗戦の悲しみが実感として湧いてきた。

主隊を中心とし、巡洋艦がまわりに、さらにはるか外側を駆逐艦がとりかこんでいた。砲台長が、「これでは危なくて弾丸が撃てないや」とボヤいていたが、この陣形は高角砲の弾丸のように、上空で破裂する弾幕防空に適しているのだろう。鉄兜が必要だ。

午後、飛行艇に触接されたが、私がはじめて見た敵影であった。遠くの駆逐艦がさかんに発砲している。主隊にたいする攻撃はなく、内務科の成果を検討する状況にいたらず、何かもの足りない感じを持ったが、被害なしは幸いというべきなのであろう。

夜間当直の七日午前一時ごろ、ミッドウェーの北の方から多くの星を消しながら、下弦の月が上がってきた。みょうに青白く怪しい光を放ち、研ぎ澄ました鎌のように見える。あの月の下にどれだけの戦友が眠っているのだろう。わがクラスのパイロットは約十名いた。

昼間の信号のやりとりで、飛龍の機械室は猛火に閉じ込められ脱出不能となり、艦橋の山口司令官と機械室が合意のうえ、駆逐艦の魚雷で処分したという。まことに痛ましい限りで、ただただご冥福をお祈りするのみであった。

これを聞いたとき、このまま反転、屍を乗り越えてハワイまでも追撃したいような復讐の念がみなぎったが、いまはそれも治まった。

七日、三隈が艦載機の攻撃をうけ沈没との悲報が入った。敵の機動部隊は何隊いるのかわからず、これからの戦争の様相を思うと、まことに暗澹たる気持にさせられた。

十日、長良（一航艦長官座乗）の内火艇で機動部隊参謀長の草鹿龍之介少将が、報告のため来艦された。時化（しけ）ていたので縄梯子にも近寄れず、私が指揮して飛行機デリックでピックアップした。はじめて見る草鹿少将の三種軍装に真っ白な包帯姿が痛々しかった。報告は長く、あとで知ったことだが、南雲長官以下の仇討ちの決意と、機動部隊の再建問題などが話し合われたという。山本長官もこのとき、覚悟を新たにされたものと思われる。

このころ、駆逐艦三隻に大和から燃料を補給した。横曳きで艦首にもやいをとる方式であった。タンカーはまだおらず、大和の重油搭載量は六三〇〇トンである。沖縄特攻のとき、片道燃料搭載だったとの通論にたいし、近ごろ異論が出ているが、その理屈はわかる。大和は子隊に守られる反面、子隊の面倒を見る責任があるのである。

意気揚がる往路にくらべ、復路は士気停滞、艦内は暗いムードにつつまれていた。戦艦に乗っていても戦うこと相成らず、手も足も出ないもどかしさ。私は敗戦のショックよりも、この方が大きく、張りつめていた糸が切れて、数日間、虚脱状態におちいった。

しかし、なんとか落ち着き、いまからでは遅いかも知れないが、水上部隊から足を洗い潜水艦に行こうと改めて決心した。そして一年後には「伊二六潜インド洋を征く」の先任将校の配置についていた。さらに一年後、水中高速潜水艦伊二〇二潜艦長となった。

なお、柱島帰着後、大和の瑞鶴にたいする曳航訓練がおこなわれた。はじめは引きだしに失敗、九十八ミリのワイヤを切断したが、二回目は後甲板の操艦で成功、八ノットを得た。

六月十日、大本営からミッドウェー海戦の戦果が発表された。このときが誇大広告のはじまりといわれている。実際は日本側、正規空母四隻沈没、戦死者三五〇〇名、飛行機の損失三三〇機、搭乗員の戦死者約百名。対する米側は正規空母一隻沈没、飛行機の損失一五〇機、搭乗員二百名であった。

まさに完敗で、これ以後、太平洋の主導権は、すぐ使える正規空母四隻が残った米側に奪われてしまった。しかも続々とその数を増やしはじめていた。戦艦部隊はまったく無傷で、米側の二倍以上の兵力を持っていたが、いまや海軍の主力となった正規航空母艦については、彼我の戦力は七：六から五：二と大きく差がひらいた。

参考までに、日本側の空母の状況と、その後の推移を見てみよう。

正規空母＝翔鶴、瑞鶴、大鳳（昭和十九年予定）、信濃（三号艦改造）。急遽計画＝昭和十九年秋、雲龍・天城・葛城、他船台上三隻。航空戦艦＝伊勢・日向。補助空母＝隼鷹（柏原丸）、龍驤、鳳翔、瑞鳳、飛鷹（出雲丸）。十一月就役予定＝龍鳳（大鯨）、冲鷹（新田丸）、千代田、千歳。

対する米側は補助空母をふくめ、終戦までに百余隻が就役、うち正規空母は二十四隻を数えた。

ミッドウェー作戦をいま振り返ってみると、暗号の解読は別格として、レーダーに関する認識不足、司令部の情勢判断の不適切、艦のもろさ、艦内防禦態勢の不備、応急にたいする認識の不足、気の緩みなどがあり、不運な出来事が重なり負ける要因が多すぎた。そのうち、彼我の艦内防禦態勢を比較して結びの言葉としたい。

ミッドウェー後日談

戦後、海上自衛隊術科学校の運用科兼応急科科長として、ミッドウェー当時の米海軍の応急（ダメコン）について調べたことがある。

まず、全般的にわれの攻撃重視、防禦軽視の思想にたいし、米海軍はダメコンをきわめて重視していた点である。一度被害が発生すると、攻撃力を落としても、時には戦闘を止めてまで総員で挙艦防禦にあたる。

内務科の話が出たとき、ある米軍士官は、戦後の日本海軍の組織編成で参考になったのは内務科の編成だけだった、と言って笑っていた。

彼らの運用術（シーマンシップ）は少数のＢＭ（ボースンズメイト、掌帆長）によって維持され、運用や応急作業は砲術や甲板の両舷直（役のない水兵）が行なう。したがって大戦中は、初級士官やＢＭの班長のもとでの、いわば両舷直応急であり、射撃を一時中止するのは当たり前の話であったのだ。火を消しながら弾丸は撃てない。

戦後、日本の内務科編成を見て、米軍は応急を機関科の編成に統合した。今度は機関科の半分以上がくわわり、攻撃力をあまり落とさずに応急ができるわけで、それで笑ったものと思う。

また、下士官兵の八十四種の職種に修理の専門家などもいて、応急員にふくまれていた。建造思想というか、応急の具体的な考え方や方法などは日米に相当の差があった。一言でいえば、飛行機の威力の少なかった時代の大艦巨砲主義の遺物と、みずから航空優先をとなえ、水上艦の設計など各部の対策をきめ細かに実行した者との差であった。

真珠湾で、またマレー沖で米英の戦艦群を葬り、近代戦のモデルを世界に示した日本海軍は、みずからの身を守る方法についてはは熱意がなく、まったくお粗末であった。

米海軍はミッドウェーにおける日本空母の格納庫の火災を見て、新造中の空母の格納庫を戦闘機用だけに絞った母艦もつくった。当然のことながら、危険作業の飛行甲板を広くし、朝顔の花のようになり、戦後には発艦と着艦の甲板を分けるようになった。いまは約七割をおさめる方針のようである。日本の対策は並べると恥ずかしいので、あとで述べる。

防水について、基本的には水を入れぬため、気密試験を重視した点である。修理をおこなうつど、実施が義務づけられていた。定期的に防水扉蓋のチョークテストもある。舷窓や諸管などは設計段階から局限し、閉鎖区分を艦船局のマニアルで定めている。

彼らの燃料搭載量はわれよりも多く、魚雷の当たりそうな区画には、あらかじめ燃料を入れ（使用後に満水）、注排水装置による傾斜復原よりも重油移動による復原を重視しており、排水能力に力を入れたという。

日本の注排水は、急速区画の注水は五分以内、排水は三十分以内に、通常区画は注水が三十分以内、排水は規定がなく、まず傾斜を直し転覆を防止する方針だ。

彼らもこれを持つが、注水は極力避けた。小区画の排水については、浸水を遮防したあと、ハンドビリーポンプで排水する。このポンプはガソリンエンジンで、わが旧態依然たる移動ポンプ（むかし田舎の消防で見かけた）よりはるかに軽く、しかも強力であった。もちろん火災消火にも使用するので、艦内各所に配置されていた。

なにしろ、日本の百倍の能力を持った当時の自動車メーカー製で、お手のものであったろう。日本は作りつけの消防主管を排水に使っていたが、一発の弾丸をくらえば脆い。

とにかく、日本の考え方は、被害時に正常のものがバラバラになることは意識せず、攻撃や性能発揮には非常な努力を払うが、防禦はアーマーに依存しすぎて、その外側は多少のことは気にしない主義であったようだ。

それよりも、被害は敵の戦艦の主砲の弾丸と、片側からの潜水艦の魚雷に限定していたとしかいいようのない防禦思想で、艦隊決戦主義の弊害がここにも現われていた。ただ、機械室の強力な排水エゼクターは、わが方が進んでいた。

防火について、これも彼我に雲泥の差があった。まず燃える物がほとんどない。リノリュームではなく、不燃性のペンキの上を靴で直接歩くのだ。食卓や椅子もスチール製だった。燃えない布までつくられていた。ガソリン庫の空所は不燃ガスを充満した。ガソリンの小出し庫は甲板上舷側にあり、すぐ海中に捨てられる。

防火の主力は複数系統の消防主管だが、ハンドビリーが手軽な初期消火用に配置されていたことは先に述べた。

とくに重視していたのが本物の消火訓練で、艦隊は各基地にファイヤーファイティング(FF)学校を持っているのだ。航空基地もFFSを持っている。総員が定期的に、実際に火災を経験し、消火を訓練するのである。しかも用具がととのっていて、防火服に身をかため、特殊ノズルを持った消火員が火元を吹き飛ばす。斧で叩き潰す。われわれのチョロチョロ消火とは、規模も意気ごみもちがっていた。

ヨークタウンの化学消火装置は先に触れたが、当時も石油大国だけあり、高性能の消火剤と管系を持っていたのであろう。手持式泡沫消火器とはちがう。われわれもミッドウェー以後、母艦の揮発油庫のコンクリート固めの工事や、石鹼をまぜた泡沫消火剤の開発など、種々の対策が実行されたが、あまりにも幼稚で、また遅すぎた。

そのほか、防毒・破壊物の処理、負傷者の救急、いずれをとっても差がありすぎたが、紙面の都合上、割愛する。こんなことを考える人が少なすぎたことは明白である。

先ごろ、空母ミッドウェーが退役したが、一九九一年の湾岸戦争時のダメコン定員は次のとおり。

機関科応急班（応急・電機・修理）二百名、補機班一六〇名（応急兼務）、甲板科九十名（うちBM三十五名）、合計四五〇名。ほかに航空関係の消火技能をもつ者約四百名。計八五〇名の一流消防隊である。

空母ミッドウェーの水平アーマーは約四センチ、三層であったが、計画されている十万トン空母はどんな防空体制をとり、設備を持ち、防禦体制をとるか興味のあるところである。

最後に一言。むかし読んだ「艦内管理、海軍大学編」の中に大谷中将の「運用の妙は一誠にあり」という名句があり、そこだけ覚えている。お付合いいただいた運用長はいずれも一誠そのもののお人柄で、いわゆる無章が多く、裏方に徹していた。

海軍全体がもっと応急を重視し、雷爆転換に注意していたならば、四隻のうちの一隻でも救い得たかも知れない。内務科があり危険物を整理していたら、あるいは四隻とも沈めずにすんだかも知れない。ミッドウェー海戦が戦勢逆転のきっかけといわれるだけに、悔やまれてならない。

いまは空しい繰り言だが、軍令承行令にたいするかたくなな態度が改正を遅らせ、挙艦応急をはばみ、虎の子の四艦を失う原因だったとしたら、まさに日本海軍の悲劇というほかない。ミッドウエー作戦を防禦戦闘と申した所以(ゆえん)である。

第二次大戦と日本戦艦十二隻の生涯

国家の興亡を賭けて建造された主力艦隊の生々流転と最後

元軍令部作戦課長・海軍大佐　大前敏一

あの勇壮なる軍艦マーチでうたわれている浮かべる城——それはまさしく戦艦の真の姿をたたえたものである。長く海軍の主力艦の座をしめてきた戦艦は、いかなる荒天怒濤にも磐石(ばんじゃく)の威容をしめし、国民から絶大な信頼をうけてきた。

平和な時代には日本の国力をあらわして国策の遂行をたすけ、一旦緩急(かんきゅう)にあたっては敵艦隊を洋上に捕捉し、海上決戦の主兵力となって制海権を確保するものとして期待されてきた。

むかしから海軍は平時と戦時を通じて、重要な任務をもっていた。とくに日露戦争後から太平洋戦争にいたる間は、日米英三国海軍の競争時代であり、なかでも戦艦中心の争覇が世界史的に重要な意義をもった時代であった。

この間において、日本の戦艦が果たしてきた大役はしばしば忘れられがちであるが、ワシ

大前敏一大佐

ントン会議からロンドン会議へと、日本が米英に伍して世界三強の一国としての発言力を確保できたことが、日本の国際的地位をたかめるのに大きな功績があったといえよう。

だが、軍備のさいごの目的が、敵に対して勝ちを制するにあることはもちろんである。太平洋戦争に参加した十二隻の戦艦のうち、大和と武蔵の両新鋭艦をのぞいた十隻のものは、すでに艦齢二十〜二十七年という普通ならとうぜん廃艦であり、人間ならば定年すぎのものでありながら、よく戦場で活躍した。

しかもこれらの戦艦は、主力艦の名において戦列にくわわったが、急速に威力を増強してきた航空戦力の前に、昔日の攻防力を発揮することは味方の制空権下でなければできなかった。

その結果、のぞんだ制空権をえられなかった空の下での日本戦艦の活躍は、かならずしも芳ばしいものとはいえなかったが、それだけに、その敢戦死闘には涙ぐましいものがあった。

日露戦後に訪れた建艦競争

日本の海軍が世界的な内容と規模を持つようになったのは、日清日露の両戦争で敵艦隊を撃滅してからである。三笠以下の戦艦六隻と出雲以下の装甲巡洋艦（装巡）六隻を主力とする連合艦隊は、戦艦七隻と巡洋艦四隻からなるロシア東洋艦隊を、まず第一ラウンドでやぶり、ついで遠来の戦艦八隻、巡洋艦五隻基幹のバルチック艦隊を撃滅した。これが、第二ラウンドの日本海海戦であった。海軍力を失ったロシアとポーツマス条約で講話した日本の国際的地位が、いっぺんに向上したことはもちろんだった。

だが、アメリカは東洋において、将来、日本が活動するようになる点に危惧の念をいだいて、対日制圧に乗り出す気配を露骨にしめしだした。そしてアメリカは海軍の大拡張に拍車をかけはじめた。こころみにこの間の日米両海軍兵力の推移を見ると、明治三十四年以前に進水した戦艦と装巡は日本＝十二隻、十四万二千余トン。米国＝八隻、八万九千余トン（対日六割）。明治四十三年の製艦途上をふくむ戦艦と装巡は日本＝三十五隻、三十七万二千余トン（戦利艦五隻とも）。米国＝五十隻、七十二万八千余トンである。

十年間にアメリカは対日六割から約二倍へと、急激に躍進していることがはっきりとわかる。とくに明治三十四年以降進水の新鋭艦のみについて見ると、日本の十隻にたいし、米国のもの実に三十五隻と大きなひらきをしめしたことは、当時、深く憂慮されたところだった。

そのような情況にもかかわらず、戦勝に酔った日本人一般は、当分のあいだは日本の進運を妨害する敵は出現しないだろうと思い込んで、国防にたいする熱意があがらなかった。

政府もまた想定敵国についての言明を回避し、ために対米七割を希望する海軍軍備充実計画も、単なる抽象論として取り扱われ、なかなか実現する目途もなかったのである。とくに戦争後の財政建てなおしのため、政府が軍事費削減の傾向をとったことは、統帥部をして、そのまま放任すればゆゆしい大事に立ちいたるものとの懸念を強くさせた。

かくて明治四十二年、両統帥部では帝国国防方針を起草し、両軍部大臣との商議をへて上奏し、正規の手続きをへて御裁可を得たので、ここに初めて米、露、支のうちの一国を仮想敵とする国防方針の決定をみたのである。

対米には海軍が主体となり、西部太平洋を確保するにたる海軍兵力の整備保有を目ざし、その実現は政府と統帥部の協議に待つことに決められていた。

具体的な所要兵力として戦艦八隻と装甲巡洋艦八隻を基幹とする、いわゆる八八艦隊の整備方針が確立された。この兵力整備検討について海軍内部では、甲案とよばれた戦艦十六隻と装甲巡洋艦八隻を希望したが、けっきょく財政的見地から米国の既定計画にたいし、約七割の兵力の「八八」艦隊におちついたといわれる。

国内建造にふみきる

対米七割を確保するため、海軍は明治四十四年以降、既定計画以外に戦艦十三隻、装甲巡洋艦四隻以下の追加建造を、十年計画でおしすすめる必要を強く主張した。日露戦争前までの日本の大型軍艦はことごとく外国製のものであったが、戦争中に国内建造の必要が痛感され、明治三十八年、初めて戦艦二隻と装巡二隻の建造に着手したばかりであった。

かくて外国製艦は香取、鹿島を最後にし、戦艦と装甲巡洋艦以下の国産方針が実現することになった。ちなみにこの項のはじめに、既定計画としてかかげたものは、戦艦五隻（薩摩、安芸、摂津、河内と未命名艦二）と装甲巡洋艦七隻（筑波、生駒、鞍馬、伊吹と未命名艦三）を指し、いずれも国産のものであった。

この間に世界の大艦巨砲主義はますます発展をつづけ、とくに英国海軍は一九〇六年に画

ロンドン条約により4番砲を撤去、練習戦艦となった比叡艦橋と2番砲塔

期的な戦艦ドレッドノート、ついで一九〇八年には巡用戦艦インヴィンシブルを、やつぎばやに建造し、世界海軍を驚倒させた。それらの軍艦は、両舷いずれの側にも旋回して射撃できる主砲塔を艦首尾線上に背負式に装備したもので、攻撃力倍増の主力艦であった。

この一万八千トンで三〇センチ砲十門を搭載、速力二十一ノット、装甲の厚さ二十八センチという弩級艦の出現は、世界の在来艦を完全に蹴落としてしまった。ドレッドノートに一年先んじて起工、一年遅れて完成した一万九千トンの安芸と薩摩の二艦は、誕生早々から旧型というありさまだった。

かくて世界の建艦競争が弩級艦に集中することになったのは当然のいきおいで、日本海軍でも明治四十四年以降、この建造に着手することになった。

すなわち三万六〇〇〇トン型戦艦の扶桑と二万七五〇〇トン型巡洋戦艦の榛名、比叡、霧島の建造を準備するとともに、外国へ発注した最後の日本軍艦であり、世界最初の一四インチ砲搭載の巡洋戦艦金剛(こんごう)の建造を、英国のビッカース社と契約した。明くる大正二年には新計画として山城、伊勢、日向の建造に着手することになった。

金剛は明治四十四年起工、大正二年八月に完成して本邦に回航されたが、その技術は国産主力艦建造におおいに活用された。また従来、日本の大型艦は海軍工廠で建造されてきたが、榛名と霧島は初めて民間造船所、すなわち神戸川崎と長崎三菱で大正四年に工事を完了した。この二大造船所はその後も、わが大艦建造に寄与した役割はきわめて大なるものがあった。

この当時の海軍拡充が、その建造に長い日数を要する主力艦に集中されたことは、第一次大戦勃発の大正三年、日本海軍の保有駆逐艦がわずかに四隻にすぎなかった事実からも、充分に知ることができよう。

大正五年には戦艦長門の建艦が計画されたが、ちょうど同年六月、英独の両主力艦隊が対戦したジュットランド海戦において、英国ご自慢の巡洋戦艦（巡戦）三隻が、あッという間に沈没という飛報がきた。防禦力に欠陥があったのである。この戦訓はいち早く長門級の設計にとり入れられ、長門、陸奥は十六インチ砲八門、重防禦、高速力のポスト・ジュットランド超弩級艦として、大正九年、十年にそれぞれ完成した。

かくて日本海軍は、その待望の八八艦隊の兵力の頭初部分を、財政のゆるすかぎり着々と実現につとめてきたところ、米国海軍は大正五年に第一次三年計画として戦艦十隻、巡戦六隻以下の計一五六隻、約八十一万余トンの新造を経費約一億で実現することを決定した。これは米国が八四艦隊二隊の整備によって、日本を圧倒し去らんとするものであり、大正元年にすでに日本に対し三割の優勢に達していた米海軍が、決定的な優位をしめることは必定となった。

ここにいたって日本海軍は、国防方針で所要兵力としてみとめられた兵力限度までの具体化が急務となった。まず大正六年に八四艦隊が議会を通過した。翌七年には八六、ついで大正九年には待望の八八艦隊整備の予算を確保した。

この艦隊は全部超弩級のポスト・ジュットランド型で編成される方針であったから、長門、陸奥以前の各艦はその編制兵力に予定されていなかった。長門、陸奥、加賀、土佐、紀伊、尾張と第一一、一二号の両戦艦、計戦艦八隻と、天城、赤城、愛宕、高雄と第八から一一号の四巡戦、計巡洋戦艦八隻が、最初の八八艦隊の構成艦と予定されていた。

運命の不可思議は、長門、陸奥と航空母艦に変更された加賀、赤城以外の各艦が、ワシントン軍縮条約によって廃棄され、早晩、廃棄を予定されていた金剛級の四隻と扶桑、伊勢級の四隻が、長命をたもって太平洋戦争で勇戦奮闘したことであった。まことに感慨無量なものがある。

涙をのんだ条約比率

日本の八八艦隊に対抗しようとする米海軍は、第二次三年計画として、第一次の計画と同数のものを建造する案をたてたが、その計画完成のあかつきには、戦艦三十二隻、巡戦十六隻を基幹とする空前の大艦隊を実現しようとするものであった。しかし、この案はさすがの米議会も過大すぎるものとして否決をみたが、すでに米側の意図ははっきりしたのであった。

日本海軍では、八八計画の建造着手がほぼ終ろうとする大正十二年以降、八八八艦隊すなわち戦艦十六隻、巡洋戦艦八隻を基幹とする艦隊の実現を胸算用しつつあった。これは無制限な建艦競争を意味するものでなく、巡洋戦艦八隻を先頭隊とする戦艦八隻の二個艦隊が、一海戦場における攻撃力を集中発揮する可能の限度であって、この艦隊さえ整備すれば、いかに大量の敵艦隊といっても、これを戦術的に各個に撃破できると考えられたからである。

ここで興味ぶかいのは、大正十年に設計をおえた第一三号戦艦以後の四隻が満載排水量五

腟発事故で破壊された榛名１番右砲。修理をかね榛名は一次改装に着手した

万二五〇〇トン、速力三十ノット、主砲として一八インチ砲八門搭載を計画したことで、大和型の出現をはやくも予想していたといえよう。

このころ、建艦計画の急速な拡大とともに、軍事費の急増は国家財政に異常な負担をかけるようになったのは当然のなりゆきであった。

建艦競争の休止は当事国だけでなく、世界の世論となってきた。かくして軍備縮小負担軽減、世界永久平和への寄与を看板にした米国主唱の軍縮会議が、大正十年、ワシントンで開かれることになった。これは日、米、英、仏、伊の世界の五大海軍国の会議であったが、焦点は日米英の兵力比率の問題に集中された。

米国は米・英・日の主力艦、水上補助艦、潜水艦、航空母艦の保有比率五・五・三を提案したのにたいし、日本側は不脅威不侵略を前提とする安全感確保のため、対米七割を要求して、その実現に努力した。米国は弩級以後の主力艦（建造中をふくむ）トン数において、日本が対米四割五分ないし四割九分で、これに工事進捗率を計算しても六割を出ないと主張した。

これは日本側が現有超弩級艦において八割三分、建造中をくわえても七割であるとする反論と、正面から対立した。けっきょく太平洋における防備の制限を条件に、日本側は米側提案の主力艦の十年建造休止と五・五・三の比率を涙とともにのんだ。

ただ米国原案で廃棄の運命にあった陸奥は、日本側の強い希望によって生き残ることになったが、米国海軍はその代償として、未成の一六インチ砲艦のコロラド、ウェストヴァージニアの二隻を完成させることになった。かくて八八艦隊は単なる画餅に帰したが、主力艦建造の十年間休止は、財政を救い太平洋の波を静かにした。

日本は建造中の土佐、天城、愛宕、高雄を廃棄し、米国は十一隻をスクラップとした。また艦齢十年以上の老齢艦も、廃棄処分または非戦闘用として保有されることとなり、かくして日本の戦列主力艦は十隻、二十八万九三四三トンになった。

この六割の主力艦だけでは国防上に不安があるというのが、海軍専門家たちの意見であって、この欠陥をおぎなうためには、条約制限外の艦艇と航空兵力を充実すべきことが強調された。

相つぐ大改装で面目一新

もともとワシントン条約の規定によると、主力艦は排水量三万トン以内の増加による近代化工事がみとめられていた。米国ではさっそく旧式戦艦の改造に着手したが、わが榛名は大正十三年に近代化工事に着手し、昭和三年に工事を終わった。この大改装は相ついで全主力艦について行なわれたが、その施工はこれを第一次と第二次に区分できる。

第一次はワシントン条約でみとめられている近代化であって、㈠主砲角を四十三度までひき上げ砲戦距離をのばす。㈡遠距離からの大落角の敵主砲弾に対抗する水平防禦を強化し、かねて、爆弾防禦にも資する。㈢水中防禦の強化のためバルジをもうけ、魚雷効果の局限と舷側甲鈑の沈下防止をはかる。㈣重油専焼に改装する工事を主とするものであった。

第二次は艦体と機械の換装で馬力を増大するとともに、船体抵抗の減少をはかって、速力を増大しようとするものであった。このため金剛型は二十四フィート、扶桑型と伊勢型および長門型は十四フィート艦尾を延長した。

これらの工事によって、金剛型は三十ノットの高速戦艦となり、扶桑型および伊勢型は、いずれも速力を約二十五ノットに増加し、また長門型は二十六・五ノットから二十五ノットに低下したが、防禦力がいちじるしく増強された。

巡洋戦艦の比叡はロンドン条約によって、制限外の練習戦艦（一〇五頁写真）となったが、昭和十二年に無条約になるとともに両次の大改装をおこなって、昭和十五年に高速戦艦として完成した。

大戦に突入して初めて知った現実

戦艦の絶大な攻防力は、絶対不動のものと考えられた。航空威力の増大が戦艦にたいする重大な脅威であるとの議論もおいおい台頭してきた。

米国のミッチェル将軍の空軍万能論にたいして、米国海軍は強硬に反対した。それは旧ドイツ戦艦を目標とした航空攻撃による撃沈が無人の艦で、反撃も、回避も、消火も、防水もやらない状況での旧式艦相手のものであり、新鋭戦列戦艦の場合と、事情がまったくちがうことを理由とするものであった。

爆弾は主砲命中弾より存速の少ないことなども理由にされた。しかし主砲の有効射程約三万メートルにたいし、爆撃機や雷撃機の行動半径は圧倒的に大きく、兵器威力もまた、ますます増大の傾向にあるとき、航空万能はともかく戦艦偏重をあらためるようとの要望が、一部にとなえられはじめた。

しかし太平洋戦争開始前の「海戦要務令」には、主隊すなわち戦艦部隊は戦闘の主力となり、その他の部隊は、この主力の攻撃を助成するのが任務であることをくりかえしている。航空戦についても、その全力発揮を主隊の決戦時機に一致するよう選定することまで要求されていたほどである。

これらの戦艦至上主義が戦艦の改装、さらには大和型の出現につながるものであるが、これはかならずしも日本海軍にだけみられた現象ではなく、米英とくに米海軍では、日本以上にあくまで戦艦主義を堅持しつづけた。それは開戦前の三次にわたるヴィンソン案および両洋艦隊案にふくまれた全建艦量が、戦艦十七隻一〇四万トン、空母十二隻四十五万トン、その他二九〇隻二五五万トンであった事実からもあきらかであろう。

量より質の超大戦艦

ワシントン会議でまとまらなかった補助艦についての軍縮会議は、昭和五年ロンドンで開かれた。迂余(うよ)曲折の結果、日本海軍は補助艦総量において対米七割という原要求と大差ないトン数をみとめられたが、その内容をみると、甲巡で対米約一割減、潜水艦は絶対量で二万五千余トンの不足という決定を余儀なくされ、国防上の不安が国内で問題化した。

これについて昭和五年七月の軍事参議会は「所要の対策を講ずれば国防用兵上ほぼ支障なきものとみとむる」ことを答えた。すなわち、一九三五年(昭和十)に開くことを約束した第二次ロンドン会議までに、各種方策をつくすとともに、「ながく本条約により拘束さるるは国防上すこぶる不利」との意向をも表明した。

一九三四年の予備会談は、前途多難を思わせたが、はたせるかな一九三五年の会議は決裂してしまった。そのため、一九三六年をもって終わる戦艦建造休止の期間を五ヵ年延長するかどうかについて、日本の態度が世界注視の焦点になった。日本はワシントンおよび第一次ロンドンの両軍縮条約の延長無用を声明し、協定から脱退することを通告した。

いよいよ昭和十一年（一九三六）末をもって、いわゆる無条約状態に突入することになったわけである。かくして超大戦艦大和と武蔵は、誰はばかることなく建造できることになった。


これより先、軍令部では次期戦艦について各種の研究をすすめてきたが、現有の戦艦劣勢にくわえて、将来かならずやってくると予想される建艦競争の場合、数量的にはとうてい勝ちめがあるまいから、質で圧倒するほかあるまいと考えた。

主砲として一八インチ砲九門、速力三十ノット、しかも充分な防禦ということになれば、とうぜん超大戦艦となり、六万トンではおさまるまい。この艦幅は一〇八フィートをこすことは疑いないから、他日、米国がこれにならっても、この型の戦艦が閘門（こうもん）幅一一〇フィートのパナマ運河の通過不能であろうことをもねらった。軍令部はこの基本要求を昭和九年十月に提出して、具体的な設計をはじめることにした。


両艦の建造は昭和十二年度の第三次補充計画にふくまれているが、それには単艦トン数として三万五千トン、隻数二隻、昭和十二年十一月着工、昭和十七年八月竣工、一隻分の単価九八〇〇万円として議会の協賛をうけている。

それはあくまで機密保持上のもので、実際の基準排水量約六万四千トン、速力二十七ノット、一八インチ砲九門であり、同補充計画の駆逐艦や潜水艦の竣工隻数をへらして、その経費を流用するなどの苦心もはらわれている。

そして大和は呉工廠、武蔵は長崎三菱造船所で、それぞれ昭和十二年十一月および十三年三月に起工し、十六年十二月および十七年八月に完成することに予定された。その実際経費は、第四次補充計画の六万四千トン戦艦の単価が、当時の金額にして一億三千万円と伝えられている。

依然として戦艦第一主義

昭和十一年の無条約時代に突入したのに関連して、国防方針の改定があり、国防兵力は戦艦十四隻、重巡十四隻、航空母艦および潜水艦は米国と均等、また航空隊は二十四隊ときめられた。戦艦以外の兵力、とくに航空母艦がはじめて国防所要兵力の中にあげられたのは興味深いことだが、依然として戦艦第一主義であったこともまた事実であった。

その後、米海軍の相つぐ兵力拡充計画にたいし、日本海軍としてはいかに努力しようと、とうてい対米比率七割保持を不可能と認めざるをえなくなったばかりでなく、時日の経過とともに、六割以下に転落することもまた当然、考えねばならなくなった。

一方、日本をめぐる国際情勢は緊迫の一途をたどり、米英の対日包囲圧迫は、いよいよ露骨をくわえるにいたった。そして勢いのおもむくところ、太平洋戦争突入となったのである。

戦艦は無敵ではなかった

開戦劈頭（へきとう）の真珠湾攻撃、これにつづく諸作戦は順調に進展した。比叡、霧島は機動部隊の支援隊として、ハワイ海域に進撃した。金剛と榛名は南方部隊主隊にあって、南方作戦の支援に任じた。

比叡と霧島はハワイ在泊の米艦隊主力、金剛、榛名はシンガポールに進出していた英戦艦プリンス・オブ・ウェールズとレパルスよりなる東洋艦隊の、万一の反撃にそなえたものであった。予想した海上戦闘の場面は実現しなかったが、当の相手の戦艦が、わが航空部隊の攻撃の前に、意外な弱体ぶりをしめして撃沈されるという場面が、大きくクローズアップされた。

真珠湾攻撃においては、水平爆撃（高度三二〇〇メートル）の投下弾数四十九のうち命中十三弾以上、降下爆撃六十九弾中の命中五十一弾以上、また発射魚雷数四十のうち命中魚雷数三十六をあげて、多大の戦果をおさめた。とくに在泊八戦艦中の四隻を撃沈し、四隻を撃破するという偉効を奏した。

また十二月十日のマレー沖海戦において、わが仏印基地の海軍航空部隊は、英国東洋艦隊主力をクアンタン東方海上にとらえ、雷爆攻撃約一時間半で、ついに英国自慢の戦艦プリンス・オブ・ウェールズとレパルスを覆滅した。

本海戦は八十余機の陸上攻撃機（うち雷撃機五十一機）が、独力よく敵の戦艦部隊を索敵攻撃して潰滅させた点で、世界に絶大な衝撃をあたえたものである。

それは従来から攻防力をほこってきた戦艦といえども、航空攻撃の前にはきわめて脆弱(ぜいじゃく)であり、将来の海戦はまず航空戦によって勝敗の大勢を決することになろうという戦訓を示唆した。連合艦隊参謀長は当日の日記に『戦艦無用論、航空万能論これにより一層熾烈を加うべし』と書き残している。

本土決戦にも戦艦中心

しかしながら、依然として戦艦中心主義の大勢はかたく、在来の艦隊決戦思想にとらわれて、画期的な措置は講ぜられなかった。また軍備の面でもミッドウェー戦の後まで、なんらの処置もとらなかった。

水上決戦本位の第一、第二の両艦隊は依然厳存して、戦艦以下大部の巡洋艦、駆逐艦などを擁し、母艦部隊には、つねにその兵力を割いて支援護衛にあたらせるという編制がつづいた。また第三艦隊（母艦航空戦隊）とおなじ作戦場に出るのをつねとした。第二艦隊の司令長官が最高の戦場指揮官となるよう先任者の配員をつづけたことは、航空作戦の能率的な遂行に適当であったとはいえない。

米海軍の方では軍備的にも、編制的にも、戦訓をすなおに取り入れたのにたいし、せっかく開戦劈頭に空前の戦果と戦訓をしめした日本が、かえって迅速な対応をおこたったことがおしまれる。

しかしながら当時、日本艦隊が破竹の進撃をつづけ、米側の損耗回復前に中流で馬をかえすことを避けたとも解し得ないこともないが、その間に、ミッドウェーの敗戦という取り返しのつかない場面にぶつかってしまったことは、惜しみてもなお余りあることであった。

り30ノットの高速戦艦に変身。伊勢は主砲仰角43度、射程３万3000mとなった

二次改装後の榛名(左)と伊勢。大改装に着手した榛名は機関出力向上によ

戦艦で敢行した突入作戦

昭和十六年十二月十六日に大和が完成され、連合艦隊の第一戦隊（長門、陸奥）にくわわり、第一艦隊の第二戦隊（伊勢、日向、扶桑、山城）ともども、内海の柱島錨地において訓練しつつあった。第一段作戦があまりにも円滑に経過したため、これら戦艦の出る幕がなかったからである。

つぎにきたミッドウェー海戦には、主力部隊として全戦艦が出動したが、航空戦で大勢を決し、むなしく内海にひきあげた。

超大戦艦武蔵（むさし）は昭和十七年八月五日に連合艦隊にくわわり、大和とともに第一戦隊となり、これに関連して長門、陸奥は第二戦隊に入った。第三戦隊は働らき場所の多い第二艦隊にうつり、また、その二艦の比叡と霧島は第十一戦隊として空母艦隊である第三艦隊の支援兵力に編成された。

ミッドウェー敗戦の善後策は、つぎつぎに実行された。

戦艦部隊として、ソロモン方面の作戦に最初に参加したのは第十一戦隊で、八月二十四日の第二次ソロモン海戦に前衛部隊として活躍したが、けっきょく母艦航空戦に終わったため、せっかくの好機をにがした。

そこで、十月十四日のガ島船団輸送の前夜を期して、第三戦隊（金剛、榛名）がガ島飛行場にたいし、三式弾九二〇発のツルベ打ちをくわせ、付近一帯を火の海に化すほどの大成功をおさめた。この戦艦火力の利用は、在来戦術の原則を飛び越えた、まさに画期的な勇断であったといえよう。

沈没一号、比叡の悲運

つづいておこなわれた第二師団のガ島総攻撃は、不成功に終わった。そこで再度の船団による高速輸送が計画され、その直前の飛行場制圧を実施する部隊に、こんどは第十一戦隊の比叡と霧島がえらばれた。

この砲撃部隊は輸送隊に先行、三式弾四三八発の砲撃をもって飛行場を火の海とし、敵機の活動を一時的に封じて、この間に輸送隊を接岸し揚搭を完了させようとするものであった。

昭和十七年十一月十二日の早朝、ガ島北方三〇〇浬圏に突入すると、さっそく敵機が触接してきた。

この敵のB17を、わが戦闘機がうまく追っぱらった。その後は一機も来ず、部隊は二十ノットで南下したが、日没前から猛烈なスコールで一寸先が見えない。午後八時ごろ、しばらく反転してスコールの外に出てから、ふたたびガ島にむかった。

この運動中に、比叡隊の前方警戒にあたる駆逐艦五隻はかえって後方に落ち、飛行場砲撃針路に入った午後十一時四十分ごろ、前方にたいする警戒はほとんど皆無の実情にあった。

しかし、このありさまになってしまっていたことは、だれ一人知らないことであった。この状況で比叡の右前方に進出しようとしていた駆逐艦の夕立が、敵の巡洋艦と駆逐艦の一隊を発見し、これとほとんど同時刻に、比叡でも大巡四隻を前方九キロに発見した。

砲撃目標はすぐにでも変更できるが、飛行場に火をつけるための三式弾を、急に徹甲弾に変えるわけにはいかない。照射砲撃を開始し、敵艦隊の先頭の巡洋艦アトランタに三六センチ主砲の集中射撃をくわえた。徹甲弾なら、当然一瞬のうちに撃沈のはずであるが、三式弾では命中はしても沈めるにはいたらない。

探照灯をつけた比叡に米艦隊の全弾が集中してきた。たちまち前檣に火災をおこして、統一射撃の砲隊指揮が不能となった。各砲塔独立打ち方にきりかえて戦闘を継続するうちに、八隻の米駆逐艦が肉薄襲撃をくわえてきた。しかしその魚雷は射距離が近すぎて、舷側に当たっても爆発しなかったという。

ついで舵機室被弾浸水のため比叡は操舵不能になり、主機械を停止し、部隊指揮を霧島艦長にまかせて、戦列から脱落するハメとなった。比叡はすでに米艦隊の列内を突破し、サボ島南方を通ってその西側に出ていた。

一方、霧島隊は戦闘をつづけながら北進し、十一月十三日午前零時すぎには当面の敵を撃砕して、半時間余にわたる夜戦に終止符をうった。戦後の米側記録によると、米側はこの三十四分の砲戦で、巡洋艦三、駆逐艦四の計七隻を沈没、巡洋艦二、駆逐艦三の計五隻を大破させるという大打撃をこうむっており、これにたいし駆逐艦二隻沈没、二隻大破という日本側は、圧倒的な勝利をおさめたのである。

十三日の黎明とともに、ガ島飛行場からの敵機は活動を開始した。比叡はこれまた損傷し

昭和17年４月、インド洋作戦時の金剛型４隻。右より金剛、榛名、霧島、比叡

ていた米重巡と砲戦をつづけた。敵爆撃機七十機が来襲し、三発の命中弾があり、さらに雷撃機十機の襲撃で二本の魚雷をくらった。

すでに八インチ砲弾八十発以上をうけて全艦火につつまれ、舵はつかえない。自力回航もいまや絶望と判断した比叡艦長は、総員を避退させて自沈を命令した。ときに午後四時、比叡は沈没戦艦第一号として、サボ島北東の魔の海に姿を消した。

必死の反撃も空しく霧島は

一方、北方に離脱した霧島隊は第二艦隊と合同し、近藤信竹長官の指揮下に重巡愛宕、高雄などをしたがえ、ふたたびガ島水域に突入することになった。わが輸送船団を掩護すべく、敵の水上部隊を撃滅するためであった。敵のワシントン級新鋭戦艦二隻を主とする艦隊の近接が報ぜられたからである。

戦艦対戦艦の夜間砲戦がはじまった。霧島の一四インチ弾はサウスダコダの前檣を大破して射撃指揮を不能にし、戦場離脱を余儀なくさせた。しかしワシントンからの斉射は、つぎつぎと霧島に命中し、随所に火災と破口をもたらした。それでも霧島は屈せず反撃をつづけ、最後の一門になるまで戦闘をつづけたという。わが水雷部隊は好機をのがさず、雷撃につとめたが、敵側の回避によって戦果をおさめえなかった。戦闘は一航過約二十五分で完了した。

霧島は一六インチ砲弾九発、五インチ砲弾多数をうけて行動の自由を失い、同夜おそく比叡とほど遠からぬ海底に自沈した。米駆逐艦三隻撃沈という戦果とひきかえの霧島の喪失は残念であるが、最新一六インチ砲艦二隻と近距離砲戦をやり、敵戦艦などにも痛棒をあたえた善戦ぶりは、これを認めねばなるまい。

比叡と霧島は、さきの金剛隊のガ島飛行場砲撃成功の再現を期し、夜間狭海面に突入した。だが、こんどは敵が我が方の手のうちを知り、対応策ができていたことや、米側の最新電探の装備による夜戦能力の向上などによって、苦汁を喫してしまった。

艦齢二十五年以上のわが両戦艦が、甚大な被害をうけながらも浮力をたもち機械の運転が可能であったことは、改装工事が適良であったことをしめすものであり、もし敵の制空権下という不利な条件がなかったなら、あえて自沈することなく、とうぜん応急修理によって生還したものと確信できる。

示された戦艦の未来

昭和十九年十月二十二日、ボルネオ島のブルネイ湾を出撃した栗田健男中将麾下の第一遊撃部隊は戦艦五隻、重巡十隻、軽巡二隻、駆逐艦十五隻という、強力なものであった。

進出途上の二十三日未明、敵潜水艦の雷撃によって、第二艦隊旗艦の愛宕および摩耶は沈没した。高雄もまた落伍するという悲運に見まわれた。栗田中将は大和に移乗し勇躍ミンドロ島南方を通過、タブラス海峡をへてシブヤン海へと進んだ。米機動部隊はこの進撃を見逃がさなかった。

十月二十四日午前十時四十分、敵の第一波約二十五機の来襲で、武蔵は右舷に魚雷一本が命中したが、戦闘行動になんらの支障もなかった。

正午すぎ第二次二十四機が来襲、武蔵はまた魚雷三本を左舷にくらい、速力は二十二ノットに減じた。ひきつづいて第三次二十九機、第四次五十機、第五次八十ないし一〇〇機と、しだいに回次をかさねるとともに来襲機数を増加してきた。

一機の上空掩護戦闘機をも持たなかった第一遊撃部隊は、主としてその戦艦に被害を生じた。とくに第二次攻撃で魚雷三本をうけて、速力の減じた武蔵に攻撃が集中された。今朝からの攻撃で、命中魚雷十一本、命中爆弾十数発、至近弾多数をうけた武蔵は落伍しながらも、不沈艦の名にそむかず、最後まで応戦した。午後三時二十分ごろ、来襲した第五次攻撃には、さしもの超大戦艦も黒煙を吐き左に大きく傾斜するようになった。

しかし最後の激闘から四時間、午後七時十五分には浸水が急増し、傾斜十二度となり、注排水の効果もなく遂に「総員退去」が下令された。さらに数分——傾斜はいよいよ急増し、船腹に連続的な爆発がおこり、突如として左舷に横転して沈没した。時まさに午後七時三十七分。艦長猪口敏平少将はいさぎよく艦と運命を共にされた。

スリガオ海峡の悲劇

夜半すぎの二時ごろ、西村部隊が雷雨のスリガオ海峡を北上しはじめてまもなく、その海峡に待機していた敵魚雷艇の集中攻撃をうけた。この戦闘で米艦隊は、日本艦隊の動静をはっきり知って、準備をととのえていたという。月の落ちた視界のせまい海峡を、四隻の駆逐艦を前衛とし山城、扶桑とつづく西村部隊は、満を持して北上をつづけた。

昭和十九年十月二十五日の午前三時、敵の駆逐隊が斜め前方の左右から襲撃してきた。最初の魚雷は扶桑に二本命中したが、艦隊はこれら駆逐艦を反撃しつつ、進撃の歩をゆるめなかった。

それから約三十分、山城も魚雷一本をうけ、艦長は後部砲塔火薬庫の注水を発令して、適時注水作業をおわった。山城はその後、さらに三本の魚雷をうけた。これと相前後して前方から敵の主砲弾がくるようになった。これは敵戦艦戦隊が前路を遮断していたのである。

山城と扶桑は、夜間の狭海面で優勢な敵と善戦したが、ついに力つき、スリガオ海峡で沈没した。沈没の原因がはたして魚雷によるものか砲弾によるものか、両艦の生残者の記録でも明らかでなく、米側でも砲弾だ、ヤレ魚雷だという論争がいまでもある模様で、最近もモリソン博士から照会をうけたほどである。

いままでに判明しているところでは、山城は魚雷により、また扶桑は魚雷もこうむったが、多数の砲弾による誘爆が命取りになったものと思われる。

大和水上特攻隊の沖縄突入

海空戦力に大打撃をこうむり、比島を喪失した以後の海軍作戦が、当然、基地航空戦、護衛、海空特攻兵力をもってする本土方面の防衛に局限されるようになったことは諒解されよう。

方からの撮影で、第３砲塔上の射出機と左舷の飛行機施設を艦尾に移設している

昭和16年４月20日、応急注排水装置の性能試験を行なう扶桑。左舷斜め後

問題は、いかにして敵側に大量の出血を強要できるか、そして本土攻略の有害無益を自覚させて、局面打開をはかるかにしぼられてきた。

一方、現実の作戦はだいたい予期されたように、昭和二十年二月の硫黄島、三月末からの沖縄方面と、敵の進攻はいよいよわが本土にせまってきた。沖縄の失陥のおよぼす戦略的影響を重視して、海陸軍は全力をあげて特攻攻撃の菊水作戦をおこなった。現地陸軍部隊は戦線を死守し、敵上陸軍に多大の損害をあたえた。

連合艦隊は四月六日の菊水一号作戦、同七日の陸軍総攻撃と策応、水上特攻隊（大和、矢矧、駆逐艦八）を六日出撃、八日沖縄に進出させる作戦を実施することになった。

水上特攻隊には充分な上空護衛兵力もつける余裕はないので、その成算は確実ではないが、少なくも敵のそうとうな航空兵力を吸収できるし、うまく運べば、沖縄海岸に一八インチ要塞ができようというのが、連合艦隊司令部の考え方であった。沖縄をとられてなんの戦艦ぞ、という思想が根底に流れていたこともいなめない。

大和隊は四月六日夜に豊後水道を通過のさい、敵潜に発見され、日本艦隊の出撃は米軍全隊に警報された。はたせるかな、明くる七日は早朝から敵機が触接をつづけていたが、正午すぎから敵機の大編隊の空襲をこうむることになった。

しかし戦闘機の掩護のない、大きな目標の大和には、爆弾と魚雷があいついで命中した。交戦約二時間にして、魚雷十本と爆弾五発をうけ、艦の傾斜二十度となった。

いまや運命は明らかであった。その直後、午後二時十七分に艦内に大爆発をおこして、巨体は乗員三千余名とともに海底ふかく没した。伊藤整一長官、森下信衛参謀長、有賀幸作艦長以下の主要職員はことごとく艦と運命を共にした。壮絶というほかない。

生き残った最後の一隻

昭和二十年の春、敵機の内地空襲はいよいよ本格的となり、その被害は日ましに大きくなった。当時、残っていた戦艦は横須賀に長門、呉方面に伊勢と日向と榛名の計四隻であった。いまさら動けない軍艦に積んでおくより、米軍の上陸してきそうな地点の防備用にと、副砲は流用されるし、機銃もほとんど取りはずされるという、戦艦の姿としては、まことに情けないありさまだった。

しかし斜陽族とはいえ、戦艦の栄光は敵空母の爆撃隊の将兵の最大の関心をあつめた。呉方面は三月十九日、七月二十四日、同二十八日と三回の大編隊攻撃をうけ、三戦艦ともに、二十八日の攻撃で着底擱坐（かくざ）した。その位置と命中弾数は伊勢＝倉橋島北東方、命中弾二十発以上、日向＝大情崎北方、命中弾九発以上、榛名＝江田島小用海岸、命中弾十発以上で、三隻ともすこし離れた位置からながめると、たいした傾きもないので一見無傷のように見えた。

一方、横須賀の小海の岸壁につながれていた長門は、空母飛行機隊の七月十八日の空襲のとき、初めて目標となった。約三百機の横須賀空襲ながら、長門への被弾はわずか二発で、大きな損害をうけなかったが、艦長と副長が不運にも爆死してしまった。かくて太平洋戦争を生き残った戦艦は長門一隻となってしまった。

ちなみに長門は戦後、米戦艦ネヴァダとともに、ビキニ環礁における原爆実験の標的艦となり、ついに二十五歳という艦齢をもって、その生涯の幕をとじたのである。

かくて日本は戦争を通じて、その全戦艦を失った。しかし全世界から戦艦の姿が消え去ったのは、わずかにその十数年後にすぎなかった。米国が戦艦を廃すると、伝統をほこる英海軍も最新の戦艦ヴァンガードを除籍した。由緒深いドレッドノートという艦名も、その機動力潜水艦に踏襲させた。いまごろ戦艦をもっているのは、南米の三流海軍だけである。小型のミサイル艦にも対抗できないからである。

日本の戦艦は消え去った。世界の戦艦もまた消え去った。主力艦の実質を航空母艦にゆずってから消えたのである。しかし、思い出の多い日本戦艦の名は、永久に海軍史をかざるであろう。

大和四六糎主砲を初弾から命中させる法

砲戦はどのようにして火ぶたが切られ命中するのか。体験的砲術入門講座

元「大和」副砲長・海軍少佐　深井俊之助

もともと海上砲戦の目的は、敵艦に命中弾をあたえて、これを撃破撃沈することにあるが、敵に命中弾をあたえるためには大砲を操作する砲員の技量、そして兵器精度などいろいろな要素があるけれども、もっとも肝要とされているのは目標の至近距離まで肉薄して、短時間内にできるだけ多数の弾丸を浴びせるということである。

たとえばいまある目標に命中弾をあたえようとすれば、二千メートルの距離から射つよりは二百メートルの距離で射つ方がはるかに容易であるし、また一定の時間内に三発射つよりは三十発射った方が、その時間内に命中弾をうる率ははるかに高いということは、どなたでも分かっていただけることだ。

深井俊之助少佐

ところが、このように砲戦が至近距離でおこなわれる場合には、自艦の攻撃の効果も上が

るかわりにまた、相当の被害を受けることも覚悟しなければならない。

そこでなんとかして、自艦に被害を受けずに敵を撃破する方法はないかと考えたあげく、敵弾のとどかないところから敵に有効な射撃をおこなう（アウトレンジ戦法という）ことがもっとも賢明な策であるという結論になり、それ以来この発想のもとに、主力艦の主砲の射程（弾丸の到達する距離）を延長することに全力がつくされたのである。

このことはとりもなおさず大砲の大型化を意味し、これに関連して一般に何門の大砲を搭載すればいいか、大型化した大砲を自由自在に操作して、射撃の速度を向上するにはいかにするか、大型弾丸とこれを発射する装薬はどこに格納しておけばよいか、射撃のやり方はどうすればよいか等々――多岐多様にわたるいくたの問題を提起し、とうぜんの帰結として、これらの要求を満たすためには巨大な船体を必要とする、という結論に到達したのである。

第一次大戦後、各国は「海を制するものは世界を制する」という考え方から、先をあらそって海軍力の拡張に乗りだし、前述の理由によりついに大艦巨砲時代を招来したのである。日本においても当時は、造船躍進の時代と称せられるように、朝野をあげて大艦巨砲の建造に協力した時代で、こんにちわが造船業界が世界に冠たる地位を持しているのも、そのよって来たるところが、この時代にあったことは疑いない事実である。

このような状況下にあって、当時の国力を結集し、そしてまた祖国防衛の夢をたくして建造されたのが、大和・武蔵であったのである。

戦艦大和は前述のいろいろな戦術的要素を全部満足させてくれた、空前絶後の〝逸品〟であったことは全世界がひとしく認めているところであり、すなわち大和の主砲は四十二キロの射程をもち、米国の最新型戦艦の主砲の射程が三十六キロ前後であったのにくらべれば、優に五キロ以上もしのいでおり、いわゆるアウトレンジ戦法にぴったりの能力をもっていたし、速力においても最高二十七ノットで米艦隊にくらべ、非常な高速であった。

また防禦面においても、あらゆる方面に完璧と思われるほどの配慮がしてあり、もしその使用目的と方法を誤らなければ、まさに不沈艦であったことに間違いはない。

しかし、いかんせん運命のいたずらといおうか、大和建造中の昭和十四年（大和竣工は昭和十六年）ごろから、航空機の発達がじつに目ざましく、これに関連していままで考えられていた「戦艦を主兵とする艦隊決戦」という戦術思想に対し、航空兵力を主兵とする新しい戦術思想、すなわち航空兵力主戦主義が有力となり、軍備計画もしだいに航空兵力の増強に力をそそぐようになっていったのである。

だが、皮肉にも、世界に比類なき優秀戦艦をもち、米英の戦艦艦隊に対し絶対的に勝利を確信していた日本艦隊が、太平洋戦争開戦劈頭（へきとう）のハワイ攻撃、そしてマレー沖海戦においても航空兵力をもって、みごと米英の不沈艦を撃沈したことにより、近代海戦の主兵は航空兵力であることを実証したのである。

かくして太平洋戦争中においては、この大艦巨砲時代に想定されていた日米両艦隊が堂々の陣を張り、砲戦をもって雌雄を決するというような場面は一度もなく、日本海軍誕生いらい幾多の海戦において華ばなしい戦果をあげ、日本艦隊の主役として君臨してきた戦艦の主砲も、その王座を航空機にゆずらなければならなくなり、巨額の費用を投じて全国民の期待をになって登場した戦艦大和と武蔵も、宝の持ちぐされになってしまうのである。

航空機をはじめとしてレーダー、コンピューターと機械文明の画期的な発展をとげた今日における未来戦の様相は、私の想像のおよばないところであり、いまここに昔の砲戦の話をするのも、いかにもアンタイムリーかとも思われたが、かつて宮本武蔵が剣にささげた一生をいかに生き抜いたかということに、いまなお深い興味と感銘をおぼえるのと同様に、勇名をはせた日本の連合艦隊の乗員が国防の重責を一身ににない、その青春のすべてをかけて精進した海上の砲戦とはどんなものであったかを、御理解いただければ幸甚である。

射撃指揮所と発令所

太平洋戦争当時の海上砲戦について、その概要を説明するためには、まず射撃法の原則と射撃に関連する幾多の装置について、御理解をいただかなくてはならない。ただしこの稿では戦艦の主砲が水上艦艇を攻撃する場合について略述することにして、副砲については主砲とほとんど同様であり、また高角砲と機銃については、その操縦性をとくに重視してある点多少の差異はあるが、原則的には大差がないものと考えていただいてよい。

まず一連の射撃で目標に命中弾をあたえるためには、一斉射撃をおこなって夾叉弾（きょうさだん）をうることである。

いまかりに十門の大砲で一目標を射撃する場合に、射撃の方法として一門一門を自由に射

艦橋上から見た武蔵の45口径46cm 3連装主砲。砲塔装甲鈑の厚さは前650ミリ

撃をおこなわせる方法と、またたとえば五門ずつの二群にわけて一群あて統一して発射する方法、あるいはまた十門全部を一斉に発射する場合と、いろいろの発射法が考えられるが、射撃学理上、多数の大砲を一斉に発射する場合が命中弾をうる公算がもっとも多いとされている。

この斉射弾は水面に落下するときは、あたかも瓜のような縦軸の非常にながい長楕円形の範囲に落下し（この着弾の範囲を散布界と呼ぶ）、そしてこの着弾範囲内に目標があれば命中弾をうる公算は非常に高いのである。

このように一斉射撃の着弾範囲内に目標を捕捉すること、すなわち何発かが目標より遠く、また何発かが目標より近いような斉射弾を夾叉弾と呼んでいた。

遠距離射撃においては、小銃のように一発一発をねらって打つのではなく、多数弾を一斉に発射して、この散布界（着弾の範囲）内に目標をとらえること、すなわち夾叉弾をうることをもって終極の目的としていた。

というのは、夾叉弾においては命中弾をうる公算が非常に高いので、数斉射夾叉弾をつづければ、かならず一発以上の命中弾があるからだ。また理論上、散布界内の弾丸の数は多い方が、そしてまた散布界は小さい方が命中弾をうる公算が多い。

日本海軍においては砲の種類、艦種、そして砲員の訓練の度合によって異なるが、この散布界はおおむね三百メートルから六百メートルくらいであった。

つぎに、この射撃関係の装置が艦上のどのへんにあって、どんなふうな働きをしていたか、ということについて説明しよう。

射撃関係装置はこれを大別すれば、前檣楼頂上にある射撃指揮所と測距儀、その真下で船体の防禦された区画内にある発令所、および各砲塔の三つの主要部分にわけることができる。

射撃指揮所というのは射撃指揮官（砲術長）がおり、射撃全般を指揮統率するところで、前檣楼頂上（大和の場合は水面上四十七メートル）にあり、ここからは三十数キロ先の目標を見ることができた。また、ここには方位盤という装置があって、発令所、砲塔と電気的に連絡されていた。

方位盤というのは、目標を照準する超大型望遠鏡と、この望遠鏡が目標を照準したとき、その方向を各砲塔に刻々つたえる電気装置、そしてここで引き金をひけば各砲塔の弾丸を一斉に発射することのできる発射装置とを一つにした装置で、この装置には旋回を受け持つ旋回手と、俯仰と発射を受け持つ射手との二名が配置されていた。

前述のように砲戦距離が漸次増大して二十キロから二十五キロくらいになると、目標は甲板上や砲塔上からは水平線の向こう側になるので全然見えない。

したがってこのような遠距離の目標を射撃するためには、方位盤の超大型望遠鏡で目標を捕捉照準して、その方向を刻々と電気的に各砲塔につたえるという方法がとられていた。

たとえばいまかりに、目標が艦首から右舷六十五度の方向にある場合、方位盤でこの目標を照準すると、各砲塔にある受信器の指針が右六十五度を指示するので、砲塔の方向をこの指針にあわせることによって、方位盤の望遠鏡と砲塔とは正確に同一目標に指向することになるので、砲塔側から見えない目標に対してでも、正確に砲を指向することができるのである。

また、前述のように射撃の効果をあげるためには、全砲の一斉射撃がもっとも有利であるから、方位盤射手が方位盤に装備されている引き金をひくことにより、全砲が一斉に発砲するようになっていた。

発令所というのは船の防禦区画内にあって、射撃に必要な諸要素を算出する頭脳の役目をしており、また一斉射撃をおこなうために砲塔の状況をチェックして、方位盤射手に発射の時機を通報する連絡係の役目をするところである。すなわち発令所内には、射撃盤という大型の計算機があって、目標までの距離、目標の針路、速力、自艦の速力など各種のデータを計測して注入すれば、自動的に射撃に必要な要素（射撃諸元という）を算出して、これを指揮所と各砲塔に電気的に送信することができるようになっていた。

さらにまた発令所においては、円滑に一斉射撃をおこなうため各砲塔から弾丸と装薬を装塡し、方位目盛によって砲を正確に目標に指向して射撃準備を完了したむねの報告をうけ、これがそろったところで、そのむねを方位盤射手に通報して引き金をひかせ、一斉に発射するよう、発射時機を管制する大事な仕事を分担していたのである。

命中への四つのテクニック

さて砲塔の構造は、御存知のことと思うが、甲板上に非常に分厚い鋼板で防禦された大砲と、その真下の地下一階に弾丸を格納する弾庫、そして地下二階に装薬を格納する火薬庫があり、この三者はひとつの塔となっており、大砲が旋回すると、弾庫も火薬庫も一緒に旋回するようになっていたのである。

なお、砲の旋回俯仰（ふぎょう）から弾丸装薬の移動、上げおろしはすべて強力な水圧機械で操作されるようになっていたが、この砲塔の重量は大和のもので一基二二〇〇トン、三基で計六六〇〇トンとおどろくほどの重量があった。

以上のことを簡単に要約すると、方位盤射手が射撃指揮官の命令により目標の照準をはじめると、この方向が電気的に各砲塔につたえられ、この指示目盛によって各砲塔は、砲を目標に正確に指向する。
方位盤射手は各砲の準備の状況をみて適時引き金をひき、正確に目標に指向している砲だけを発射させる――という段取りになっており、このような装置を総称して、方位盤射撃装置とよんでいた。太平洋戦争開戦時には、駆逐艦以上の艦砲には多少の構造の差はあったが、全艦この装置を装備していたのである。

いままで述べてきたところで、方位盤により目標を捕捉照準して各砲塔を目標にむけ、発射準備完了の状態になるまでの仕組みがおわかりいただけたと思うが、このまま弾丸を発射しても、決して命中はしない。

というのは射撃指揮官は、つぎの必要なデータを考慮して砲の指向する方向を修正して命中弾をえ、砲戦の目的を達成するように努力しなければならないのである。

砲戦は自艦も敵艦も戦闘速力（最大速力）で驀進（ばくしん）しながら戦われるのがふつうで、いまかりに三十キロの距離にある目標にむかって発射された弾丸は、水面に落下するまでに約一分くらいの時間がかかるので、自艦の速力による偏位、弾丸の飛行中におこる目標の移動、風向・風速による影響など、なかなか複雑な要素をはらんでいる。

つまり発射された弾丸を目標に命中させるためには、射撃諸元（命中弾をうるために必要な射撃の諸要素のこと）を計測し、修正をくわえなければならない。その射撃諸元、すなわち弾丸を左右に偏位させる諸データについて触れておこう。

(イ)自速による弾丸の偏位＝汽車の窓から物を投げると、投げたものがしばらく付いてくる

前方を望む。主砲は20度程度の仰角だが、最大は30度。右下は14cm副砲群

だけ左右に偏位する。
(ロ)風向・風力による偏位＝弾丸は飛行中に風向・風力に応じて左右に偏位する。
(ハ)敵の移動による偏位＝前述のとおり弾丸の飛行中に、目標が左右に移動するためにおこる偏位であって、いまかりに三十ノットの速力で真横に走っている目標に三十キロの距離から弾丸を発射した場合、目標は三十ノットで走っているのであるから、弾丸が水面に到着するときには、もとの位置から約九百メートル左右にうごいている計算になる（弾丸は三十キ

砲戦訓練中の日向。36cm 4番主砲後方から

ロ飛行するのに約一分かかる)。

(ニ)地球自転による影響。

以上の諸要素は、自艦の速力、風向・風力、敵の針路・速力をはかって、発令所内の射撃盤に注入すれば、自動的に計算されて修正すべき上下左右の角度に換算され、電気的に各砲塔の方位盤よりの受信器目盛に合算されるようになっているので、方位盤の射手は終始目標を照準していれば、目標の方向を正確に砲塔につたえることになるし、砲塔においては受信器目盛を忠実に追従すれば、修正された角度に大砲をむけることになり、いつ発射しても、弾丸は目標に命中する状況にセットされるわけである。

天下一品だったわが測距儀

さて、前項の射撃盤に調定注入するデータのなかで、自艦の速力、風向・風力についてはは簡単に、しかも正確に測定することができるが、目標までの距離、目標の針路、速力の測定(測的という)は難事中の難事であって、またこれらの諸要素の正否は命中弾をうるかいなかの分岐点になるので、射撃上もっとも大切な事項のひとつであった。

ところで、どの戦艦を見ていただいてもわかるように、その前檣楼の頂上に、むかしの花魁(おいらん)がさしていた簪(かんざし)のように両側につき出た細い棒状のものがあるが、これが目標までの距離を計測する測距儀であって、陸奥・長門に装備してあったものは、全長一〇メートル、大和

右舷一斉射撃訓練中の陸奥。45口径40cm主砲、連装砲塔４基８門の咆哮

のものは全長一五メートルであった。

この機械は、最近のカメラに取りつけてある距離計とまったくおなじ原理のもので、ふたつの像をかさねることによって目標までの距離を計測することができるようになっており、その精度は基線長（全長）に比例するので、大和装備のものはその主砲の射程にあわせて四十数キロで、かなりの精度をもっていたのである。

この測距儀で計測された目標までの距離は、ただちに発令所内の射撃盤に注入され、大砲の仰角に換算されて各砲塔に電気的に送信され、距離に応じて必要な仰角を大砲に調定する一方、他のデータと合算されて自艦と目標との距離の変化する割合（変距という）を算出して、この割合から数十秒先の目標の位置を計算し、その点に向かって弾丸を発射する仕組みになっていたのである。

すなわち、いま一分間に三百メートルの割合で近接する目標にたいして、距離三万メートルで発射するとすれば、弾丸の飛行する時間が一分であるので、二万九七〇〇メートル（大砲に調定する距離で照準距離という）の地点に着弾するように仰角をかけて撃っておかないと、命中しないということである。

また敵の針路・速力は前述のとおり命中弾をうるための絶対必要な要素であるが、これを自艦上から測定する装置はまったくなく、飛行機観測によるものがもっとも適当であると考えられていたが、その精度はまだ充分でなく、とくに敵機の妨害のあった場合には、まったく正確を期しがたいので、砲戦を指揮する者としてはいちばん苦労したもののひとつであった。

すなわち水平線より手前の目標に対しては、甲板上の構造物などの向きによってだいたいの針路を、そしてまた艦首や艦尾の水面上の白波の状況から、その速力を推測することができるように、日夜訓練に励んだものであるが、三十数キロの遠距離目標はその大部分が水平線の向こう側にあり、マストくらいしか見えないので、この針路・速力は飛行機の観測を採用するか、周囲の状況から推定するよりほかなかったのである。

太平洋戦争の末期になって、各艦にレーダーが装備され、夜間やスコール中のように見えない目標にたいする射撃も実施されるようになったが、このレーダーによって計測された各データ（方向、距離など）は測距儀のそれとは精度において雲泥の差があり、米軍がレーダーを使用して、まことに有効な射撃を実施していたのに反し、わが軍においてはまだ実用の域にはほど遠い状況で、われわれ砲戦関係の者の連日連夜の猛訓練にもかかわらず、発射した弾丸がとんでもない方に飛んでいったりする、笑えないハプニングがたびたびあり、対水上艦艇に対するレーダー射撃は、全然ものにならなかったことを申しそえておく。

かくて砲戦準備は完了す

さて、以上で射撃の装置と弾丸を発射するまでのいろいろな操作について概略の説明をおわったので、つぎは砲戦がどのようにして行なわれたか、ということについての話である。

この太平洋戦争中、私の経験したマレー沖、バタビア沖、そしてソロモン群島における数度の砲戦は、いずれも夜戦であったし、最後に大和乗組中に遭遇したレイテ沖の海戦は、早朝からの戦闘ではあったが、きわめて特殊な状態で起こった砲戦であったので、これらの史実にもとづいて海上砲戦の推移を説明するのはむずかしい。

したがって話をわかりやすくするために、われわれがつねに想定し訓練をつづけてきた艦隊同士の砲戦について説明しよう。

飛行機や潜水艦などの索敵によって発見した敵艦隊に対しては、ただちに飛行機または潜水艦をもって触接（尾行すること）し、これらの飛行機または潜水艦からの敵情報告と誘導によって、会敵時にはもっとも有利な態勢を獲得できるように接敵運動をしなければならない。このことは黄海海戦、日本海海戦をはじめとし、世界の海戦史上で明らかなとおり、終始戦闘の主導権をとり、勝利への第一関門であることは疑いのない事実であるが、これは艦隊の最高幹部の担当する重要課題であるので、ここでは割愛することにする。

ところで砲戦開始の第一段階は、目標艦隊の態勢、陣形、針路、速力など敵情をくわしく観測することであるが、数十キロもはなれた敵艦隊は艦上から見ることもできないし、また必要なデータを測定することもできないので、ここで艦載機を使用することになる。

艦載機はふつう巡洋艦以上の大艦には一機から数機搭載されており、その任務も索敵、偵察、触接、測的、弾着観測など非常に多岐にわたっていたが、戦艦の搭載機は、砲戦のための測的を任務とする測的機と、主砲弾の落下地点を観測する弾着観測機にこれをあてる建前になっていた。

すなわち戦艦においては、砲戦開始前になるとまず艦載機をカタパルトから射出して、うち一機は敵情を偵察し、また敵の針路・速力を測定し、必要なデータを送信する測的任務につかせるのが常道であった。

砲戦の第二の段階は、敵が射程内に入り、有効な射撃のできる距離になりしだい、ただちに射撃を開始できるように諸般の準備をととのえることである。

射撃指揮官は飛行機からの報告により態勢を判断して、まず射撃の目標を選定し、これに対して測定可能な各種のデータ（自艦の速力、風向、風速、敵針、敵速、距離など）をできるだけ正確に測定して、発令所内の射撃盤に注入し、計算された射撃の諸元を各砲塔に伝達させ、砲の旋回、俯仰角度を決定する。各砲塔においては弾丸と火薬を装填し、砲を指示方向に旋回俯仰して、発射準備を完了した状態で待機しなければならない。

第三の段階は、いよいよ目標に接近して目標が見えだしてから、初弾発砲までの間である。目標に接近していくうちにまず目標艦のマストが、さらに接近するにつれて檣楼、上部構造物とつぎつぎに水平線上にあらわれてくる。

この時機になると、檣楼の頂上にある測距儀による目標までの距離の測定が可能になり、その測定値を刻々と射撃盤に注入することによって、あらかじめ計出されていた射撃の諸元も、いっそう正確に修正されてくる。

一方、方位盤の射手も方位盤装置を使用して、目標を捕捉照準できるようになるので、各砲塔においてもこれらにあわせて正確に目標に指向し、射撃の準備を完了することができるのである。砲戦の性質上、敵よりもはやく砲撃を開始して、一刻もはやく命中弾をうることが強く要求されていたので、この第三段階における各部の操作は非常に迅速で、かつ正確でなくてはならないが、猛訓練の結果、これらの操作はじつに手ぎわよく、短時間に完了することができた。

砲撃は艦長の命令によって開始されるが、このように必中を期して準備された初弾であっても、かならずしも夾叉弾をうるとはかぎらないので、初弾の弾着後はこの弾着を観測し、いちはやく夾叉弾をうるように射撃を指導していくのが射撃指揮官の任務である。

サマール沖の初弾命中

弾着観測機の利用できる遠距離射撃においては、弾着時に目標と散布界（一斉射撃の着弾範囲）の中心との距離を観測機から通報させて、第二斉射時の照尺距離（実際の距離に必要な修正をくわえ大砲に調定する距離）を決定して発射し、すみやかに夾叉弾を期待することができるが、観測機の利用できない場合または中近距離の射撃においては、弾着時の水柱と目標との関係から射撃の状況を判断して、すみやかに夾叉弾をうるように射撃を指導していかなければならない。

一五一頁の第1図のように、照尺距離三万五千メートルで初弾を発射してⒶのような弾着があった場合、観測機はさっそく散布界の中心と目標との距離（第1図でℓｍ）を測定して、射撃指揮官に報告する。射撃指揮官はこれをうけて初弾の照尺距離をℓｍ修正して発射することにより、Ⓑのように夾叉弾をうることができるわけであるが、実際においては観測機の測定誤差をはじめ、各種の誤差がかさなりあって、そう簡単に夾叉弾をえられるものではないが、この要領をくりかえすことによって比較的すみやかに目的を達することができたのである。

観測機の利用できない射撃においては、指揮官は前述のように弾着時にあがる水柱と目標との遠近を判断して、あらかじめ学理的（数学確率の計算）に研究案出された一連の射撃の指導法によって、つぎつぎと射弾を指導して、夾叉弾をうるように努力するのである。

簡単にその射弾の指導法を説明すると、次のとおりである。（第2図）

①照尺距離二万メートルで初弾を発射しⒶのような弾着があった場合は、第二弾は㈠（マイナス）六百メートルすなわち一万九四〇〇メートルの照尺距離で発射する。

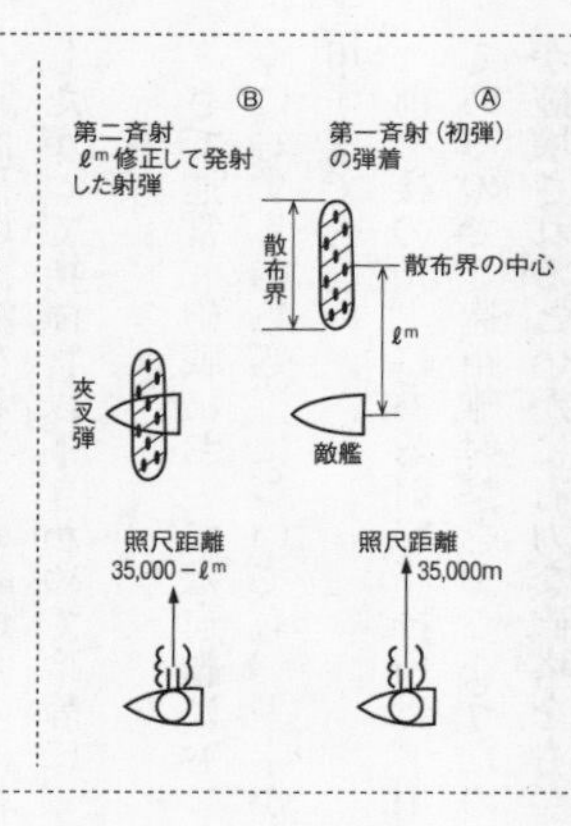

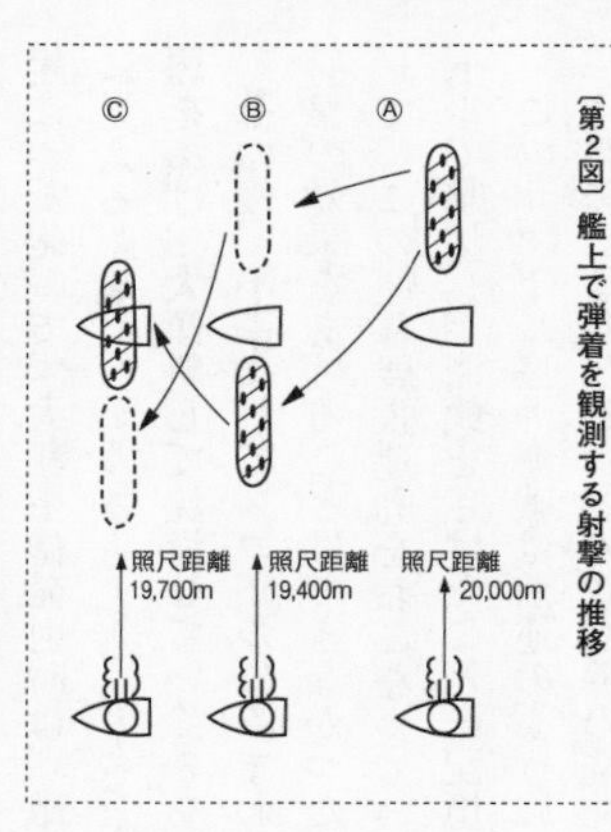

②第二弾がⒷ実線のように目標よりも近い弾着であった場合には、(+)三百メートル、すなわち一万九七〇〇メートルで第三弾を発射することにより、夾叉弾をうることができる。

③第二弾がⒷ点線のようにふたたび遠弾であった場合には、さらに(−)六百メートルにて第三弾を発射する。

④第三弾がⒸ点線のように遠弾から近弾になったら、(+)三百メートルで第四弾を発射すれば、おおむね夾叉弾をうることができる。

この原則を適宜応用することによって、特別の錯誤のないかぎり数斉射目にはかならず夾叉弾をうることができるのである。

戦艦大和がレイテ沖海戦中、サマール島沖で遭遇した敵空母群との砲戦は、日の出直後、敵潜水艦攻撃に対し厳重な警戒をしていたときに、まったく思いがけなく水平線上に四本のマストを発見し、この遁走する敵に対し全速力で追撃しながら起こった砲戦で、大和主砲発射時は、敵空母から飛行機の発進するありさまが手にとるように見える距離（約三万メートル）であったが、初弾からみごと命中弾をえて敵空母一隻が黒煙をあげ、大傾斜して沈没していくのを目撃している。

その後、不幸にしてスコールにみまわれ、また敵駆逐艦のみごとな煙幕展張のため、以後、射撃の効果をあげることはできなかったのである。が、私は当時、副砲長として副砲を指揮して、この煙幕展張運動をおこなっていた敵駆逐艦（ホール号）を砲撃して距離約七千メートルで撃沈し、溜飲をさげたことを記憶している。

このサマール島沖海戦は前述のように、砲力のまったくない敵空母に対する追撃戦で、約一時間後には浴びるほどの敵爆弾の洗礼をうけたが、砲戦中はまったく攻撃をうけておらず、したがって指揮官以下きわめて冷静に、平素修得した技量を充分に発揮できたものと思う。

さて通常、砲戦においては自艦にもまた被害があるのが普通であって、砲戦関連装置の故障に対する応急処置についても、平素から充分に研究準備しておかなければならないことは申すまでもない。

前檣楼の頂上にある射撃指揮所は、射撃指揮装置が完備しており、また方位盤が設置されているので、遠距離射撃をおこなうためにはもっとも肝要なところであるので、射撃指揮所が破壊されるといかに有力な砲塔をもっていても、射撃効果がいちじるしく低下することは自明の理であり、そうなっては戦艦本来の戦力を発揮できなくなるので、これとまったく同一の装置を有する、予備指揮所が後部マスト頂上に準備されており、また人員損傷の事態も考慮にいれて、射撃指揮官にかわるべき予備指揮官と、予備の方位盤員など必要な人員も常時配備されていた。そして有事の場合には即刻、射撃指揮を継承して一刻といえども、射撃の効果が低下しないように準備がしてあったものである。

不幸にして、これら前後部の射撃指揮所が破壊された場合には、もはや方位盤による一斉射撃は不能となり、各砲塔ごとに砲側において目標を照準して射撃をおこなう、砲側照準射撃に転換せざるをえない状況となり、至近距離でなければ射撃の効果も、いちじるしく低下するものと思わなければならない状態であった。

以上が海上砲戦についての概要であるが、はなしは非常に専門的であり、また短い紙面では充分に説明しきれない点が多々あるので了解に苦しまれたことと思うが、賢明なる読者諸兄の御判読を期待して、この項をおわりたいと思う。

巨艦大和サマール沖の驕れる星条旗を撃滅せよ

敵空母めがけて初めて発射された四六センチ主砲の轟音

当時「大和」砲術士・海軍少尉　市川通雄

昭和十九年十月十八日、捷一号作戦の発動により第一遊撃部隊は、司令長官栗田(くりた)健男中将指揮のもと、深更のリンガ泊地をあとに、前進基地であるブルネイに向かった。当時、私は戦艦大和(やまと)乗組の少尉で、砲術士を命ぜられていた。艦長は森下信衛少将で、砲術長の能村次郎大佐は副長を兼ねていた。

いうまでもなく大和は艦隊の主力であり、僚艦武蔵・長門とともに第一戦隊を編成し、口径四六センチの巨砲は、未知の威力をひめていた。このときの第一戦隊司令官は宇垣纒中将であり、将旗を大和に掲げていた。

市川通雄少尉

十月二十二日、わが遊撃部隊はボルネオ島北岸のブルネイを出撃、針路を北西にむけた。大和・武蔵・長門を根幹とする第一部隊十九隻のあとに、金剛・榛名を中心とした第二部隊十三隻がこれにつづいた。だが、直掩機皆無という現実は、将兵の心を悲壮感をおびた興奮にかりたてていた。

二十三日黎明、訓練の最中に突如として敵潜の雷撃をうけた。パラワン島西方を北上中のことである。このためたちまちにして愛宕と摩耶をうしない、高雄は大破して落伍した。これによって栗田中将以下の幕僚は駆逐艦岸波に救助され、のちに大和に移乗して将旗を掲げた。

明くる二十四日は予想されたように、午前中より執拗な敵機の来襲をうけた。シブヤン海を東へ向けて進撃中のことであった。各艦ともに全砲力をあげてこれに応戦したが、夕刻まで前後六回におよぶ雷爆撃をうけ、僚艦武蔵をうしない、重巡妙高も大破、落伍した。大和も一番砲塔右前方に二発の命中弾をうけ、左舷前方にも被害をうけた。

初の戦果は敵空母撃沈

十月二十五日の早朝、第一遊撃部隊はサンベルナルジノ海峡を突破し、レイテ湾口をめざし針路を南に転じていた。六時半すぎ、突然、東南方水平線上に敵艦のマストを発見し、ただちに全速で突撃態勢にうつった。将兵は昨日いらい、「総員配置」のまま一睡もしていなかったが、「待ちに待った艦隊決戦の時いたれり」と、勇気凛々たるものがあった。

間もなく、艦長の「砲撃はじめ」の号令が下った。

「目標、航空母艦」「射撃用意」大和前部マストの主砲指揮所にある砲術長能村大佐の冷静な号令が、つぎつぎと副砲発令所のインターホーンにひびいてくる。

待ちに待ったこの時、血と汗のたゆまざる訓練も、すべてはこの時のためであった。四六センチの巨砲は一斉に敵艦隊を指向し、発射の一瞬を待っていた。

「用意、打て」「ズシーン」

重さ各一トン半の徹甲弾は、艦体をゆさぶり海面を圧して、砲口を蹴った。射程は三万三千メートルである。弾着まで約三十数秒かかるが、刻々と秒時は過ぎていく。そのうち「初弾用意、弾着」と弾着計時員が、弾着の時機を知らせてきた。つづいて「初弾命中」という言葉もきこえてきた。これは水上砲戦における初の戦果である。

「空母撃沈。目標右にかえ二番艦」と砲術長の声がつづいてひびく。

「目標煙幕に入る。電探射撃にかえ」という声に、あらたに設備した電波探信儀が、さっそく活用された。敵駆逐艦が煙幕展張をはじめたのである。

こんどは「高角砲・機銃、対空戦闘」との命令が下った。遁走をはじめた空母より発進した敵機が、われわれに襲いかかってきたのだ。

敵護衛隊は航空機の攻撃に呼応して、煙幕のあいだを縫って砲雷戦をいどんできた。このとき大和の副砲は、二万メートル以内にせまったその一艦を照準していた。大和の副砲は一五・五センチ砲六門であり、巡洋艦の主砲に近い威力をそなえていた。

私は副砲発令所長として、部下を指揮督励していた。発令所は射撃指揮所の方位盤と測的所からくるデータを、短時間に射撃盤で算定、修正し、正確迅速に砲塔の旋回角と仰角を指示しなければならない。いわば、射撃のさいの心臓部的役割をなすものであった。

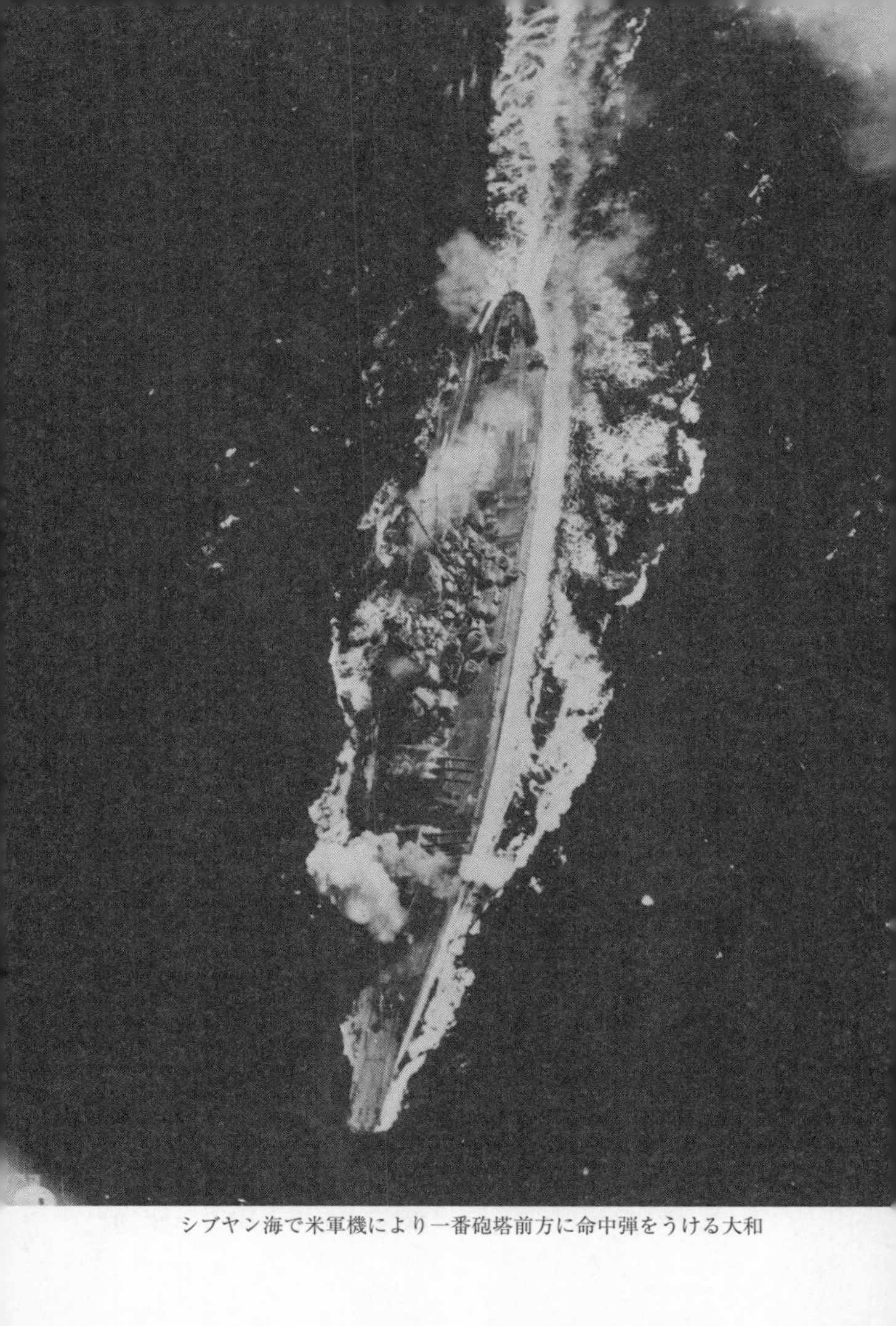

シブヤン海で米軍機により一番砲塔前方に命中弾をうける大和

副砲長の深井俊之助少佐の照準した巡洋艦らしきものにたいし、ただちに第一斉射が発射されていた。「高め三、急げ」と声は大きいが、副砲長の射撃指揮は、戦闘時にかかわらず淡々たるものであった。

「高め修正弾、用意弾着」という計時員のやや興奮した声と同時に、「命中」と副砲長の声がきこえた。さらに二、三斉射のあとに「巡洋艦撃沈」が報ぜられた。

敵艦隊は折りからのスコールと煙幕のかげに入り、南へ遁走し、わが艦隊は敵機の来襲を打ちはらい、駆逐艦の砲雷撃をかわしながら敵に迫っていった。

そののち大和は魚雷回避のため、追撃から遅れることになったが、それまでに主砲の電探射撃と副砲射撃により、さらにほかの空母と駆逐艦に砲撃を浴びせていた。

激戦を語る傷だらけの艦隊

スコールで敵艦隊を見失ったあと、一時、北方に集結して隊形をたてなおした艦隊は、ふたたび針路を南に向けたが、ついにレイテ突入を断念し、新たな敵をもとめて北方に向かった。しかし夕刻にいたり、大本営よりブルネイへの帰投を命ぜられた。

十月二十六日、朝から午後までにわたって、往路にも増した艦載機とB24の猛襲をうけた。この攻撃によって大和は、艦載機の爆弾二発を後部甲板にうけた。しかしB24の大編隊の来襲にあたって、主砲の対空射撃により、一挙に三機を撃墜した。これは対空用三式弾の威力である。

二十七日、二十八日は、敵潜の出現や敵機の来襲もなく、パラワン島西方海面を往路をそのまま逆行し、二十八日夜、ブルネイに帰投した。

帰投したときは戦艦四、重巡二、軽巡一、駆逐艦八の計十五隻と、艦隊は出撃時の半数以下にその数を減じていた。しかも無傷の艦は、ほとんどなかった。

直掩機をもたない、艦隊のみによる十月二十三日から二十六日にわたる激闘の四日間。運命をかけて勝負をした捷一号作戦は、かくて終わりを告げたのであった。

武蔵の不沈艦伝説が絶たれた日

崩れおちた艦橋、穴だらけの甲板。連装高角砲員が見たシブヤン海の死闘

当時「武蔵」高角砲五分隊員・海軍水兵長　塚田義明

昭和十九年十月二十四日未明、連合艦隊は運命のシブヤン海に入った。空の守りのない艦隊は、ただみじめだった。激しく喰いさがる米機の執拗な攻撃に、さしもの不沈をほこった武蔵は満身創痍となり、ついに海の藻屑と消えた。私は当時、十七歳の少年水兵として武蔵に乗り組んでいた。

海軍に入ったのは昭和十七年九月、満十五歳の秋だった。私たちのグループは第一期特年兵と呼ばれ、横須賀の武山海兵団（陸上自衛隊少年工科学校）に入団した。

塚田義明兵長

特年兵分隊と他の志願兵とは区別され、軍事教育のほか、数学、国語、英語、物理、化学といった一般学科教育にも力がいれられ、将来、日本海軍の中堅幹部を養成する目的だった。

昭和十八年の夏に特年兵教育をおえた私は、砲術学校の測的術練習生として普通科にすすみ、

ここで専門的な測的技術を身につけた。

砲術学校を終了と同時に武蔵乗組を命ぜられ、昭和十八年暮れ、トラック島で乗艦した。武蔵には初代の山本長官を失い、二代目の古賀峯一大将が連合艦隊司令長官として着任していた。

私の所属は第五分隊だった。この分隊は高角砲分隊で、左右両舷に一二・七センチ連装高角砲三門ずつ、それにこれを指揮する高射装置がある。敵機を発見すると、高射装置にそなえつけられた五メートルの測距儀で距離をはかる。さらに速さ、艦の揺れなどをはかり、射撃盤にこの数値を送ると、これを修正した正確な数値が、こんどは砲側に送られる。こうした作業が、一瞬の間におこなわれるよう毎日、激しい訓練が積まれた。

測的出の私は右舷高射装置の配置で、指揮官補佐と測手をかねていた。どこまでも青く広がる南の空とにらめっこで、豆粒のような飛行機を追う訓練の連続だった。いったん測距儀のなかにいれた目標は、絶対に逃さないだけの自信もできた。

昭和十九年にはいると、前線基地のトラック島も安住の地ではなくなってきた。米機動部隊がひたひたとせまり、大空襲の前ぶれである敵機の偵察がひんぱんになってきた。艦隊は決戦の時期まだ尚早とみてか、内地に退避することになり、横須賀にむかって出港した。この直後の二月中旬、トラック島が大空襲をうけ、こうしてマリアナ海戦の前哨戦が開始された。

トラック島を退避した艦隊は、第二の前線基地をパラオ島にもとめたが、ここもすでに安全ではなくなり、古賀長官以下司令部を同島にうつし、身軽になった艦隊は、ふたたび踵(きびす)を返して内地にむかった。

ところが途中、思わぬ事故に見まわれた。パラオを出てまもなく大時化(しけ)にあい、速力の落ちたところを待ち伏せていたらしい敵潜にねらわれ、武蔵の前部に魚雷一発が命中した。兵員二人が戦死し、武蔵の乗員としては初の犠牲者だった。しかし、この魚雷攻撃も時化と艦をたたく波の音で、ほとんどの将兵は気づかず、あとで聞いて「ヘエー、そんなことがあったのか」と、いまさらながら武蔵の不沈ぶりに驚き、将兵の意気はますます高まるばかりだった。

この損傷で呉のドック入りした武蔵は、航空戦にそなえて大改装された。甲板のいたるところに高射機銃がそなえつけられ、甲板は機銃群が林立した。損傷もなおり、改装をおわった武蔵は、第三の前進基地、ボルネオの北東端沖にあるタウイタウイ泊地にむかった。

大艦隊にひるがえるZ旗

武蔵に乗艦して約半年、これといった戦いもないまま、内地との間を往復していた私たちにも、いよいよ出番がまわってきた。米軍の反攻はますます激しさをまし、いまやその決戦となる主戦場をもとめるだけに、機は熟してきた。

六月三日、渾作戦(こんさくせん)が発動され、武蔵以下数隻がビアク島の奪還作戦にむかった。

「訓練でない、本物の戦闘ができるぞ」私は気負いたった。ところがビアク島の攻撃は、敵の陽動作戦だった。渾作戦に日本海軍が集中している隙に、米軍はグアム島沖にあらわれ、サイパン、テニアンなどマリアナ諸島の基地を空襲していた。

武蔵以下の艦艇は、ただちに転進を命じられ、タウイタウイにのこった大和以下艦隊の主力は、新鋭空母の大鳳、翔鶴、瑞鶴など虎の子機動部隊を引きつれ、おっとり刀でマリアナに向かった。この主戦場の予想が、マリアナ海戦の勝敗を決した。

ビアク行の途中から転進した武蔵は、本隊に合流すべくピッチをあげた。南の海はどこまでも青く澄みきっている。武蔵のエンジンはフル回転し、艦が異様に響く。

「サイパンに敵の大機動部隊あらわる」刻々と情報が流れる。だれの口も重く、あせりのような重苦しい緊迫感が艦内にただよっていた。

あ号作戦（サイパン沖海戦）発動から四日目の十六日、ようやく比島沖の東方洋上で本隊に追いつき合流した。洋上で給油作業をおこない十七日、艦隊は体制をたてなおし、空母を中心とした三つの輪形陣をくんで東進した。

主力の第一機動艦隊（長官、小沢治三郎中将）は第一航空戦隊（大鳳、瑞鶴、翔鶴）、第二航空戦隊（隼鷹、飛鷹、龍鳳）、第三航空戦隊（千歳、千代田、瑞鳳）、それに第十戦隊（矢矧ほか駆逐艦十一隻）。

一方、水上艦隊の第二艦隊（長官、栗田健男中将）は第一戦隊（大和、武蔵、長門）、第三戦隊（金剛、榛名）、第四戦隊（愛宕、高雄、摩耶、鳥海）、第五戦隊（妙高、羽黒）、第七戦隊（熊野、鈴谷、利根、筑摩）、それに第二水雷戦隊（能代ほか駆逐艦十四隻）と、まさに日本海軍の総力をあげたもので、これだけの布陣はこれが最初で最後だった。

六月十八日午後、サイパン島近くに進出した艦隊に「わが機動部隊は、いまより進撃をおこなう。天佑を信じ、各員いっそう奮励努力せよ」——Z旗が高だかとあがった。米軍も空母二十九隻、水上艦隊百十余隻と、これまた総力を結集してきた。こうして日米大決戦の火ぶたは切られようとした。

武蔵を救った名もなき勇者

決戦の六月十九日は雲が低くたれ、ときどき激しいスコールが襲うという、天候はあまりよくなかった。午前七時半、第三航空戦隊の艦載機の発進を合図に、各戦隊から戦闘機、爆撃機、雷撃機がつぎつぎに飛び立ち、矢は放たれた。暗雲はいっこうに晴れそうになく、「大丈夫かなあー、うまく敵の艦隊を捕捉してくれればよいが」ふと、こんな不吉めいた妄想がはしった。

突然、対空戦闘のラッパが鳴りひびいた。密雲をぬって戦闘機が一機、艦隊の頭上にあらわれ、駆逐艦から数発が発砲された。すぐ味方機とわかったが、あやうく撃ち落とすところだった。

味方機が発進してわずか一時間たらずの午前八時十分、第一機動艦隊の旗艦大鳳と翔鶴が、敵潜の奇襲をうけて撃沈された。発進した第一次攻撃隊からは、さっぱり戦果の報がはいらず、不吉な予感は現実となって、艦隊に大きな動揺をあたえた。攻撃隊は密雲にはばまれたばかりでなく、敵の新兵器のレーダーによって、いち早く捕捉され、待ち伏せていた敵機の容赦ない攻撃にあい、ほとんど全滅の被害をうけていたのだった。

午前十時半に突進した第二次攻撃隊も敵艦隊を発見することができず、グアムやテニアンの陸上基地に帰投の途中、これまた待ち伏せていた敵機の編隊と遭遇し、激烈な空中戦の末、多くを失った。かくて太平洋戦争を通じ、艦隊同士の本格的な航空戦はわが方の完全な敗北となったのである。

敵潜の出没で右往左往する艦隊に、いつ敵機が来襲するかも知れない。対空要員は雲の切れ目や、水平線にじいっと目をこらした。ふたたび激しいスコールが襲った。大きく回避運動していた武蔵の目の前に、空母の千代田が突っ込んできた。

「あぶない！」甲板員は青くなった。艦長のみごとな操艦で艦首が逆にまわり、千代田の舷側をスレスレに衝突をさけた。

ホッとする間もなく、だれかが〝雷跡〟と怒鳴った。そして〝敵機〟という声がつづいた。甲板員はみな、その方向に目をむけた。大きなうねりの波間に、スウッと白い雷跡が走る。その雷跡をめがけて戦闘機が一機、一直線に突っ込んできた。味方の戦闘機が雷跡を見つけ、武蔵を救おうと身をすてて魚雷に体当たりした。私はそのパイロットの名を知らないが、その壮烈な戦死を目撃し、身の引きしまる思いをした。

機動部隊と別れた艦隊は、サイパンを引きあげ、沖縄の中城湾に向かった。艦隊の最後の前線基地は、シンガポール南方、スマトラ東岸沖のリンガ泊地だった。ここで朝倉豊次艦長が退艦され、後任として猪口敏平少将が着任された。

航空機を失った艦隊は伝統である夜戦、奇襲戦に重点をおき、約三ヵ月間にわたり連日連夜の猛訓練がつづいた。雷撃機や魚雷艇の攻撃にそなえて、私たち高角砲分隊も水平射撃の訓練をつんだ。

連合艦隊の殴り込み作戦

昭和十九年十月十八日「捷一号作戦」(比島沖海戦)が発動された。本隊の第二艦隊(司令長官、栗田健男中将)は第一戦隊の武蔵、大和、長門、第三戦隊の金剛、榛名の戦艦を中核に、第四戦隊の重巡愛宕、高雄、摩耶、鳥海、第五戦隊の妙高、羽黒、第七戦隊の熊野、鈴谷、利根、筑摩、それに軽巡矢矧、能代、駆逐艦十五隻の水雷戦隊という布陣は、スル海からミンダナオ海を抜け、レイテに突っ込む作戦だ。旗艦愛宕を先頭に、白波をけって進撃する。

「今度こそはやるぞ」武蔵に乗ってまだこれといって華ばなしい戦いにめぐまれたかった私たちは、意気軒昂だった。

十月二十三日未明、パラワン水道にさしかかったさい、先頭を進んでいた愛宕に、魚雷四発が命中し、あっという間に沈んだ。つづいて高雄、摩耶にも命中した。

「一体どうしたというのだ」一日の出前から総員戦闘配置につき、警戒は厳重だったはずなのに。一瞬の間に三隻の重巡を失った艦隊の失望は大きかった。

武蔵二番主砲と艦橋。艦橋上部の15m測距儀が横に張り出している

「こんどは飛行機の番だぞ」だれかが言った。栗田長官は旗艦を大和に移し、武蔵は愛宕、摩耶の乗組員を収容した。

二十四日未明、ミンドロ島の南方から針路を北東にかえて、シブヤン海に進出した。武蔵は、第一輪形陣の中心である大和の後方に位置していた。

黎明とともに戦闘配置につき、どうやら敵潜の攻撃もなく日の出を迎え、ホッとしたときだった。午前八時十分、艦内にけたたましく対空戦闘のラッパが鳴りひびいた。はるか北方上空に、敵艦上機三機が姿をみせ、すぐに消えた。「敵さんのお出ましだぞ」古兵たちは若い私たちに気合をいれた。右舷高射器の天蓋から乗りだすようにして、私は初めて見参する敵機を、喰いいるように目をみはった。

海をけたてる波の音、エンジンの響きがいやに耳につく。一時間、二時間と不気味な緊張がつづく。朝食は戦闘配置についたまま、甲板ですごした。

午前十時二十五分、遂にやってきた。約三十機の艦載機が、雲間から太陽を背にして突っ込んできた。武蔵、大和のほこる四六センチの巨砲が火をふいたのを合図に、一斉に射撃が開始された。轟音は艦をゆすぶり、耳をつんざいた。砲煙はまた艦をつつみ、青い空は弾幕でドス黒く染まった。

「右十度敵機」「水面に雷撃機」指揮官や見張員からの指令が、つぎつぎと飛びこむ。はげしい集中砲火をたくみにかいくぐり、敵機は急降下爆撃に雷撃に執拗に攻撃をくり返した。「右舷中央に魚雷」甲板の機銃員が悲鳴に似た叫び声で怒鳴りたてた。雷撃機が一機、武蔵の煙突をかすめるようにして左舷に抜けた。〝ドドド〟と腹をえぐられるような、重い地響きとともに水柱が艦をおおった。

右舷中部に命中した魚雷は、分厚いアーマー（装甲部分、厚さ一メートル近くあったといわれる）を突き破れず、かすめて上甲板に突きあげ爆発した。甲板は十メートルにわたって裂け、ワニの口のようにパックリとあけた。機銃群のほとんどが全滅し、いままでそこにいた機銃員の姿は一人もなく、鉄くずと化した機銃の残骸にひとにぎりの肉片がこびりついていた。

艦橋と煙突の間にあった待機所に直撃弾が命中した。そのショックで、右舷高射器は〝ガりッ〟と無気味な音をたてて後方に傾き、機能を停止してしまった。

鼓動をとめた不世出の戦艦

第一波が引きあげたあと、嘘のような静けさがつづいた。シブヤン海にはギラギラした南国の太陽が輝き、緑の島々が美しい。艦隊は多少の被害はうけたが、ほとんど速力もかわらずに進撃をつづけていた。午後十二時七分、ふたたび三十機の第二波が襲ってきた。

敵機は攻撃の的を、武蔵一本にしぼっているようだ。第一波に増して攻撃は激しくなり、左舷に三本の魚雷をうけた。右に左に至近弾が炸裂し、そのたびに水柱が艦をおおい、甲板員の私たちはびしょ濡れだった。敵機一機がふらふらと甲板上空を通りぬけ、後方の海中に没していった。

午後一時半に第三波、午後二時二十五分に第四波と、息つくひまもなく襲ってきた。第四波で武蔵は、また四発の魚雷をうけ、ついに艦首は海中に没しはじめ速力は十二ノットに落ちた。比島の陸上基地から援護にくるはずの味方機は、なぜか一機もあらわれない。空の守りのない艦隊は、丸はだか同然である。

午後三時十五分、第五波が襲ってきた。その数はいままでにもまして増え、約百機にのぼる戦爆雷撃機が、傷つきいまや息絶えだえの武蔵に、止どめを差すかのように襲いかかってきた。回避運動も思うにまかせなくなった武蔵には、いままで以上に命中率が高まり、この攻撃で決定的ともいえる魚雷十本をあびた。艦橋や作戦室にも爆弾の雨がふり、艦長は傷つき幹部はつぎつぎに戦死するという、悲惨な状態だった。

私も第二波の攻撃で背中、腰のいたるところに弾片をうけ、左腕に機銃弾をうけた。腰骨

シブヤン海で傷つき左に傾斜、艦首を波に洗われる武蔵。磯風より撮影

に突きささった弾片がとれず、工作員にかりたヤットコでようやく抜いた。身体中を包帯で、ぐるぐる巻きにしてつつんでいた。艦橋はくずれおち、甲板は穴だらけ、戦死者や負傷者がゴロゴロしている。甲板のすべり止めの砂は真っ赤に血で染まり、撃ちつくした機銃の薬莢が、艦がゆれるたびに、右に左にガラガラと音をたててころがっていく。

日もようやくかげり、敵機の来襲はやんだようだ。

「一体どうなるんだ」「武蔵は不沈艦だ。絶対、沈みはしない」こんな声が、乗組員の間からささやかれていた。「これから砂浜に乗りあげて砲台になるのだ」という噂も流れてきた。

左舷に深ぶかと傾きはじめてきた武蔵は、まったく機関が停止し、航行は不能となった。それでも私たちは、沈むなどとは考えもしなかった。「艦が動かなければ曳航するのだ」と準備をはじめる分隊もあった。

月下に沈む日本海軍の象徴

艦隊は武蔵の護衛に駆逐艦の清霜、浜風二隻をのこし、一路レイテの決戦場にむかい、その姿はすでに見えない。午後七時すぎ、ついに退艦命令が出た。左舷の甲板には、ひたひたと波が寄せている。艦内各所から集まってきた将兵たちは、右舷の甲板上に棒立ちになり、不安そうに、ただ呆然としているだけだった。だれが生き残り死んだのか、そんな詮索する心の余裕さえない。

中天に美しく輝く月が、海を明るく照らしている。ラッパの音が寂しく鳴りわたり、軍艦旗がするすると降ろされた。敬礼する私の頬に、涙が一すじ二すじ流れた。

午後七時三十五分、〝ギシギシ〟という軋(きし)むような音とともに、二度三度ガクン、ガクンと奈落に突き落とされるようなショックに騒然となった。甲板から見おろす海面は、まるで滝つぼのように無気味だ。だれも海に飛びおりようとしない。高さ十メートルはある。のぞいただけで足がすくみ、恐怖におののき、地獄のはさみうちにあって、ただおののくばかりだった。

そのときだった。「こうして飛び降りるんだ」と叫びながら先任下士官の兵曹が身をおどらした。瀕死の水兵を背負ったある兵曹がつづいた。あとは〝ワッ〟という、喚声とも悲鳴ともつかない叫び声とともに、総員が飛び降りた。魚雷に破られ、鋸(のこぎり)の歯のように牙(きば)をむき出した舷側に、頭から突っこんで即死するもの。舷側をすべり台のようにすべり落ち、背中や手足を牡蠣(かき)の殻(から)でズタズタに裂かれて悲鳴をあげるもの。まさにこの世の地獄だった。

総員が飛び下りるのを待っていたかのように、武蔵は大音響とともに火を吹き左舷に横転したと同時に、その艦影を海中に没した。日本海軍の象徴として不沈をほこった武蔵の悲惨な最後だった。

運よく海上に飛び降りた私は、艦の沈む渦に巻きこまれ、ゲンゴロウのように海中を何回か浮き沈みし、ポックリ海面に浮かび上がったときには、はるか遠くの海上で、戦友たちの歌声が聞こえていた。

渦に巻きこまれている間、ちょうど電気洗濯機の理屈で、衣服はすっかりはぎとられ、生まれたままの姿になっていた。流れでた重油で身体中は真っ黒、巻いていた包帯がはずれて足にからみ、泳ぐこともできない。たまたま流れてきた木片につかまり、身を託していた。

いつのまにか月は雲にかくれ、いままで見えていた戦友の一団も影を消していた。一人とり残された私は、無性に寂しさに襲われ「オーイ」と、何回も大声でわめいた。

一体どのくらい泳いでいたのだろうか——死の影が刻一刻としのびよる。そのとき、暗黒のなかから突然、ボートがあらわれた。私は救われたのだ。駆逐艦浜風に収容された。すでに知った顔が、いくつもそこにあった。

「よかった」「よかったなあー」私たちは手をとりあい、初めて生きた喜びを味わうことができた。武蔵の乗組員約二千二百人、それに摩耶の乗員を合わせて約三千人のうち、救助されたのは千五、六百人にすぎなかったという。

私は弾道屋わが巨弾の秘密を明かす

大口径弾づくりに精魂かたむけた技術者が明かす砲弾の構造と性能

元呉工廠火工部長・海軍少将　磯　恵

戦艦といえば艦隊の横綱で、戦艦対戦艦の戦いは相手の横綱と勝負するのだが、その武器は何であろうか。たいていの人は大砲と答えるにちがいないが、大砲を見せるだけで沈む船があるだろうか。

要するに大砲は弾丸を撃ちだす道具、戦艦はその大砲をはこぶ道具であるにすぎないのに、『ジェーン・ファイティングシップ』までも、何万トンの戦艦主砲は何センチと書くだけで、どんな弾丸を何発積んでいるかを問題にしないのはおかしいと、弾丸の専門家はいうのである。なるほど弾丸を撃ちつくした戦艦などというのは、なんの役にも立たないし、脅(おど)かすだけなら戦争中どこかの要塞でやっていたように、黒くぬった木の大砲でも事がたりる。

だから戦艦がどんな性能の弾丸を積んでいるかということは、その戦闘力をあらわすいちばん大切な点で、敵味方の力を何センチ砲何門でかたづけるのは、弾丸の弾道性能や命中率、破壊効果などをまったく等しいと仮定しての話なのだが、実際にはこれが大違いなのである。

ところでそれなら、日本の戦艦に積んでいた弾丸は一体どんなものであっただろうか。じつはそれを述べるのが本論の目的なのであるが、各国とも弾丸の性能は秘中の秘にしていて絶対に他国にもらさないから（それがジェーンに載っていない理由なのである）、不幸にして他国と比較することはできないけれども、日本海軍の弾丸は当時、世界一性能がよかったと考えてまちがいないであろう。

なぜかといえば、いくら秘密にしていてもどこからとなく情報は入ってくるものだが、それらはいずれも、日本のものに比し劣っていたからである。もっとも日本海軍は、主力艦の決戦で勝負を決するという大方針であったから、弾丸の研究には惜しみなく予算と人材を傾注したことも事実である。

さて、弾丸は使用目的によっていろいろ性能がちがうけれども、各国ともだいたい三種類に区分して名称をあたえている。第一が徹甲弾で名前のしめす通り厚い鉄の甲板をうちぬくもの、第二が通常弾で貫徹能力は前者に劣るけれど、炸薬（弾丸が内蔵する爆薬）量が徹甲弾の数倍で、弾片を飛散させてものをこわす弾丸、第三が照明弾や煙弾など、いろいろ弾丸に仕掛けをして特殊の目的につかうもので、これを一括して特殊弾といっている。

もっともなかには徹甲弾と通常弾の中間をねらった、徹甲通常弾などというものもあることはあるが、ここではまず戦艦主砲のいちばん大切な弾丸、すなわち敵の主力と対戦するときつかう徹甲弾について説明する。日本海軍の弾丸のすぐれていたことはすでに述べたが、とくにその徹甲弾は優秀で、外国の弾丸とくらべるといろいろ特異な性能をもっていた。しかしそれを述べる前にざっと進歩の過程をふりかえってみよう。

九一式徹甲弾の構造と性能

日露戦争当時からすでに徹甲榴弾と称するものはあったのであるが、弾体の強度が弱くあまり徹甲の役目をしなかったのと、それを炸裂させる信管が命中後ひじょうに短い時間で起爆したため、日本海海戦においてはあまり敵艦を沈めえなかったことは、いろいろな本に書いてある。信管はその後改良されて第二次大戦時代には、弾丸に応じて起爆秒時もちがうようになっていたが、ここではそれについてははぶく。

弾丸の方は日露戦争時代はもちろん外国製で、その後も大正の末期までは英国ハドフィルド社の技術を導入し、それを基礎として徹甲性能の向上について研究をかさねていたのであるが、たまたま大正十三年、軍縮で廃艦となった軍艦土佐を、海軍の実験射場亀ヶ首の沖につないで、弾丸の効力について射撃試験をしていたところ、目標、つまり土佐の手前に落ちて命中しなかった弾丸のため、土佐が浸水してかたむくという珍事が起こった。なぜかというと命中しなかったはずの弾丸が水線下に命中したのである。

もちろん命中しない弾丸が損害をあたえることなどだれもが予想していなかったので、それをさかいに徹甲性能をおとさないで水中を駛走するような弾丸の研究がはじめられ、ついに到達した徹甲弾の構造が図にしめすようなもので、三六センチ、四〇センチ、四六センチともまったく同一であるが、その作動についてはあとに述べる。

→向かって右端より四六センチ零式通常弾、四〇センチ徹甲弾、二〇センチ徹甲弾、三六センチ徹甲弾、四六センチ徹甲弾、四六センチ三式通常弾

九一式徹甲弾構造略図

23°
30
着色染料
A
A部
切断線
10口径
6°—30

①弾　体
②被　帽
③被帽頭
④複被帽
⑤底　螺
⑥被底螺
⑦導　環
⑧充塡銅
⑨炸　薬
⑩信　管

表(1)　九一式徹甲弾要目

弾種＼項目	94式 40cm	45口径 40cm	45口径 36cm	50口径 11号20cm
弾径　ミリ	459	409	354.7	202.3
全長　ミリ	1,953.5	1,738.5	1,524.7	906.2
完備重量 kg	1,460	1,020	673.5	125.85
炸薬量 kg	33,850	14,888	11,102	3,100
比　%	2.32	1.46	1.65	2.48
初速(計画)m/s	780	780	770	835
(貫徹力)				
申鉄種種　(1)	V.H	V.C	V.H	N.V.N.C
甲鉄厚　ミリ	560	459	410	165
均衡撃速m/s(2)	555.8	490.1	537.6	474.4
撃　角(3)	16.5	22	16.5	30

注(1)　V.H：Vickers Hardened　V.C：Vickers Cemented　N.V.N.C：New Vickers Non—Cemented
(2)　(3)の撃角で命中した時ちょうどうえの厚さの甲鉄を貫通する弾丸の速度
(3)　甲鉄板の垂直線と弾道との角度

表(2)　46センチ砲弾道

仰角(度)	10	20	30	40	50
射距離(m)	16,887	28,005	35,945	40,836	42,005
飛行時(秒)	26.05	49.21	70.27	89.42	106.66

いっぽう昭和の初めごろから、敵の弾丸のとどかない距離から射撃して味方の弾丸だけ命中させうるような、いわゆる遠達弾の要望にこたえるため、二〇センチ砲をもって実験をかさね、遂にいままでの弾丸より一割以上射距離を増すことができるようになった。

そこでそれらの徹甲性、水中弾道性、遠達性などを統合して設計したものが、採用年皇紀二五九一年（昭和六年）の下ふた桁をとって名づけられた九一式徹甲弾で、写真にしめすように外形もすべて同一である。

さてこの要目は杉岡造兵大佐の記録によれば表(1)のとおりである。表中、九四式四〇センチとあるのは四六センチ砲の公式名称で、当時は海軍が世界最大の大砲をもっていることを秘密にするため、完成年（皇紀）の下ふた桁をとって九四式四〇センチとカムフラージュしたのである。以下、徹甲弾の構造や性能についてのべてみよう。

私事にわたるが、昭和の初めごろ私は艦政本部で弾道関係の仕事を担当しており、前に述べたように遠達弾はできないかという要求に直面した。といってべつに成案があるわけでもなく、外国の文献にもそんなことは出ていない。思案にあまって手許の実験報告をしらべたところ、その数年前に私の先輩がちゃんと実験をしておられたのには、心から敬服を禁ずることができなかった。その先輩とは中将で海軍をやめられた川瀬義重氏で、この方はつぎに述べる水中弾道についても重要な基礎実験をしておられる。

さてその川瀬中将の出しておられる成績にもとづいて三種類の基本形をつくり、二〇センチ砲で実射して決定採用されたものが九一式弾丸で、頭角が二十三度半の直線、尻が六度半のボートテイルなど、従来弾とまったく異なる外形をしている。弾道性能の一部を四六センチ砲について表示すれば表(2)のとおりで、長さ約二メートル、重さ一四六〇キロの弾丸を、一分半で四十キロ飛ばすのだから相当のものである。

しかし実をいうと、この弾丸にはまだすこし散布が大きいという欠点があって、亡くなられた菱川造兵中将とは、お尻のかたちはまだ研究余地があると話し合っていた。ボートテイルのかたちと散布とは密接な関連があるからである。

昭和の初めにはすでに、茶筒のようなかたちをした弾丸が水中を直進することと、とがった弾頭を被帽と称する鋼片で防禦すれば貫徹力を増すことはよく知られていた。しかし両者を統合して新型式の弾丸を設計することは、土佐の実験にヒントをえた日本海軍がはじめて思いついたことで、すばらしい着想である。

その完成された構造は前に図にしめしたとおりで、いままでの被帽を平面で切断し、着水するときは被帽頭以上の部分が水中に脱落し、平頭弾となって水中を直進するが、水面上で甲鉄に命中すれば、両者が合体して従来の被帽の役目を果たすのである。いや分離しているため両者に異なる材料や硬度を使用することができて、被帽の効果も増進させうるのである。

海軍では一目標に二艦以上で集中射撃をおこなうことが非常に多いのだが、ほとんど同時にあがる水柱を、あれが自艦のものであると識別することは非常にむずかしい。そのため水柱に着色し艦ごとに色をちがえればという要望に対し、風帽と被帽とのあいだに染料をいれて解決することができた。しかし大口径全部にいれる染料は莫大な量で、市場に売られているのを買占めをおこなって、どうやらその目的を達することができたが、そのころ市場からは染料が消えたはずである。

ヒトラーがほしがった三式通常弾

徹甲弾に頁をついやしすぎて三式弾をくわしく述べえないのは残念であるが、じつは本弾ぐらい華やかにデビューし、また多くの問題を提起した弾丸も少ない。

はじめに三式弾のいささか出現の歴史にふれると、大戦前の戦艦主砲は、対艦射撃のみを目的としていたのであるが、戦争がすすむにしたがい空からの脅威が増加し、ついに大口径砲に対しても対空射撃を要求されるにいたった。これに応じて開発されたのが零式通常弾で、あまり射程を必要としないため、一七七頁の写真右端にしめすように、ずんぐりさせて炸裂量を多くしたのである。

しかし大口径のため危害半径が大きくなったとはいえ、弾片は爆発後まもなく落下してしまうから、信管作動時の敵機の位置が危害半径内になければ効果がなく、撃墜率はあまり大きくなかった。これがため砲術関係者の総力をあげて開発したのが三式弾で、それに関してはいろいろのエピソードや苦心談もあるが、ここでは単に構造と作動の概略をしめすにとどめる。

一八一頁図の一二・七センチ高角砲用のものは、まず所望の秒時に調定された信管が発火すると、その火は伝火薬から速火銲をへて放出薬にうつり、ガス圧力によって留ビスを切り

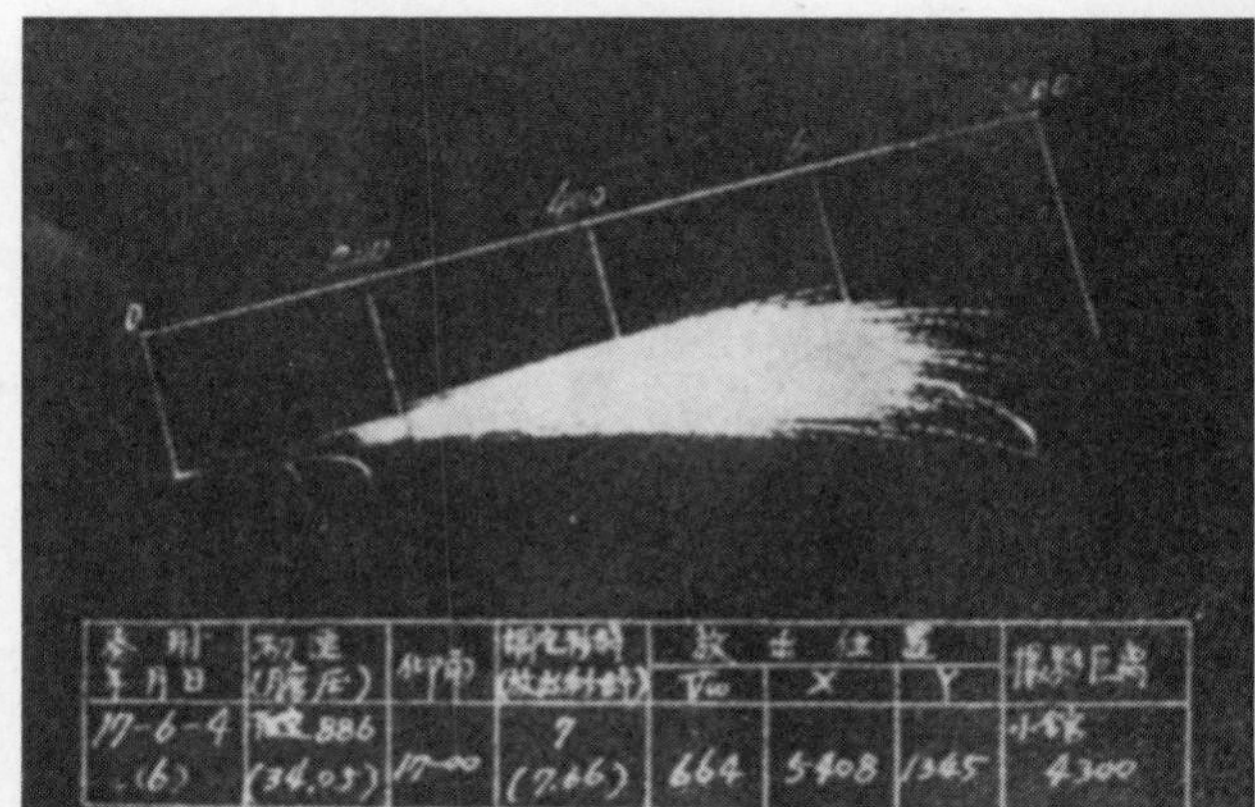

三式弾の実験中、炸裂の模様を距離4300mの地点から撮影

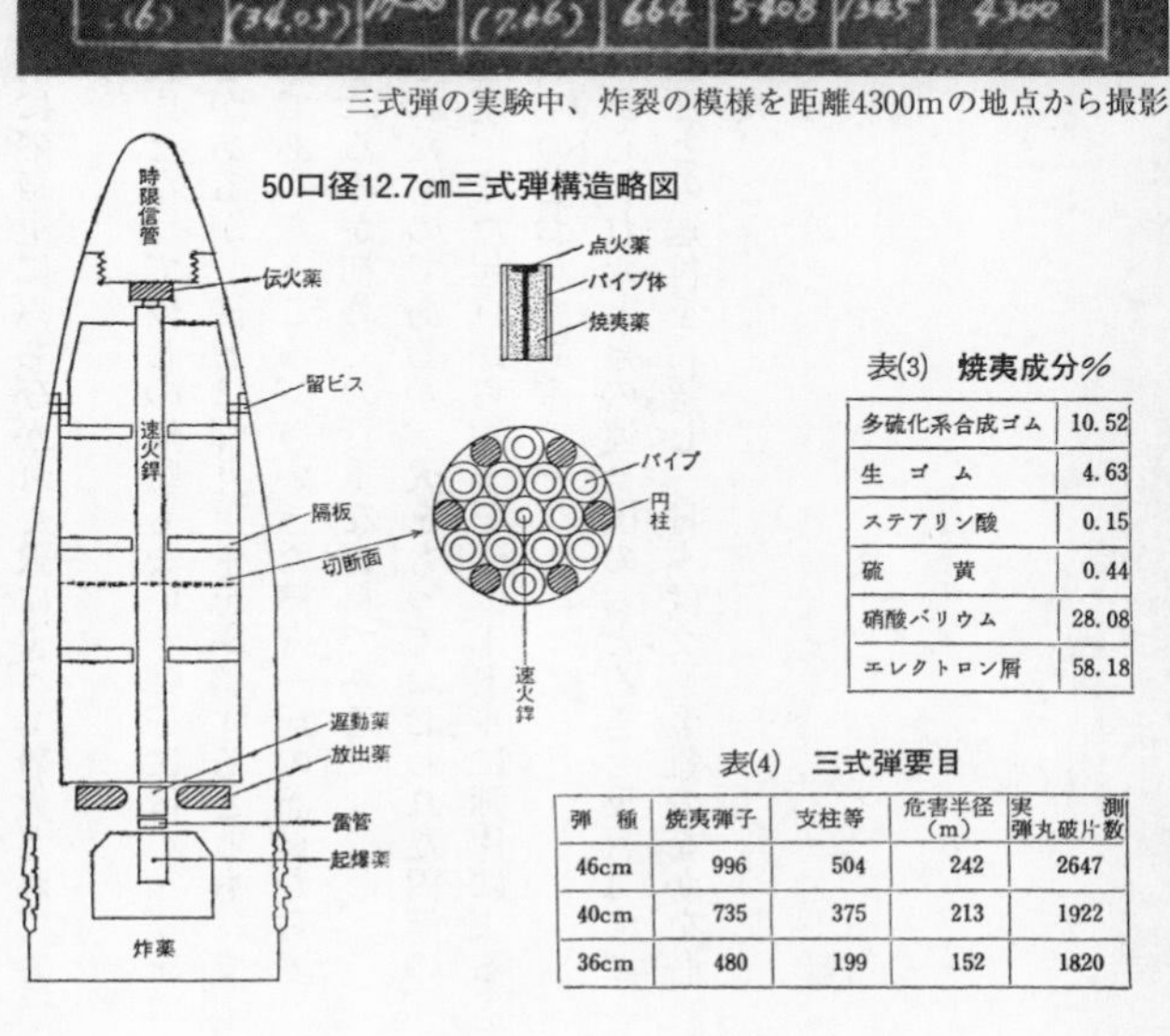

表(3)　**焼夷成分%**

成分	%
多硫化系合成ゴム	10.52
生　ゴ　ム	4.63
ステアリン酸	0.15
硫　　黄	0.44
硝酸バリウム	28.08
エレクトロン屑	58.18

表(4)　**三式弾要目**

弾　種	焼夷弾子	支柱等	危害半径(m)	実測弾丸破片数
46cm	996	504	242	2647
40cm	735	375	213	1922
36cm	480	199	152	1820

弾子を放出する。なお弾子は放出される前に隔板上にみちびかれた火によって着火されているのである。

放出後の空弾体は少しおくれて炸裂し破片となって少しの無駄もない。弾子にはパイプを切断して焼夷剤を充填したものと鉄円柱とがあるが、後者は弾丸重量を調整するとともに支柱の役目をしている。焼夷剤は久しく不明であったところ、さいきん湊寿一氏の記録から表(3)のように判明した。これは今回、発表されるのが初めての貴重な資料である。

一八一頁上の写真は田中周作氏の撮影されたものであるが、火をもっておおわれた円筒の長さは七百メートルにおよび、頂角約十五度、また起点から約一三〇メートルに弾片による大きな危険帯ができる。弾子数その他は表(4)のとおりである。

さて昭和十八年に本弾がはじめて戦場にあらわれたときの連合国のおどろきと反響はすごく、ドイツからはヒトラーが直接見本と図面との送付を希望し、日本は交通至難のなかを潜水艦をもって送るというような一幕もあった。

巨砲用〝三式弾〟が描いた華麗な弾道

生みの親が証言する対空新式弾の構造と戦場で発揮した威力

元海軍砲術学校教頭・海軍大佐　黛　治夫

黛治夫大佐

昭和十二年、支那事変が上海に飛び火し、海軍航空兵力は上海周辺の飛行場を攻撃した。失った攻撃機、戦闘機のうち、ほとんどが空戦で撃墜され、地上や艦上砲火の効果がきわめて少ないことが感じられた。日本海軍の対空射撃は、対水上射撃にくらべていちじるしく遅れていて、装備も配員も訓練も不十分であった。

軍令部は対空砲火の威力向上を要求した。海軍砲術学校にあらたに防空科がもうけられ、十二月一日、私は科長となって海軍省から転出した。

二年間、軍艦の艦内編制、定員、単艦戦闘指揮の典範の起草に従事していたので、戦艦や航空母艦などの防空関係の配員や対空警戒、対空戦闘などについては充分の知識をもっていた。しかし、高角砲や対空機銃の詳細、具体的な技術面、射撃指揮の専門的問題は優秀な佐官、尉官の教官の活躍に期待することにした。

昭和十二年の暮れ、南京占領後の防空砲台の配備、射撃効果などを調査する視察団が派遣され、砲術学校からは防空科長の私が参加した。私は視察後、つぎの結論に達した。

すなわち、高勢爆薬（下瀬火薬とかTNKなど）を炸薬とする榴弾の弾片は、炸裂点においては一五〇〇メートル／秒内外の速度であるが、空気抵抗が大きく、十数メートルでは大部分は、存速が五十メートル／秒ていどに減少する。

そこで、小さい鋼片はジュラルミンの飛行機のガソリンタンクの外板や、ロッド装置の操舵系を破損させる力を失ってしまう。弾片は不規則な形をしていて、六面体とすれば、四面はコークスのような粗さで、空気抵抗がもっとも大きいからである。

また大きな弾片は、タンクの外板をやぶっても洩れるガソリンに点火する能力はない。アメリカの爆撃機のタンクは、ガソリン洩れを厚いゴム板で防いでいるという情報も入っていたように思う。そのため対空射撃用の弾丸は、つぎのようなものでなければならない。
(A)空気抵抗の小さい弾子を放出すること。(B)弾子はジュラルミン板をつらぬき、ガソリンがタンクから洩れるようにすること。(C)弾子は洩れたガソリンに点火するため焼夷剤をつめること。(D)弾子を包容し敵編隊の近方向の適良な空中で放出したあとの弾殻は、弾丸重量の四〇パーセントになる（四〇センチ砲弾では四十キロ）ので敵編隊の真っ只中に達したとき、炸薬（四〇センチ砲弾では四十キロ）で弾殻を破裂させること。(E)この焼夷榴霰弾兼榴弾は四六、四〇、三六、二〇、一五・五センチ砲以下、一二センチまでなど、あらゆる艦砲に使用すること。

昭和十三年七月におこなわれた海軍省の大和型戦艦の対空砲力を審議する会議に、私は前述したような対空弾の構造と射撃要領を、謄写版刷りにして各委員に配付した。

そして、「将来戦では従来のような中口径の高角砲、二五ミリ機銃でふつうの榴弾を発射するだけでは、防空砲火が不十分である。大口径の主砲も中口径の副砲も、焼夷性榴霰弾兼榴弾をもって防空し、展開、決戦までの長期間に減耗する主力艦戦力を極小にすべきである。巡洋艦、駆逐艦の主砲や、戦艦以下の高角砲の弾丸も焼夷性榴霰弾兼榴弾とすべきである」と主張した。

また「航空兵力の制空や水上直衛の駆逐艦による防空は、天候などによりつねに完全ではないから、敵主力との砲戦に入るまで、威力の大きい主砲でも防空につかうべきである。つかわなければ、敵機の雷撃により落伍したり沈没したりする不利がある」とも述べたが、艦政本部は結局、採用しないこととした。

呉海軍工廠の砲熕実験部員である島田泰興中佐は、私の話に賛成し、設計の権威である秦千代吉技師にはたらきかけた。秦技師の設計した二〇センチ焼夷性榴霰弾兼榴弾は、昭和十六年十月には最終的実験で成功したのである。

目前にみる三式弾の成果

昭和十七年十月、私は飛行艇母艦秋津洲（あきつしま）艦長として、ラバウルを基地としてソロモン群島

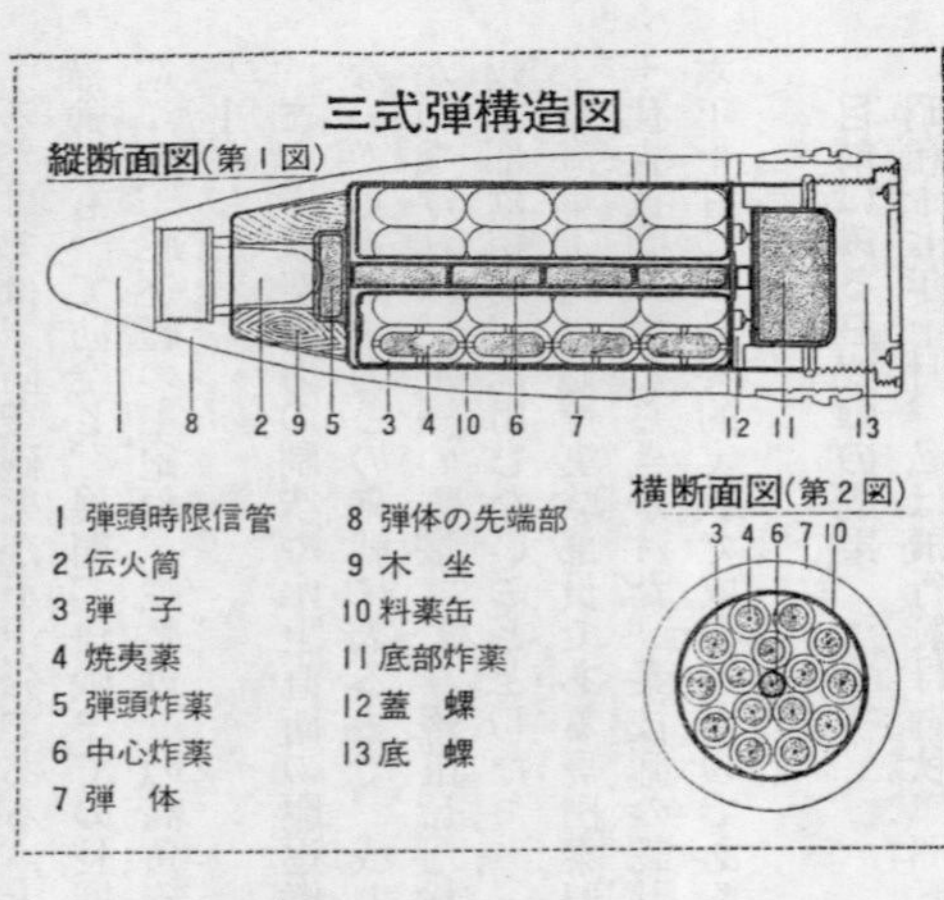

の作戦にあたっていたが、第六戦隊（青葉級三隻）や第三戦隊（金剛、榛名）が三式通常弾をガダルカナル敵飛行場に射ち込むことを知った。皇紀二六〇二年なのに、三式通常弾と命名されたが、そのいきさつはいまだに知らない。

秦技師の設計により、四六、四〇、三六、二〇センチ砲、五〇口径一二・七センチ砲、四〇口径一二・七センチ砲、四五口径一二センチ砲、短二〇センチ砲用の三式通常弾が、開戦後に製造された。砲熕実験部長が作成した書類にはしめされていないが、一五・五センチ砲、一五センチ、一四センチ砲用にも供給されたと判断される。

第1図は、駆逐艦主砲の五〇口径一二・七センチ砲の焼夷性榴霰弾兼榴弾の縦断面図。第2図は、横断面図である。①は弾頭時限信管で、調定時限により敵機編隊の約百メートル手前で発火させる。②は伝火筒、③は弾子で、焼夷薬④をつめてある。⑤は弾頭炸薬で、伝火筒②からの火炎で炸裂し、弾体⑦の先端部⑧、木坐⑨を切断させる。

同時に、中心炸薬⑥は弾体⑦から多くの弾子③を料薬缶⑩とともに前方に放出する。弾子③の群れは約一〇度の束藁となって、敵機にむかって約六百メートル直進する。⑪は底部炸薬で、底螺⑬と蓋螺⑫のあいだで炸裂する。その位置は弾子放出点から約七十メートル先方である。

弾子③は、四十三個である。弾体⑦は約一二〇個の弾片となる。これは五十グラム以上についての数である。

弾子は六十個である。一二・七センチ弾は、一二・七センチ試製焼霰弾（三式通常弾とほぼ同じ）では、弾子の燃焼秒時は四ないし五秒。四六センチ三式弾は弾子の数九九六個、燃焼秒時八秒、弾子の有効範囲は放出点から先方九百メートル、束藁角一五度、弾体炸裂まで一五〇メートルで、そのための信管遅動は〇・二秒である。

弾子のなかの焼夷薬は、多硫化系合成ゴム、生ゴム、硫黄、ステアリン酸、硝酸バリウム、エレクトロン屑からなり、放出のときに点火される。大口径二〇センチ砲などの三式通常弾は、弾子の数がいちじるしく多い（四〇センチ七三五個、三六センチ四八〇個、二〇センチ一九八個）ほか、第1図とおなじ要領である。

第三戦隊は昭和十七年十月十三日の夜、ガダルカナルのルンガ飛行場を砲撃した。金剛は三六センチ一式徹甲弾を三三一発、三六センチ三式通常弾一〇四発。榛名は三六センチ一式徹甲弾二九四発、三六センチ零式通常弾一八九発。合計三六センチ弾九一八発を発射した。ルンガ飛行場は二二〇〇メートル×二二〇〇メートルの大きさである。トラックの実験では、炬火にたいする艦上の測距誤差三百メートル以内だったが、実際のときもおなじであった。

ガ島における友軍の観測によれば、十数ヵ所に火災を生じ、中央部に爆発、南端付近に燃料の炎上、長期間の誘爆があった。一面が火の海となる。三六センチ三式弾の夜間炸裂の閃光は、一〇〇パーセント観測可能（徹甲弾四〇パーセント、零式通常弾六〇パーセント）。金剛は三式弾一〇四発を二十分間に射ちつくした。

レイテ海戦におけるシブヤン海の対空戦闘では、わが戦艦以下は三式弾を大いに使用した。また昭和十九年十月二十六日の退却戦中、栗田艦隊はＢ24重爆を三式弾で四、五機撃墜した。私は利根艦橋から、一斉射四発の二〇センチ三式弾で、Ｂ24の一機が四個の火の玉となって落下する効果をしめしたのを目撃した。こんな喜びは戦争中はじめてであった。

洋上の砲台「金剛」ソロモン海に突入せり

綿密な計算と猛訓練のもと実施されたガ島砲撃に参加した砲術長の回想

当時「金剛」砲術長・海軍中佐　浮田信家

ガダルカナル島砲撃のため、トラック島出撃を翌朝三時にひかえた昭和十七年十月十日の午後、ひさしぶりに内地から郵便物がとどけられた。三通受けとったなかに、長女美代子からの厚い封筒があった。二学期の級長を命ずるという証書と、だから喜んでくださいという手紙であった。

家庭のささいな出来事にしかすぎないが、今回の出撃が九死に一生の期待も持てないものと思うと、これが最終の音信であるかもしれず、よい冥途へのみやげができたものと、ポケットに詰めこんだまま作戦終了まで忘れていた。

浮田信家中佐

高速戦艦金剛は第二艦隊に属し、第三戦隊の旗艦であった。司令官は栗田健男海軍中将であり、小柳冨次艦長とともに水雷戦術家であるので、大艦巨砲の艦隊とは縁がうすい感もあったが、日本海軍お家芸の夜戦の権威であった。

ガ島の飛行場はこの年の夏ごろから、すごいジャングルを開拓し酷暑を克服して、やっとわが軍が完成した飛行場であったが、使用寸前、計画的に決行された大量の米軍奇襲をうけて奪取されたとあって、うらみは骨髄に徹し、それからわが海陸軍は衆知をしぼって半歳にわたり、反復奪回作戦を試みたが、いたずらに犠牲の累積となるのみであった。業を煮やしてか、山本五十六連合艦隊司令長官は最後の手段として、世界海戦史上に例のない戦艦を沿岸に近づけ、その巨砲をもって海岸から奥まった陸上飛行場を壊滅させたうえ、陸軍兵力を結集して一挙にこれを占領する作戦を決意した。

九月二十九日、この構想がしめされ、急ぎ研究を命ぜられた。トラック島に在泊の第一戦隊（大和・陸奥）、第三戦隊（金剛・榛名）、第十一戦隊（比叡・霧島）の砲術参謀と各艦砲術長は、その日からすぐに寄り集まって研究にかかった。

もともとわが軍の構築した飛行場であるから、海図上の位置は正確であり、飛行場の周辺には多数の海陸友軍が待機しているので、コースと速力の選定も敵の動静を探知する利点はあるが、大艦が未知の狭水道を突破し、侵入先がガ島、サボ島、ツラギ島でかこまれた狭小内海で、しかも灯火管制下であり、月齢も零の暗夜の戦闘である。たとえ一、二の小艦の妨害でも、その突然の会敵がどのような乱戦につながるか、危険きわまる夜戦となる。

研究の結果は、断じておこなえば成算ありとなり、その白羽の矢はわが第三戦隊にあてられた。砲戦技術より、夜戦の権威が指揮官であることで軍配があげられたのであろう。

私は江田島入校いらいこれほど感激したことはない。山本司令長官からとくに挺身攻撃隊

ジャワ攻略作戦に出撃する金剛。主砲の最大仰角は43度、射程は３万3000m

という勇名をあたえられた。

出撃前夜、第三戦隊と第二水雷戦隊の幕僚、各艦の艦長が旗艦大和に招かれ、成功祈願の乾盃をあげられたが、往くもの、残るもの、共に生還の公算のうすく、したがって精鋭主力の喪失のことであれば、今後の戦力低下必至を憂慮し、席上寂として声なく、ただ天佑と神助により成功あるよう祈ったのみと小柳艦長は、こんにちなお述懐される。

じつに長かった砲撃までの六十八時間

九月二十九日いらい、志摩亥吉郎主砲発令所長と策をねりつづけ、戦隊の出動を願って予行も何回かくり返した。艦位の正確をもとめ、ガ島にいる友軍の決死隊に依頼して所要の敵地内にかがり火の点火をもとめ、いかなる天候にも三ヵ所の地点で指定の時間に点火する仕組みにするには、異常の時を要した。

堅固な滑走路を破壊するためには、主力艦攻撃用の徹甲弾を、人畜目標には榴散弾である零式弾を、そして燃料庫、火薬庫、木造建築の焼打ちには焼夷弾である三式弾を使用する必要がある。陸上砲台から陸上目標を打つのとはちがって、自艦が十八ノットで行動しながらの、弾種のことなる信管秒時の調定は至難の準備作業であった。

このほか射撃中の速力を一定に保つこと、針路は計画通りにすること、観測機搭乗員との無線連絡も発令所長の努力で完了した。衣類はじめ可燃、不要品はすべて陸奥に移し、火災を最小限に止どめる措置もすんだ。

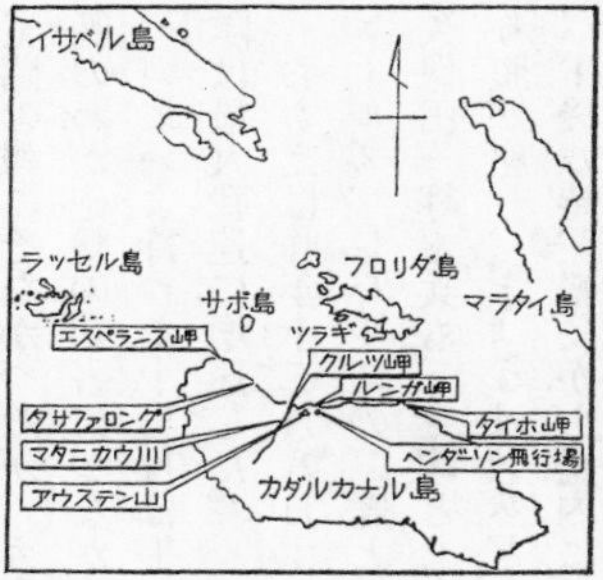

不安の原因となるものはすべて解決して、十月十一日午前三時半、暁をついてトラックを出撃した。金剛、榛名が単縦陣となり、前後左右に第二水雷戦隊（旗艦五十鈴、駆逐艦九隻）が配備され、めざすガ島に向かった。しばらくは敵をあざむくためニセの航路を北上したが、八時過ぎ針路一三五度で驀進した。

総員戦闘部署についた。周囲の状況により、艦内哨戒第一配備あるいは第二配置が令せられ、一部は休養をとった。

私はエレベーターが中を上下する前のマストの頂上に位置する主砲指揮所が部署であり、そこから終始はなれず四周を見張った。

そこには私の任務を補助する十七人が配されていた。福田太郎治中尉が首席で主砲の射手、西尾少尉と角田兵曹長が旋回手、稲益兵曹長が修正手、寺島二等兵曹は指揮塔の旋回手であった。

私は指揮所の中心に装備された一五センチ双眼鏡について、主砲の弾着を観測し、主砲射撃を指揮する立場にあった。

トラックを出撃してのち砲撃するまでの六十八時間はじつに長かった。

ガ島周辺の戦況は、逐一艦橋から知らされた。十一日の夜には第六戦隊がガ島砲撃を敢行しかけたが、敵巡洋艦戦隊、水雷戦隊の阻止をうけて砲撃したとの報があり、十二日には戦闘の報こそなかったが、ガ島付近には敵航行艦艇、在泊艦艇の報があいつぎ、これらが明晩のわが砲撃の妨害につながるのではないかと案じられた。

いよいよ待った十三日は午後四時十六分に日没となった。いまは砲撃八時間前である。艦隊は最大戦速に増速した。

おもえば昨年十二月八日すなわち開戦の日、マレー沖に英艦隊の主力プリンス・オブ・ウエールズ、レパルスの二艦と運命を決するとき、初陣のためもあって震えがとまらずにいた久保田一等水兵も、金剛とともに四万八千浬におよぶ太平洋全域をかけめぐる歴戦にすっかり腹が座り、きょうは敢然として、夜戦を待ちこがれるまで成長していた。

午後八時、艦長から艦内に「本隊はいま、予定通り敵地に乗り込みつつあり」と放送された。つづいて「艦内哨戒第一配置」と号令がかかった。

静寂はまた一時間つづいた。九時三十分、司令部から「敵飛行場中央南北に敵機を認む」と味方機からの報告が放送された。

私は志摩発令所長が、あらかじめ海図の等高線から予定位置より見えるはずの山形図を墨絵で書きあげたものを渡されてあった。それをもとに現在位置の確認につとめた。無気味な静けさがあたりをただよっている。

ついに下った一斉打ち方

十時半、突如として左十度にエスペランス岬のかがり火が点火された。ただちに測距を開始したところ、二万九百メートルとの報告があった。つづいてA点はと見れば、クルッ岬に点火された。発令所の射撃盤には各部から測定値がはいって活動を開始し、砲側に照尺量、信管秒時などがつたわりだした。

戦隊はいよいよ内海に突入した。十一時三十五分、艦橋から大きな声で「コースに乗った」とつたえられた。指揮所、発令所、砲側すべて準備完了している。各砲弾薬の装塡もおわり、敵に向け仰角一杯である。三十六分、艦長から「砲撃はじめ」と令され、私は腹からの声で「打ち方はじめ」と号令した。一分とはたたないあいだに主砲の四砲塔から轟然たる爆音をたてて発射された。つづいて二番艦榛名が発射。しずかであった海面はたちまち激しいひびきで眠りをさました。

やがて弾着時計係から「ヨーイ、ダンチャーク」の声とともに、前後三式弾が炸裂して多数の灼熱した弾子が円錐形に拡散し、飛行場にちらばった。つづいて第二弾。十一時四十分、私は「一斉打ち方」と発令所に下令した。

飛行場まで二十キロもあり、椰子林の先のことなので、こまかい状況はさだかでないが、初弾弾着の付近からはじまって紅の火炎はしだいにひろまった。燃料庫の爆発か、火薬庫の誘爆か、火柱がつぎつぎに上がった。往路に三十分間射ちつづけ、反転して帰路も三十分間射ちつづけた。

わが初弾から八分後に海岸にそなえてあった敵の探照灯が、わが艦隊を捕捉照射し、わが方にも猛射を開始しだした。敵基地部隊は、平文緊急信をもって「二三四〇より〇〇五〇まで猛烈きわまる艦砲の射撃を受けたり」と報告していたとか。

十二時五十七分、艦長から「砲撃止め」と令せられ私は、発令所に「打ち方止め」を令した。

午前一時、砲撃の目的はだいたい完了した。陸軍の総攻撃はこの時点から強行されることになっていたので、やがて飛行場占領の快報を受けるであろう。本艦人員の損傷なく、兵器の故障もない。艦内哨戒、第一配置のままふたたび編隊大戦速で北方に避退した。飛行場はもちろん敵機も全機使用不能となったため、追跡する一機もない。

後方の飛行場の上空はなお真紅であった。ホッと一息、ポケットに手を入れたところ、美代子からの手紙に触れた。トラック出撃以来すっかり忘れていた証書であった。私もやっぱり、よほどアガっていたのであろう。

超弩級巡洋戦艦「金剛」よ永遠なれ

艦齢三十年で太平洋戦争を迎えた高速戦艦の生涯

元「金剛」砲術長・海軍大佐　浮田信家

昭和十六年十一月十日——あとになって開戦のちょうど一ヵ月前であったことがわかったが、豊後水道の南方海面で高速戦艦金剛と榛名の昼間教練射撃がおこなわれた。両艦は第三戦隊の第一小隊であった。前年の十二月から、それこそ文字どおり月月火水木金金の、猛訓練の総仕上げであった。

開戦が目前にせまっていることを承知の、軍令部や海軍省また海軍砲術学校などは、主力艦の戦力がどのていどに向上しているか、問題であったに違いない。いつにもまして各部の関心が真剣であったことも、当然といえよう。

射撃委員をしめす赤の腕章や、見学者、視察者をあらわす青の腕章をつけた専門家たちが大勢乗艦して来て、艦内各所に目を光らせ固唾（かたず）をのんで、その成りゆきを見つめていた。

この日、課せられた訓練研究項目というのは、㈠遠距離射撃、㈡初弾精度の向上、㈢緒戦期砲戦、㈣飛行機観測通信断続する場合の射撃指揮であったが、戦争近しとあれば、たとえ

使用砲		36糎砲8門
射撃予定弾数		各砲（常装薬）7発
従つて全発射予定弾数		56発
速力	金剛の自速	29節
	的の標速力	12節
射距離	初弾発放時	25580米
	最大	25660米
	平均	25428米
艦長が射方開始を発令してから、初弾発放まで		0分—30秒
初弾発放してから、命中弾を得るまで		0分—54秒
艦長が射方開始を発令しかてら命中弾を得るまで		1分—24秒
射撃時間		5分—56秒
発射した弾数		54発
命中弾数		9.3発
命中率		16.6%

どんな課題でもできないとはいえず、立派な成果を上げなければならないのであった。

射撃の計画は、三六サンチ主砲八門、射撃艦速力二十九ノットという主力艦では金剛級の巡洋戦艦でしか出せない高速中、最大射程で各砲七発ずつ発射するという射撃であった。

射撃の成果は間もなくまとめられ、研究会が開かれた。当日の成績は別表に示すとおりであって、射撃時間は五分五十六秒。準備弾数は五十六発。この時間内に発射された弾数は、五十四発。したがって出弾数は九六パーセントという好成績であった。

射距離は平均二万五五〇〇メートルだった。金剛の射程としてはほとんど最大に近い大遠距離であった。天佑とでもいうのか、初弾から命中弾を得た。

表にあるように、艦長が射撃開始を発令してから三十秒で初弾が発射され、初弾が発射されてから五十四秒（弾丸の飛行秒時が五十四秒）で命中弾を得たわけである。遠距離射撃をおこなって、しかも初弾の精度を向上するという、第一、第二の課題は解決された。

初弾発射から五分五十六秒で射撃中止が令せられたのであるが、もともと初弾が命中したのだから、つぎつぎに命中弾があり、結局、九・三発の命中弾があった。したがって第三の課題である緒戦期における、砲戦のあり方として申し分ないという結果であった。

第四の課題は故障処置である。当時、各艦に搭載した水上偵察機は主として弾着観測と測的につかった。その飛行機との無線連絡が、想定によって計画的に断続する。それを射撃指揮に影響しないよう処置すればよいのであるが、いずれも次からつぎに予備装置に転換したので、射撃効果には何の支障もきたさなかった。

かくて課題は全部をみごとに解決したので、艦長以下乗員はもとよりのこと、参観者一同、安堵の胸をなでおろした。

射撃成績のよかったことは小柳冨次艦長が百錬の士であったからであることはもちろんだが、砲術科も、機関科も、飛行科も、工作科も、通信科も、運用科、医務科、主計科、すなわち全艦を挙げての協力態勢に寸分のスキもなかった結果と思われる。

金剛はこのように研ぎすまされた状態で、その月の二十九日午前六時、マレー半島沖に向け佐伯湾を出撃した。このとき金剛の属した部隊は南方隊で、その本隊は第三戦隊（金剛、榛名）、第四戦隊（愛宕、高雄、摩耶）、第四駆逐隊（嵐、野分、秋風、舞風）、第六駆逐隊（響、暁、雷、電）の十三隻であって、これが行動を共にした。

冬至に近い九州の夜明けはおそく、当日の日の出は六時五十四分であったので、出港はその一時間も前であり、沿岸の漁村は、なお静まりかえり、ところどころ朝餉（あさげ）の仕度の火らしいのが寒空にちらついていただけであった。昨夕まで湾内を圧した海上の不夜城がいつの間に、どこに消えたか、翌朝の話の種になったことであろう。

金剛の生い立ち

金剛が英国ビッカース会社の造船台にそのキールを据えられたのは、明治四十四年一月十七日のことで、開戦のときはそれからすでに満三十年の齢を重ねていたのである。

生まれる頃というのが、ちょうど日露戦争後の軍備整頓に大わらわのときであった。ただに日本だけでなく、日本海海戦の戦果に刺戟された列強は、きそって海軍力拡張に力を入れたので、わが国は戦争には勝ったが、財源力にとぼしいため海上勢力の強化に追いつけず、露国の下にすら落ちるのではないかと危ぶまれたほどである。

列強はすでにドレッドノート型より進んだ弩級艦の建造を企画し、あるていど進んでいたが、わが国は建造工事中の戦艦河内、摂津を最後に、あとは未着手の戦艦一隻、装甲巡洋艦二隻、巡洋艦一隻だけであった。そういう時代に呱々の声をあげることとなったのである。

戦争にその全力を使い果たしただけに、その新しい建艦計画にたいしては軍令部、海軍省はもちろん、政府、国会いずれにも賛否について激論のかわされたことは想像にかたくないが、結局、内外の情勢は有力なる海上勢力保有の必要を認め、まず超弩級戦艦よりも、超弩級巡洋戦艦に着手することとなった。

その第一艦である金剛を英国に注文することについても、さかんな議論がかわされたのであるが、最後にはやはり列国に先んじて、二万七五〇〇トン、主砲は三六サンチとして、そ

公試中の金剛。ビッカース社の建造で大正２年８月竣工後、横須賀へ回航

の装備の仕方は従来の型をやぶり、舷側にあった主砲もこれを艦の首尾線上に配備し、旋回によって左右いずれの方向にも全砲火が集中できるような、きわめて新しい着想の型の艦として、翌年五月十八日、無事に進水した。

同年十二月一日、初代艦長中野（なかの）直枝大佐以下の乗員が英国におもむき乗艦した。明くる大正二年八月、正式に領収、十一月はじめ横須賀軍港にその巨軀をあらわした。

さっそく十二月一日、聯合艦隊旗艦として就役した。以来なんどか艦隊勤務、あるいはまた御召艦として重要任務を果たしたのである。

その後、年を経るにつれ、改装の必要に迫られた。すなわち昭和六年には主砲の仰角を従来の三十三度から、四十三度にあらためて射程の延長をはかった。また、そのときまで愛用したヤーロー式混焼罐を撤去し、あらたに重油専焼のロ号艦本型十罐を装備、水中発射管八門中の四門をおろして水上偵察機を搭載し、一段と威力をました。

さらに昭和十二年に、ふたたび大改造をおこなった。速力増加をはかるため全長を約八メートル延長して、二二二メートルとした。罐もさらに強力なロ号艦本式専焼罐と入れかえ、主機械は最新の艦本式減速タービン四基にかえたため、総馬力は従来の六万四千馬力が一気に倍以上の十三万六千馬力、速力は最大二十六ノットであったのが一挙に三十・六ノットという著しい増加をして、すっかり若返った。

このとき副砲は仰角十五度を三十度にまし、射距離の増加と対空射撃を可能にした。従来の八サンチ高角砲七門を新型の一二サンチ七高角砲八門にあらため、別に大型機銃二十門を備えた。速力の増加は水中発射管の使用を不可能ならしめたので、これを撤去し新しくカタパルト一基を搭載したのもこのときであった。

このような大改造の結果は乗員三百人増の必要を生じて総員一四三七名となり、排水量も増えて三万二〇五六トン、十八ノットの速力で一万浬を航破しうる新鋭艦となった。

高速巡洋戦艦、東奔西走の戦歴

ともあれ昭和十六年十一月二十九日に佐伯湾を出港した本隊は、マレーへの途上、澎湖島の馬公に寄港し、いわば最後の補給をおこなったが、その在泊中「十二月八日、開戦と決せらる」旨の大本営命令に接した。いよいよ開戦とはっきりしたので決意もあらたに、自然に生ずる武者ぶるい。しばらくは止めどのない感激であった。

十二月四日午後一時に抜錨して征途についた。当日午前、小柳艦長は総員を集合のうえ、力強い訓示をあたえられた。

当時アジア方面に行動中の英艦隊の勢力は、プリンス・オブ・ウェールズとレパルス、ヴァリアント、バーハムの戦艦四隻、航空母艦が三隻、重巡六隻、軽巡三十隻、駆逐艦、潜水艦各約五十隻であった。

このうちシンガポールにどのくらい在泊しているかは未知であったが、少なくとも戦艦中二隻は最新のものであり、これと金剛、榛名が遭遇して四ツに組んだとすると、主砲射程の相違があるため、金剛の射程にまで接近する前に、敵の射程に入ってしまうので、いわゆるアウトレンジで敵から撃たれるおそれがないでもなかった。

そのため、相当の苦戦が予想されたにもかかわらず艦長は「本艦は一月前の教練射撃において、あらゆる点で僚艦に優る実力のあることを示した。諸士は自信をもって、後はただ敵に勝つあるのみである。戦闘きわめて長きにわたることなしとしない。各自保健に留意、つねに元気に従軍を望む」と。平常の出港とかわりのない沈着な訓示は、全員に安堵と平静な気分をあたえた。

出港の前日、マニラ領事から「十二月一日朝、潜水母艦オウトス、大型潜水艦十四隻と駆逐艦二隻をともない、マニラを出港せるも行先は不明なり」という通報に接していた。

八日の開戦までは、ことさらに味方部隊の行動を敵に知らせたくないので、馬公出港後は一さい無線封止、厳重な哨戒部署について警戒した。この日、終日雲ひくく、どんよりして視界はきわめて狭かった。哨戒配置についたまま乗員は交代しあって入浴、総員体を清めた。いつ戦闘となり名誉ある戦死を遂げても心残りない気構えであった。

八日はかねての予定どおり、午前零時、全戦域にわたって戦闘の火ぶたが切られた。本隊はそのとき北緯九度二三分、東経一〇九度七分の地点を針路一八〇度で南下中であった。仏印に進駐中の味方航空部隊はシンガポールを奇襲し、相当に大きな損害をあたえたらしいが、戦艦部隊の動静は明らかにされなかったので、本隊はその出動にそなえ南下をつづけた。

九日午後にいたり、哨戒中の伊六五潜水艦から「敵レパルス型戦艦二隻、針路三四〇度、速力十四ノット」との報告に接した。彼我の針路、速力から十日の午後には遭遇することがわかり、艦内血湧き、肉躍るの活気を呈した。

しかし十日の午後二時過ぎ、先にシンガポールを襲ったわが海軍攻撃機部隊が大挙して英艦隊にせまり、これをクワンタン東方に捕捉して、雷爆撃攻撃約一時間半、ついにプリンス・オブ・ウェールズとレパルスと、これと行動を共にした駆逐艦全部を覆滅したので、われわれとの戦闘は実現しなかった。

さしあたり付近に敵主力艦が存在しなくなったので、十一日、仏印カムラン湾に入泊、とうぶん待機のこととなった。暮れには総員一人一人つき手となってにぎやかに艦内餅つきをおこない、昭和十七年の正月は北緯一〇度、汗だくで屠蘇を祝い前途の幸せを祈った。

一月中旬に馬公に立ち寄り、十八日パラオ着、同地で約一ヵ月南方全作戦の支援にあたった。二月十八日パラオ出撃、セレベス島のスターリング湾に寄港のうえ、小スンダ列島を南に通過して、スマトラ、ジャワ島の南方に進出、機動部隊として南方部隊のジャワ島攻略に協力、豪州方面からの敵増援隊の補給路を遮断した。

この作戦奏功後、三月十一日ふたたびスターリング湾にもどり次期作戦の打合わせと補給をおこない、同月下旬、同地発スマトラ南方海面を北西に進み、インド洋をぬけてセイロン島英軍基地を四日にわたり攻撃のうえ、四月下旬、母港の佐世保に帰投した。

入渠、修理、人員の補充後、瀬戸内海で急速訓練にあわただしい一月を過ごして、五月二十九日には柱島泊地発ミッドウェー攻略作戦の支援部隊として参加した。しかし、不幸にして同作戦が失敗に終わったので、今度は北方部隊に編入を命ぜられ直ちに北上した。

主砲方位盤照準装置を装備した大正６年頃の金剛。ビッカース社製36cm砲の基部に外塘砲装備

補給のため内地に二、三日帰投したこともあったが、時あたかも濃霧の時期のため連日、僚艦すら認めず過ごしたが、またもアッツ、キスカの作戦不利に会い、その撤退を支援、それが完了によって当面の任務が解消したので、七月十一日に横須賀に入港した。

そののち内海西部に移動し同方面で補給、修理、訓練にしたがい、九月六日ソロモン方面作戦支援の命をうけ、南下した。二十三日トラック島入港までは大部分赤道付近にあって、ガダルカナル作戦の後援部隊として活躍したが、同島の敵航空兵力制圧が思うにまかせぬため、十月上旬になり、金剛自身が接岸夜間砲撃を決行する挺身攻撃隊となって出撃した。

戦艦を陸岸に近づけ陸上施設を砲撃するなどということは、元来、用兵上許されないことであったし、したがってまたかつて前例もないことではあったが背に腹はかえられず、これを強行した。新着想だけに成功、飛行場の全面破壊、所在飛行機の炎上、燃料庫弾薬庫の爆発等とにかく全滅、敵航空兵力の完全制圧に偉功を奏した。

時をうつさず飛行場占領に成功すれば、その後の戦局は有利に展開したのであろうが、それが成らず、旬日を待たず敵が復帰、跳梁が再開された。前回の奏功を再現せんとして、一ヵ月後ふたたび比叡と霧島にくりかえさせようとした。金剛はそのときトラックに在って待機したが、企画がまったく同じであったので、敵も万全をつくして待機、ために両艦は敵艦隊の集中攻撃をうけ、あえない最後をとげた。

その後、十二月二十四日に第三艦隊に編入され、翌昭和十八年一月末からガ島撤退作戦の支援にあたり、任務終わって二月中旬、内地に帰投した。全作戦支援のため四月にもトラックに出たが、戦線膠着のため五月中旬、内地に帰った。
六月中旬、機動部隊遊撃部隊としてふたたびトラックに進出、翌昭和十九年二月中旬まで同方面にあって待機した。この間ブラウン方面に出撃したが、特筆する行動も見ず内地に帰投入渠、修理にあたった。

大勢しだいにわれに不利となり、主力艦の行動も容易ならぬものがあったが、比島作戦の進捗につれこれに備え、三月中旬シンガポール南方、スマトラ島東岸沖のリンガ方面に進出待機。五月中旬からはさらにボルネオ北東端沖のタウイタウイにおいて訓練待機、六月十三日からのあ号作戦にも参加して同月下旬、内海西部に帰投した。

七月上旬、奄美大島および比島に陸軍および物件輸送の必要が生じたため、これにそなえ七月二十日にリンガ湾泊地に入泊後、十月中旬までの三ヵ月同地で待機した。十月十八日、捷一号作戦には第一遊撃部隊として比島沖に縦横の活躍をこころみた。

戦勢も一段落、かつ三月中旬から六ヵ月以上にわたり作戦に従事したため、入渠修理の必要も生じたので十一月中旬に内地に向かった。その途上、基隆の北東七十浬付近にさしかかったとき、突如として敵潜水艦の至近距離からの魚雷の猛撃をうけ、壮烈な最後を遂げた。艦長以下多数の戦死者を生じたことは哀悼のきわみであった。

かくて昭和十九年十一月二十一日、数多の功績をのこして台湾沖の海底深く永久の眠りについた。

赤道神には無届通過

昭和十七年三月二十六日、午前八時、機動部隊はセイロン島攻撃のため、スターリング湾を出港した。敵潜水艦の襲撃を避けるためジグザグ運動をおこないながら、南緯一〇度付近まで南下をつづけた。赤道付近の海はどこまでも碧が濃い。二十八日午前九時、スンバ島通過のころ東南の方向に天に冲する竜巻の発生を見た。しばし自然の雄大さに胸をうたれた。

三月三十一日、給油部隊（神国丸、健洋丸、日本丸）が合同したので、各艦は航行中、重油の補給をうけた。四月三日までの四日間は、この補給作戦に終始した。三日の神武天皇祭には、そのままの服装ではるかに皇居に向かい、おごそかな遙拝式が行なわれた。南半球から、内地の満開であろう桜花を胸に黙禱のとき、感慨また一しおなるものがあった。

重油補給終了にあたり、艦隊旗艦から「神国丸はカムラン湾にいたり、帝洋丸より燃料を搭載のうえ同地に待機、健洋丸、日本丸はG点を経てF地点に待機せよ」の命令により、三艦は艦隊から分離した。神国丸が視界内各艦にあて「御一同の御成功を祈る」といい残して、北に向け夕闇の水平線下に姿を消したときの情景は、いまなお、印象に残っている。

この日午前十一時十四分、第一航空艦隊長官から「当隊は五日コロンボ、六日または七日ツリンコマリー攻撃の予定。第八戦隊水上偵察機による事前偵察は今のところ行なわず」という信令をうけ、午後一時三十分、二八〇度に変針、二十ノットに増速して、セイロン島に接近する行動に移った。

四日早暁、赤道を南から北に通過した。

一次改装に着手した金剛。撤去された第1煙突脇に単装高角砲3基が見える

平時だと航海の無聊を慰めるため多くの船は赤道祭をおこなう。赤道を何回も通過した者を赤道の神に仕立て、マストの頂上から特製の大鍵をたずさえて降り、これを船長に贈る。船長はこれを受けて赤道の門をあけて通過する。

帰りにはその鍵で赤道の門をしめたうえ、これを赤道の神に返すという趣向の行事が行なわれるものであるが、いつ砲火を開くかわからない戦場のことゆえ鍵どころではなく、無届でどしどし通り抜けたわけである。

当日午後七時十分、英国PBY機一機、索敵のためらしく近接してきたが、飛んで灯に入る夏の虫よろしく航空戦隊の戦闘機群が、ただちに追躡、これを攻撃、見る見るうちに、本艦の右三十度二万五千メートルに火災を起こしつつ墜落、無気味な紅蓮の炎、そして黒煙を天に冲しつつ、海面に没した。

昭和17年7月、ミッドウェー海戦後の北方支援をおえた金剛

直衛の駆逐艦がただちにその搭乗員を救助したが、調査の結果、救われたのはカナダ人の空軍少佐で、ボンベイからコロンボに来たばかりなので、コロンボのことも、ツリンコマリーのことも知らずとのことで、情報は得られなかった。

日没を待ち、二十二ノットに増速、針路三一五度にかえ、一路セイロン島に急行した。

五日午前八時三十分以後、全艦二十六ノット即時、最大戦速二十分待機が発令された。

午前九時、各航空母艦の艦上機また各水上艦船の搭載機出発が命ぜられた。全戦域中央標準時使用のため、九時といっても日の出五十分前であり、まだ未明である。赤道直下でも日の出前のひとときは、やはりちょっと冷える。鏡のように平穏な海上、この静けさを破っての試運転の爆音、プロペラの間から洩れる閃光、航空灯など勇壮な絵巻であった。

やがて一機また一機、母艦を離れ、またカタパルトから射ち出されて、大空に浮かぶ。二機、三機、四機と集まって小隊ができ、小隊がつぎつぎと集まって大編隊となり敵空へと向かう勇姿。その勇壮さは拙筆のよくいいつくすところではない。

やがて「航空部隊全軍突撃せよ」が下令され、各部署にしたがって突撃に転じた。しばらくは平文の緊急信がつづく。

「我敵飛行場を爆撃せり、効果不明」「前方の巡洋艦はケント型なり。第五航空戦隊は艦攻、艦爆の約半数をもってこれを攻撃すべし」「敵大巡二隻沈没」「攻撃にむかった艦爆五十五機、全機無事帰還」「当隊飛行機収容後セイロン島の南方約四百浬を迂回し、八日ツリンコマリー攻撃予定」

目のまわるような電報信号の往復があって後、飛行機を収容し夜陰に乗じ一三五度に急変針し行動をくらました。信号により知らされた本日の戦果は、

㈠触接中のＰＢＹ二機、フェアリーアルバコール一機撃墜

㈡コロンボにおいて、㈠飛行機スピットファイア十九機、ハリケーン二十七機、ソードフイッシュ（魚雷携行中）十機、デファイアント一機、計五十七機撃墜、うち九機は最後を確認せず。㈡格納庫一棟炎上、二棟破壊、修理工場一棟大破。㈢商船大型五隻大破炎上。小型十数隻爆破。㈣官庁街および桟橋一部爆破。

㈢艦爆は水偵触接誘導のものに敵カンバーランド型大巡二隻をたちまちにして撃沈せり。

㈣蒼龍所属艦戦一機、瑞鶴所属艦爆五機、翔鶴所属艦爆一機、壮烈なる自爆を遂ぐ。

ちなみに、その後ニューデリー放送から、この日撃沈したのは、ドーセットシャー、コキラ、キュラコアであったとの報道があった。

艦内新聞を発行

ミッドウェー攻略の支援部隊として参加した金剛、比叡は、昭和十七年六月五日の攻略が失敗した後、被害艦船乗員の救助収容につとめたが、攻略中止に関連し九日、北方支援部隊に編入の命をうけて急きょ北上することとなった。

赤道直下で炎暑の中に活躍した金剛は、いま北緯三三度から、針路〇度でまっすぐ北緯五〇度まで北上するわけである。警戒航行のかたわら、耐寒準備にいそがしかった。

いちおう奇襲に成功したアッツ、キスカの作戦も、アッツに対する敵の上陸につれて、味方部隊の苦戦がはじまったのである。支援部隊は、

第一支援部隊＝第三戦隊（金剛、比叡）、第八戦隊、第十駆逐隊

第二支援部隊＝第五戦隊、第三戦隊（榛名、霧島）、第二十一戦隊、第一水雷戦隊、第九駆逐隊

その長官旗艦は那智であった。まっすぐ北上したため温度急低、一日一日と服装の変わる忙しさだった。

航海が長くなると、またその頃のように鬱陶しい日がつづくと艦内の空気が沈滞する。衰えようとする士気を鼓舞し、かつまた内外のニュースを知らせるため、艦内新聞を発行してその一助とした。日とともに奇抜な原稿を提供するものも出て、そのため艦内は明朗さをたもて、士気もふるった。

そのころ、大砲節というのを誰かが戯作して、それが載せられた。一つ二つあげてみると、

金剛ナドンドン　大砲操る男の意地ハヨ　燃えて打ち出す　ヤレ男弾丸
金剛ナドンドン　トップ見やれば砲術長の顔ハヨ　敵をにらんで　ヤレ仁王立ち
金剛ナドンドン　日頃鍛えし和合の力デヨ　砲術長やります　ヤレ砲手のこえ

ときどき近距離に敵潜水艦らしい無電を感じる。またときに敵飛行機の電波を近くに聞く。近くの味方駆逐艦から、どこからともなく砲撃を受けつつありと救援を求められる。敵にレーダーがあって我にないため、いかんともしがたい。ただささえ視界が悪くて憂鬱な濃霧中、このような事件の連続は精神的の疲労をおぼえる原因でもあった。

とどろけ金剛艦歌

開戦のときすでに広かった戦場は、またたく間になお拡大し、太平洋はもちろん豪州、インド洋の全域にまでひろまった。この間、金剛はマレー沖から南太平洋、豪州北岸、インド洋、中部太平洋、アリューシャン列島、さらにまた南太平洋と、ほとんど全戦域を馳駆したので、昭和十七年十月末までに地球を二廻り半したことになる。

赤道直下の炎熱にも、また北太平洋の寒冷にもあい、何回か気候の激変をうけながら人員の事故も機械の故障もなく、活躍した勇姿はいまなお眼前に彷彿として浮かぶ。

いい艦であった——これはかつて金剛に乗ったものの口をそろえての賛辞である。戦後すでに十余年、すべては一昔前のことになったが思い出よきままに毎年、「金剛を偲ぶ会」を催し英霊を慰めるとともに、金剛の冥福を祈るのもゆえなきにあらずといえよう。

筆の動くにつれ、いつか全盛時代の艦隊競技に応援旗を振りながら、若い水兵が熱叫した金剛の艦歌が聞こえる。

〽花橘の香も高く　流れぞ清き菊水の　大楠公にゆかりある　金剛の名の美はしさ
日出づる国の守りなる　艦の光はます鏡　朝な夕なにはげみつつ　ただ君の為国の為
朝日ににおう桜花　大和心に奮いたち　事しもあらばもろともに　我等が任務つくさなん

舷々相摩す激闘に高速戦艦「比叡」自沈す

第三次ソロモン海戦の砲撃戦の渦中にあって操艦した当事者の回想

当時「比叡」坐乗十一戦隊通信参謀・海軍中佐　関野英夫

「右五度、黒いもの」「艦影らしい。艦影は四つ」

旗艦比叡の戦闘艦橋の右前方一五センチ双眼望遠鏡についていた見張員の報告が、突如として艦橋の沈黙を破った。

「近いか」と先任参謀の鈴木正金中佐。「八〇（八千メートル）、視界が悪いためはっきりしません」と見張員が報告する。

一瞬、戦闘艦橋は緊張と興奮とにつつまれる。

「司令官、挺身攻撃隊あて警報を発信します」通信参謀である私は司令官の許可を得て、私の小さな作戦室であるチャートボックスに頭を突っ込む。テレトークのマイクロフォンのボタンを押して、「宛挺身攻撃隊、発司令官――敵見ゆ、我よりの方位一六〇度、距離八キロ、二三四〇」

「中波、超短波通信系併用、作戦特別緊急信、一般短波で艦隊宛て放送」と、我ながら声が

関野英夫中佐

少し上ずっているようだ。

「了解、了解」比叡通信長である高内中佐の落ちついた応答がある。つづいて、砲戦に関する十一戦隊（比叡、霧島）宛ての電話命令が矢継ぎ早に下される。

さあ大変だ、いままでガダルカナル飛行場を砲撃するために準備していた主砲は、方位盤照準器と大砲の軸線とが一定角度くるわされている。そのうえ、艦船射撃につかう徹甲弾は弾庫の奥の方に整理されて、飛行場を火の海と化すために、対空弾として製造された多数の焼夷弾子を内蔵する三式弾、および弾体の薄く炸薬量の多い零式弾を準備しているのだ。

射撃準備の転換はなかなかできない。距離は刻々と近づく。相対近接速度を四十ノットとすれば、一秒間に二十メートル、一分間に千二百メートル近寄るのだ。挺身攻撃隊宛の電話も、なかなか全艦が了解しない。敵もすでにレーダーでわが方を見つけているであろうに、なぜ射撃を開始しないのだろうか。

七、八分もたったころ、やっと比叡砲術長からの「射撃準備よし」の報告があって、「十一戦隊砲撃はじめ」が無線電話で下令される。間髪をいれず、比叡艦長西田（にしだ）正雄大佐の「照射はじめ」が命令されると、光芒一閃、比叡の探照灯は目標をあざやかに捕捉する。アトランタ型だ。

初めて見る新鋭防空巡洋艦アトランタ型の特徴のある前後が、そして対照的に中央に盛り上がっている上部構造物が、明瞭に描き出される。距離は五千メートル以内。と同時にアトランタ型の六基砲塔、十二門の五インチ砲の初弾発砲の閃光が、パッパパッパッと見える。一瞬の後には、修羅場と化すことを予期しながらも、なぜか真実の戦闘であるという現実感がともなってこない。まるで平時の、夜間戦闘射撃の曳的艦から射撃艦の発砲を見ているような感じさえする。

アトランタの弾着は遠く、はるか彼方に水柱があがる。つづいて、待ちに待った比叡の主砲三六センチ（一四インチ）砲が初弾を発砲する。弾着は正確で射撃指揮所から初弾命中の報告がもたらされる。

かくて、米太平洋艦隊の駆逐隊にとって最悪の一九四二年（昭和十七）十一月十三日の金曜日、そしてガダルカナル戦の帰趨——それは結局、日本の運命に通ずる——を決する運命の海戦、史上空前の混戦乱闘。それは戦いの前にはとうてい想像もおよばなかったような、文字どおり舷々相摩す激闘の幕が切って落とされたのだった。

スコールの中での回頭

挺身攻撃隊の大部（十一戦隊、十戦隊）は十一月九日、トラックを出撃、ガダルカナル島（ガ島）の北方から高速で南下した。

十二日午前、ガダルカナルの三〇〇浬圏内で、早くもB17一機の触接をうけたが、二航戦から派出されていた直衛戦闘機がこれを攻撃、撃退した。一三三〇（日本中央標準時の十三時三十分、戦時中、作戦用の使用時はマイナス九時の標準時を使用した。したがって、この付近の地方時より二時間くらい遅れているので、実際の時間は一五三〇頃である）、四水戦司令官の率いる駆逐艦五隻（朝雲、村雨、五月雨、夕立、春雨）と合同して、高速南下した。一四〇〇（午後二時）頃からいよいよガダルカナルの二〇〇浬圏内に入った。われわれがもっとも恐れていたことは、任務遂行前に空襲に傷つくことであった。戦争全期間を通じて、海上部隊は、陸上大型機の爆撃は決して当たらないことを知っていた。また、当時の米艦上機の雷撃もきわめて拙劣で、恐るべきものではなかった。だが、いまガダルカナルにいるのは、海兵隊の急降下爆撃機が主力で、これはまことに苦手であった。「東京急行」や輸送船が被害を出すのも、主として空母およびガダルカナルの急降下爆撃機によってであった。この当時、米艦上機の戦闘半径は、おおむね二〇〇浬であったから、いかにして無事にこの危険地帯を通過するかが、この作戦の成否を決する第一の関門であると考えられていた。

ところが、どうしたことか、予期した敵の艦上機の来襲はない。間もなく猛烈なスコールがやって来た。われわれは実はそれを待望していたので、もっとも危険な日没前の一時間、スコールの中に隠れていられることは、まさに天佑であると喜んだのだ。しかし、これがため突然会敵し、比叡の命とりの一原因になるとは神ならぬ身の知る由もなかった。

平時ならば、速力を落として安全をはかるのが常道だが、それは全作戦のスケジュールをすべて狂わしてしまうので、できない。視界ゼロの中を依然として二十ノットの高速で突っ走る。ときどき千〜二千メートルの距離にある直衛駆逐艦が近づいてきて、白波だけが見える。駆逐艦も近寄りすぎたことを知って、わずかに遠ざかって見えなくなる。よくまあ、こ

昭和17年7月、ミッドウェー海戦後の北方支援をおえ帰投中の比叡

の視界、この陣形、この速力で無事に突っ走ったものである。
間もなく晴れると思ったスコールは、なかなかやまない。日はすでに没し、インディスペンサブル海峡北口を入り、サボ島の西側付近に達したが、島影はもちろんのこと、直衛駆逐艦さえ全然見えない。

比叡の戦闘艦橋では、ようやく焦慮の色が濃くなってきた。これでは、とうてい飛行場に対する射撃ができないではないか。いや、すでにガダル突入の変針点にきているのに、変針さえできない。そこで西田艦長、鈴木先任参謀や、砲術参謀千早正隆少佐らの意見もあって、司令官阿部弘毅中将は一応反転を決意され、挺身攻撃隊全艦あて、「斉動Z」が令せられた。

「斉動Z」というのは「発動」の令で、全艦一斉にその場で一八〇度回頭運動をすることである。十数隻のうち二、三隻が、なかなか無線電話を了解しない。通信情報を主務とする私がもっとも心配していたことが、最悪の場合に事実となって現われた。

当時、艦隊内の近距離通信に使用していた超短波の九〇式（昭和五年制式兵器）、九三式（昭和八年制式兵器）は、やや旧式で水晶制御式でなかったから、周波数精度と安定度が悪く、無線封止中にいきなり送話すると、その送話内容を了解するのに時間がかかったのだ。平時の猛訓練のときには、何とか補ってきたのだが、ガダルカナル戦がはじまって作戦が激烈となり、実戦の回数が多くなってくると、技量は荒れてくる一方だった。

そのうえ、この部隊は数時間前に合同したばかりの、いわば寄せ集めの部隊なのだ。一三三〇に合同のとき、対敵通信防衛上の不利を忍んでも充分の連絡を確保し、その後、視界が不良となるにおよんで、電波封止を破って電話連絡を密にしておいたのだが、発令後二分、三分しても、まだ了解しない艦がある。

夜暗、猛烈なスコールの中を高速力で、しかもこの隊形で、一八〇度の回頭を行なうのだ。もしも一瞬でも時機にズレがあったなら、衝突してしまうだろう。私もやきもきしていたが、どうにもならなかった。敵に傍受される危険の多い中波の電話をつかって、やっと全艦に了解させ、発動の令で一斉に一八〇度回頭した。

無事反転を終わって、ホッとしていると、スコールが急速に晴れあがった。なんのことはない、艦速二十六ノット、すなわち時速約五十キロで、スコールと全く同じ方向に突っ走していたのだ。

ガダルカナル観測所からも、天候良好を電報で知らせてくる。レカタ基地（イサベル島）からの観測機もすでに発進し、任務についている。ここで艦隊はふたたび反転し、突入針路に入る。比叡の艦橋にホッとした空気が流れる。サボ島が、左舷方向にかすかに見えてきた。このとき、私の胸中に一抹の感傷がながれ去った。

ちょうど一ヵ月前の十月十一日夜半のことであった。この付近の海面で第六戦隊は米巡洋艦部隊と遭遇し、レーダー射撃をうけて古鷹は沈没、旗艦青葉は損傷し、司令官五藤（ごとう）存知少将、参謀南中佐、石坂中佐らが戦死された、その海面なのだ。

つい数ヵ月前まで、私はこの戦隊の参謀として、開戦以来、この人たちとグアム、ウェーク、ラバウル、ツラギ、ガダルカナル、珊瑚海で戦ってきた。なかでも水雷参謀の南少佐（当時）は、級友中の最親友、というより私が心から兄事していた畏友であった。

太平洋戦争勃発に際し、同じ司令部に勤務することの幸福を喜び合ったのだが、私だけが、珊瑚海海戦が終わって呉に入渠のため帰ったとき、十一戦隊司令部に転勤を命ぜられた。駅まで私を送ってくれたそのときの南少佐の淋しそうな顔を、いまもなお、まざまざと思い出す。彼は私たち兵学校五十七期のヘッド、俊敏な頭脳、円満な常識、親しみやすい人柄、素晴らしいフレキシブルな物の考え方の持ち主であった。

その後、私は戦局日に日にわれに非なるとき、南少佐のことを想い戦後、病床の上で療養の身の悶々の情に耐えられなくなったとき、彼とふたたび語ることのできぬ悲哀を、しみじみと何度も感じたことであった。

飛行場射撃準備

「発ガダルカナル観測所、空中および海上敵影を見ず」艦橋のテレトークのスピーカーが、電信室からの電報を伝えている。私は一瞬、われに返った。

昨日から、しきりにガダルに増援中の輸送船を護衛してきた米水上部隊の動向が気がかりだった。果たしてまだガ島付近にいるであろうか。日没前、比叡から発進した観測機は「ルンガ沖、敵艦艇十数隻在泊中」と報告し、ガ島基地からも「敵艦船は日没時、なお荷役中」と電報してきているのだ。したがって、いま観測所から「敵を見ず」といってきているが、暗黒の海上を陸上高所からではなかなか見透しも悪いであろう。あるいは一時出港して、どこかで待ち伏せしているのかもしれない。

しかし、いずれにしても、前路掃蕩隊が前方十キロにあって、充分の余裕をもって警報してくれるであろう。しだいにガダルカナル島が大きな島影を前方にあらわし、エスペランス岬には間接射撃目標のための灯火が、約束通り点出されている。

前路掃蕩隊からは、敵情に関する何の報告もない。すでにルンガ沖に達しているはずである。この分では敵は、まずいないものと判断され、飛行場射撃準備が下令された。しかし不幸にも、先の反転のとき、電話の通達に時間を要したため、前路掃蕩隊は前方がすでにガ島につかえそうになっていたので、発動を待たずに反転し、これがため射撃隊と急速に接近し、とくに左側前方に占位すべき朝雲隊は、かえって射撃隊の後方に位置するようになってしまったのである。

当時、まだ視界は充分に回復していなかったから、この関係位置はまったくわからなかった。これが、突如、敵と遭遇し、比叡の命取りの原因のひとつとなったのである。戦後の米側資料がいうように、「敵は夜間、避退するであろう」と漫然と盲信したようにはならなか

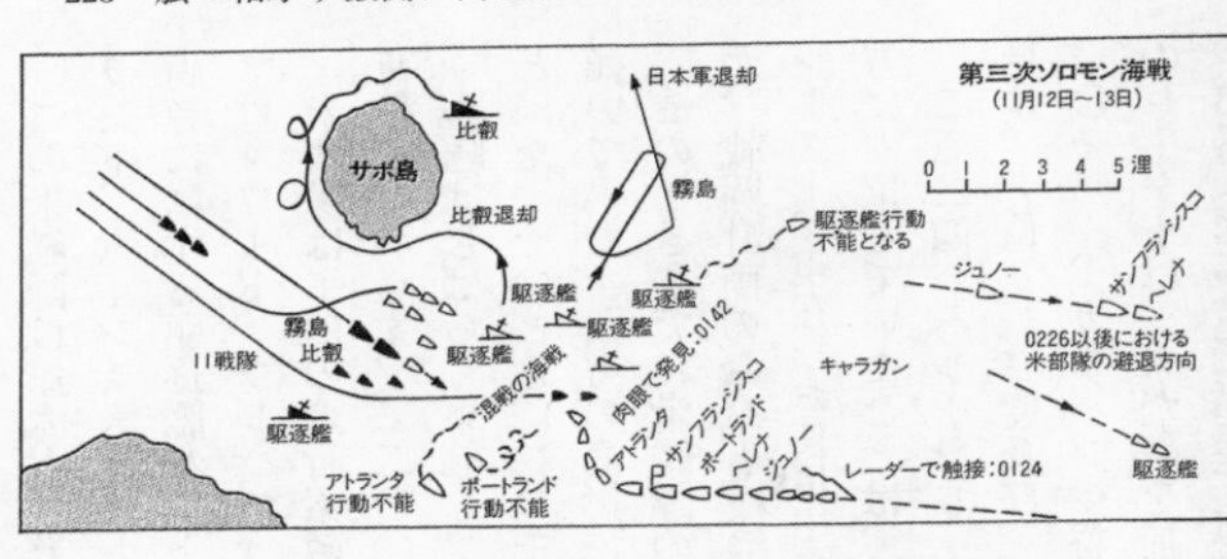

ったのである。

集中攻撃の的となった比叡

比叡は初弾発砲後、数斉射を射ったであろうか。大きな図体を全軍の先頭にあらわし、そのうえ全軍にたいする敵と味方の遮蔽の効果を兼ねて、探照灯という、あざやかな目標を提示した。そんな比叡はたちまちにして全敵艦艇からの集中攻撃の的となった。

発砲の激動、弾丸命中の震動、炸裂の轟音……一瞬のうちに上部構造物や艦橋、各射撃指揮所、高角砲、機銃砲台、各電信電話室、暗号室などが破壊され、戦闘艦橋から艦の内外に通ずる通信は、機械室に通ずる電話一本を残して、全部不通となってしまった。

このような情況では、艦隊の指揮統制はまったく不可能で、各艦各自の一騎打ちに任せるほかはない。いまや両艦隊の隊列は、まったく交錯し、あたかも十七世紀の英蘭艦隊の戦闘や、ネルソン時代の帆船時代の海戦のように、彼我入り乱れて、文字どおり舷々相摩す格闘戦に入っていった。

この状況を、角度をかえて米海軍側の資料から眺めてみよう。

この米艦隊は第六七任務部隊の一部、カラハン少将麾下の重巡サンフランシスコ、ポートランド、六インチ大巡ヘレナ、防空巡洋艦ジュノー、スコット少将麾下の防巡アトランタ、両者に属する駆逐艦バートン、モンセン、カッシング、ラフェイ、スターレット、オバノン、アロンワード、フレッチャーの、計大巡三隻、防巡二隻、駆逐艦八隻であった。

米艦隊は午前の飛行索敵により、日本艦隊の南下を知っていたが、日没までには輸送船の荷役が終わらず、二二〇〇にいたってようやく出港することができた。

艦隊はしばらく東航して輸送船団を護衛してから反転、西航して、日本艦隊邀撃の態勢をとった。そのとき、ソロモン海域には五メートルの東の微風が吹き、晴天で新月が淡く西に傾いていた。西方の島影には暗雲が低迷し、ときおり雷光が輝いていた。

このときまでに米艦隊の各艦長には、なんらの情報も伝達されていなかった。そればかりか、戦闘計画の命令も下されていなかった。そのうえ最新式のSGレーダー（対水上見張用レーダー、現在なお使用中のものがあるほどの新式のもの）を装備したヘレナやオバノンが後方に占位していたことは、日本艦隊を早期に発見するうえにおいて不都合であった。

二三二四、ヘレナはレーダーで、友軍でもなく陸影でもない二つの映像を捕らえた。「敵見ゆ、方位三一二度及び三五〇度、距離二万七千ヤードおよび三万二千ヤード」と報告した。

〇一三一、カラハン少将は針路を北に変針すべく下令した。当時、旗艦サンフランシスコのレーダーは、未だ敵を捕捉していなかったため、ヘレナとオバノンに敵状を問い合わせ、TBS（超短波通話系）は命令や報告およびこの問い合わせのため錯綜をきわめていて、必要な電話が即時に通達しないような状況であった。

二三四一、先頭の駆逐艦カッシングの艦首三千ヤードを左から右へ駆逐艦二隻が横切った。これが前路掃蕩隊の夕立と春雨であった。カッシングは衝突をさけるため転舵し、アトランタもこれにつづいた。カラハンはその行動をあやしみ、「アトランタいかにせしや」と問い、アトランタから、カラハン宛て「味方駆逐艦を避く」と答えが返ってきた。

大混戦が展開される中で

このようなやりとりをしている間に、日本駆逐艦は全日本艦隊に敵発見を報告し、つづいて比叡も二三四一、米艦隊を発見した。

米艦隊はとつぜんに変針したために大混乱をおこし、TBS通信系は輻輳（ふくそう）をきわめ、方位が真方位なのか艦首からの方位なのかわからなかった。このため米艦隊はますます混乱におちいり、射撃開始が八分も遅れしまった。カッシングの駆逐隊司令は、カラハン少将に魚雷発射の許可を求めたが、許可が来ないうちに日本駆逐艦は姿を闇に没してしまった。

二三四五、カラハンはようやく射撃用意を発令したが、二三五〇、日本戦艦の探照灯もアトランタを捕捉した。そして、たちまちにしてアトランタは日本艦隊の殺人的に正確な一斉射をこうむったのだ。アトランタの砲術長は「打ち方はじめ、反照はじめ」を叫んだが、日本艦隊の砲弾多数と魚雷一ないし二本が命中し、スコット少将および艦長以下多数が戦死した。

この状況の下で、サンフランシスコに坐乗していたカラハン少将は、やっと砲撃開始を下令した。「奇数番艦は右舷、偶数番艦は左舷の敵を攻撃せよ」しかし皮肉なことには、奇数番艦は左舷の日本艦隊を認めたが、右舷の日本艦隊を識別し得ないものがあり、偶数番艦がその反対のものもあって、またまた混乱の原因をつくってしまったのだ。

いまやバケツの中で、メダカをかきまぜるような大混戦が展開されつつあった。先頭艦カッシングは数斉射の射撃後、艦の中央に被弾したため、電力を喪失した。そのため針路を北に向けるとき、右舷艦首の至近距離に比叡をみとめ、人力操舵で距離一〇〇メートル以内で魚雷六本を発射したが、命中しなかった。

一方、比叡は、このときわずかに西方に変針中であったが、ただちに、この至近距離にあるカッシングを探照灯で捕捉し、わずか数秒間でこれを撃沈してしまった。

カッシングの真後ろを進んでいたラフェイは比叡に危うく衝突しかけて、魚雷を発射したが、近すぎて命中しなかった。そして比叡の舷側を航過するとき、二〇ミリ機銃を比叡のやぐらマストに浴びせかけた。しかし間もなく日本艦隊の一斉射、および一本の魚雷をうけて沈没した。

次のスターレットは、射撃をしながら比叡に対して二千ヤードで四本の魚雷を発射した。オバノンは左舷艦首に比叡をみとめ、一二〇〇ヤードの距離で比叡に猛射を浴びせた。このとき、カラハン少将から意味不明の命令が下された。

「射撃を中止せよ」オバノンは射撃を中止し、比叡に対し充分に照準したうえで二本の魚雷を発射した。比叡は距離があまりに近すぎて反撃することができず、オバノンの乗員は真っ赤な炎につつまれた比叡を至近の距離にながめて喝采した。

ついで沈みゆくラフェイの艦首を避けるため、左に変針した。このとき集中砲火をこうむった比叡は、戦闘不能の状況となり、北西に避退をはじめていた。重巡サンフランシスコは、右正横付近、距離二浬（かいり）以内の目標を砲撃、小型巡洋艦または大型駆逐艦に対して七斉射で全艦火の海と化さしめ、アトランタの仇をとった（多分この目標は「暁」と思われる）。

日本有利のスコア

なぜ、カラハン少将が射撃中止を命じたかは不明であるが、アトランタの艦上にサンフランシスコの砲弾が飛来したためであると思われる。サンフランシスコは、ついで比叡に対して数斉射を送り、射撃を中止した。

霧島はサンフランシスコを右舷砲火をもって猛撃し、サンフランシスコは右舷にも他の日本駆逐艦から有効な攻撃をこうむった。ついで一隻の駆逐艦が左舷を急速に反航して、上甲板の構造物を縦射した。これがためサンフランシスコは舵と機関のコントロールを一時喪失し、速力が減退した。

三方からのなだれのような砲弾の集中攻撃をうけ、カラハン少将、艦長、幕僚などの艦橋にいたほとんど全員が戦死した。

重巡ポートランドは、右舷の目標を攻撃中に一弾命中、ついで魚雷が命中し大被害をこうむった。軽巡ヘレナはポートランドと同時に射撃を開始し、サンフランシスコを猛撃中の、多分、長良と思われる目標を攻撃した。防空巡洋艦ジュノーは、他艦とともに二三四八から〇〇〇三まで砲撃をつづけ、カラハン少将からの砲撃中止の命令受領直後に魚雷が命中し、戦闘不能におちいった。

駆逐艦アロンワードは、右艦首七千ヤードの目標を射撃中、ヘレナと衝突しかかり、後進一杯でようやく回避。一・五浬の射程で目標が爆発し、沈黙するまで射撃をつづけた。この目標は多分、暁であろう。

次のバートンは五月二十九日に就役したばかりの新鋭駆逐艦であったが、魚雷四本を発射し、七分間射撃をおこなったが、日本艦隊が発射した二本の魚雷が命中し、艦体は二つにさけて沈没した。

つづくモンセンはバートンに続行、右舷艦首の戦艦に対して魚雷五本を発射、左舷の目標に対して五インチ砲を、右舷の駆逐艦に対して二〇ミリ機銃で応戦していたが、照明弾が自艦の上空で炸裂をはじめたので、その照明弾は味方のものと思いこみ、味方識別灯をつけた。そのとたんに破壊的な砲火がモンセンに集中され、魚雷と三十七発の砲弾の命中によって、燃えるハルクと化してしまった。

最後尾のフレッチャーは、優秀なレーダーを装備していたため情報にめぐまれ、適宜混戦場から避退して無事であった。しかし、全般の戦闘状況は、ますます凄惨をきわめ、照明弾の緑光、曳光弾の赤白い光が、弧をえがいて十字に飛び交い、火薬庫の大爆発が天に冲した。

暗黒の海面のあちこちで燃える艦艇は、火の柱を噴き上げ、硝煙は湾内にたちこめていた。〇一一五、カッシングは火薬庫に火が入ったため見捨てられた。スターレットは日本駆逐艦と一千ヤードで交戦し、二本の魚雷を発射、これを撃沈したと称しているが、該当する日本の駆逐艦はいない。アトランタには五十の大砲弾が命中し、さらに魚雷による被害があり、わずかに浮かんでいた。

かくして戦闘は〇〇三〇頃までにおおむね終結した。避退に成功した米艦隊はサンフランシスコ、ヘレナ、ジュノー（以上巡）、オバノン、スターレット、フレッチャー（以上駆逐艦）であって、インディスペンサブル海峡東口から南東に避退中であった。しかし、〇八五〇、伊号第六潜水艦の雷撃をうけ、ジュノーは瞬時にして沈没、ヘレナは根拠地に帰投の途中、損傷にたえられず沈没した。このときまでのスコアは、日本が断然有利であった。

全速後進の比叡

さて比叡は、米艦隊からの集中攻撃をこうむり、八インチ、六インチ、五インチの砲弾八十発以上が命中した。さすがに戦艦だけあって、機械室、罐室、砲塔などの装甲部はビクともしないが、上甲板以上の構造物は大損傷をうけた。

戦闘艦橋は前檣楼のほとんど最上部にあったから、比較的被弾は少なかった。これは本来なら、夜戦では下の夜戦艦橋をつかうのだが、主砲を大仰角で多数弾射撃する関係上、爆風と閃光による眩惑を避けるため、砲術参謀千早少佐の提言で、高所の昼戦艦橋で指揮することになったので、われわれがいま生き長らえているのも、千早氏のおかげだといえる。

しかし、戦闘開始後、間もなく先任参謀鈴木中佐は即死、司令官は負傷、司令部飛行長の大串少佐、砲術参謀の千早少佐らがあいついで重傷を負った。私と機関参謀の山下大尉とは、これらの人たちの間にいたにもかかわらず、微傷だにこうむらなかった。

最後に襲撃してきた米駆逐艦、多分スターレットであろうか——今でも一本煙突のマッコール型の特徴のある艦型をはっきりと想い起こすことができるが、一隻の駆逐艦が戦闘艦橋の高所から見ると本当に手の届きそうな数百メートルの距離から、猛烈な二〇ミリ機銃の掃射を浴びせてきた。

「伏せ、伏せ」と誰かが叫ぶと、艦橋全員がデッキに伏せる。ガラガラガランという命中音の連続、何秒たったのか、何十秒たったのか、不思議な静寂——。轟々たる砲声弾雨のうちにも、不思議な静かさがあるものだ。

我に返って身を起こすと、米艦はすでに闇に没して、弾丸も飛んでこなくなった。周囲を見まわすと、暗黒の中に死屍累々、誰一人として生きている者はなさそうだ（これは私の錯覚で、全部が戦死したわけではなかった）。外を見下ろすと、戦闘艦橋から下の前檣楼（やぐらマスト）は、全体が燃えさかって海に照り映えている。

海面を見て驚いた。比叡は全速で後進しているではないか。そうだ、最後の猛射をうける前、被弾のため舵が故障し、サボ島の方向に急転回したので、座礁を避けるため後進全速を令し、そのまま最後まで残っていた一本の電話線が切れて、後進全速が掛かりっぱなしということなのだ。

とたんに、私は身の毛がよだつような感じに襲われた。これは一大事、いま後進している方向は、敵の占領地フロリダ島の方にあたる。もしこの状態でフロリダ島にのし上げでもしたら、最悪の場合、暗号書や暗号機械、その他の機密図書、機密兵器類が敵手におちいる危険がある。それは単に比叡の安否問題だけではない。全作戦、全艦隊、いな日本の運命に関する一大事なのだ。

なんとかして艦を停めなければならない。艦の通信諸装置は、水線下にあるものを除いて全部破壊され、下部電信室の無事のものも空中線装置、引入筒やマッチングボックス等が破壊されて、艦外通信はまったく不能となり、通信参謀としての私の主務は、いまや果たすに由ない情況であった。

それに、いま比叡が重大危機に瀕している情況を知っているのは、私ひとりのようであったから、なんとか下に降りて、機械室と連絡をとらなければならない。私は下に降りる口をさがした。檣楼の内部は、もちろん火炎で降りるすべはない。艦橋の外周を見まわす。これも下から火炎がチョロチョロとなめていて、とても降りられそうもない。下から火焙りになりながら、比叡が座礁するのを座視するよりほかないのか。

あきらめきれずに、もう一度、艦橋の後部にまわって見る。と、信号兵が一人いて、後ろからなら降りられそうだと教えてくれる。なるほど後進全速の艦速による風にあおられて、後ろには火炎はあまりやって来ない。

意を決して、やぐらマストのほとんど頂上に近い戦闘艦橋から、シグナルハリヤード（信号旗を掲揚するのに使う細い組紐）の切れっぱしに吊りさがって、一気に二十数メートルを滑り降りる。まさに一世一代の曲芸で、暗夜と戦場の異状心理のおかげで、なかば無我夢中でやってのけたので、もう一度やってみろといわれても、やれるものではない。

比叡ついに自沈す

摩擦で手が熱い。手の皮の一部がすり切れてしまったが、そのときは何の痛みも感じない。でも無事に甲板に着き、機械室への降り口をさがしているうちに、運よく、甲板士官の吉田中尉にめぐり逢う。後甲板のバルクヘッドのところの電話が、機械室と通じると聞いて駆けつける。

機関長と連絡してすぐに機械を前進にして、後進の行歩（ゆきあし）を止める。そこに副砲長の柚木大尉など比叡の士官も集まってくる。機関長の松尾中佐にも上に来てもらう。私は、かいつまんで情況を話す。おそらく司令官、艦長、副長、航海長ら全部戦死されたか、とにかく指揮不能と思われる旨を話す。

私は司令部の幕僚で、比叡に関する指揮権はないが、いまや比叡の先任士官となった機関長の委任をうけて、操艦に任ずることになった。中尉、大尉時代に駆逐艦の航海長をやった経験が、この三万トンの巨艦の操縦にも大いに自信を持たせてくれる。

昭和16年、比叡の36cm主砲。大改装で仰角43度、射程３万5000mとなった

比叡の士官と衆議一決、ガダルカナルの味方海岸に到り、飛行場および敵の軍事施設を撃ちまくることになる。夜が明ければ敵の飛行場からの反復爆撃をこうむって、とても半身不随の比叡では脱出不可能と判断したからである。舵は利かないが、両舷の機械を適宜使いわけて針路を立て直し、ガダルカナルに向首する。

夜は次第に明けはなたれて、さわやかな熱帯の朝がやってくる。燃えつづける敵の艦からの煙があちこちに上がっている。夜が明けると同時に、敵の飛行機がやってくるだろう。そうなれば、高角砲も機銃もきかず、回避しようにも舵もとれない比叡の人も艦そのものの運命も、はかり知れないのだ。私は急に、いままで忘れていた煙草(たばこ)が無性に欲しくなった。ポケットに手をやったが生憎ない。甲板士官に無心すると、ガンルームにいくらでもあるという。持って来てもらった煙草のうまさ、よくまあ、あの激闘の中に生きていたものだ。

そのうちに、艦が私の操艦どおり動かず、徐々に回り出した。おかしいと機械室にただすと、前檣楼の火災もようやく下火になって、艦長が司令塔まで降りて来られて操艦をはじめられ、この海面から脱出することに決められたという。この分ならば、それも可能かも知れない。それならば私の操艦の任務も終わった。一瞬、気が抜けたようになる。重傷の司令官も下に降りられたという。

かくて比叡はサボ島の西側まで避退することができたが、急に右回りをはじめた。いままで、とにかく人力操舵で舵を中央に保つことが可能であったのに、浸水のためそれが不可能となって、舵がバランスドラダーであるため、面舵一杯まで流れてしまったためであった。

比叡は舵の応急修理につとめたが、舵取機械室の防水、排水は成功しない。そのうち雪風と、哨戒隊であった二十七駆逐隊の時雨、白露、夕暮が救難のため、比叡の周囲に集まってくる。司令官は救難作業全般指揮のため、雪風に移乗される。そのうち敵の空襲がはじまって、午前中に約七十機の攻撃をうけたが、命中は三発で被害は比較的軽微であった。

しかし一二三〇ごろ、艦上攻撃機十機の雷撃をうけ、右舷前部と機械室に各一本、魚雷が命中して傾斜を増す。警戒駆逐艦も、至近弾や銃撃のため被害を出しはじめる。比叡の応急修理の見込みは立たない、という情況で司令官は意を決して、乗員全部収容のうえ比叡の処分を連合艦隊司令部に電請される。連合艦隊との間にやりとりがあったが、結局、比叡は夕刻、キングストン弁を開いて自沈した。

比叡の自沈に関して、過早に放棄したのではないかとの議論があり、司令官と比叡艦長は間もなく予備役に編入された。司令官の判断は、敵の飛行場の真下の海面で、これ以上頑張ることは結局、警戒艦および人員に被害が増加するばかりなので、自らの全責任において処分を決意されたもので、責任を問われ予備役に編入されたとはいえ、自らの処置の妥当を信じ満足しておられると思う。

西田艦長は艦の処分に際し、再三、延期方を具申し二度までは許されて応急処置に努力されたが、三度目の司令官の大局的見地からの命令に従い、総員退去の命を艦員に下された。しかも艦員の切なる願いにもかかわらず、艦と運命を共にすべく唯ひとり艦上に残られたのである。

司令官は艦長一人を残すに忍びず、大尉の分隊長を派遣し、比叡の救難作業に関する報告を司令官に行なうため来艦するように厳命し、命令によって強制退艦させたのである。

自沈処分の当否に関しては、私も当事者のひとりとして論評を避けるが、西田艦長に関しては、法的にも道義的にも、まったく責任はないことを明言しておきたい。

サボ島沖「霧島」至近距離砲戦の果てに

再度企図された戦艦によるガダルカナル飛行場砲撃行の結末

当時「霧島」応急指揮官・海軍少佐　吉野久七

戦艦霧島は、緒戦のハワイ空襲から機動部隊に編入されて諸海戦に参加した。しかし、ハワイ奇襲の出撃に航空機用魚雷の完成がやっと間に合ったくらいだから、だれしもこの大戦が航空機の時代であり、戦艦時代はもはや過ぎ去っているとは考えていなかった。

したがって水上艦艇との遭遇戦にそなえて、高速の比叡、霧島、金剛、榛名の同型艦が主作戦部隊に加えられたのであるが、開戦後、翌年四月までの第一段作戦のころには、北太平洋から南太平洋、インド洋へと縦横に疾駆して、母艦のお伴をしたのみであった。

そのあまりにも順調すぎる勝ち戦さに、われわれ乗員は砲の手入れをしながら、髀肉（ひにく）の嘆をかこっていたのである。

ガダルカナル島の死闘

ガダルカナル島の争奪戦は、昭和十七年八月七日、完成まぎわのわが飛行場が敵によって占領されたことにはじまる。明くる八日、第八艦隊が荷役護衛の敵艦艇を夜襲して成功をおさめたが、肝心の敵の揚陸を阻止することはできなかった。

その後、大船団をもってする日ごとの飛行場の強化に、敵の意図はようやく明らかとなってきた。そこで、ガ島の重要性にかんがみて、わが方もこれを奪回することに決意。以後、昭和十八年二月の撤退まで、ガ島をめぐって日米間に十数回の熾烈な海戦が行なわれることとなり、輸送達成のために本艦もその犠牲となった次第である。

さて内海にあって航空部隊の再建にやっきとなっていた機動部隊は、この米軍のガ島上陸の報を得るや、陸上基地で訓練中の飛行機を収容、八月十五日、故国をあとに一路南下し前進基地トラックに進出した。

さらにトラックを出撃してガ島に接近し、八月二十四日、第二次ソロモン海戦を戦って敵の空母サラトガ、エンタープライズの二隻を大破炎上せしめたのであった。

ガ島飛行場占領の敵は航空機をもってわれを制圧しながら、堂々と増援補給を継続するのに対し、飛行機と飛行場が不足のわが軍は、大発や駆逐艦をもって、いわゆる蟻輸送や鼠輸送をやらざるを得ないありさまであり、彼我の戦力は日ごとに格段の差がついていった。

陸軍部隊は九月十二日、飛行場へ総攻撃を決行したが、一部の軽装兵が突入したのみで、全線にわたり避退のやむなきにいたった。この失敗の結果、ジャワより第二師団が増強され、十月二十一日をもって総攻撃を予定し、海軍の特別協力をもとめてきた。よって比叡、霧島が次回に挺身出動することになったのであった。

二次改装後の霧島。主機関の換装と艦尾延長により30ノットの高速戦艦となった

すでに十月十三日夜の金剛、榛名の砲撃により、敵の飛行場は覆滅され、もはや敵の基地よりの空襲の危険はなくなったものと判断された。

時をうつさず機動部隊は、ガ島東北海面へ南下した。ガ島背後に策動している敵は空母三、戦艦二、駆逐艦八と推定された。

南雲忠一機動部隊司令長官はこの海域を十日間にわたり、艦隊を南北に遊弋させて敵を誘導し、出撃を期待した。

十五日には巡洋艦一隻を発見し、これを撃沈したが、以後、敵の消息は杳として知ることができなかった。

十月二十四日午後二時、B17の九機編隊が霧島へ来襲したが、転舵により損害は受けなかった。

二十六日未明、空母一ほかの大部隊を発見、間髪を入れず攻撃隊を発進させ、一隊は空母ホーネットに大火災をおこさせ、行動を不能におちいらしめ、さらにまた別の集団には空母一大破、戦艦や巡洋艦等を大破せしめる戦果をあげた。

ついで航空戦の戦果を拡充するため、夜戦部隊は高速をもって敵を追跡したが、すでに敵影を見ず、空母ホーネットは火炎におおわれ傾斜しており、捕獲曳航を断念した。

重巡筑摩は味方部隊の最先端を航行していたため、艦爆三十機が来襲して、相当の損害をこうむった。しかし傾斜を復原して、ようやくトラックに帰着することができた。

この南太平洋海戦の戦果により、ミッドウェー以来の沈滞した士気が一度に昂揚し、帰路の月光に輝く海は、まことに爽快、南方の洋上でなければ見られぬ絶景であった。

このたびの海戦にはミッドウェーの戦訓を生かして、空母を分散し、各艦の展開距離をまして敵機の判断をくらましたこと、また哨戒を厳重にして敵発見とともに間髪を入れず、攻撃隊を発進せしめたこと、また長官の第六感ともいうべきか、敵の攻撃を予知して反転、北上したことなどが、勝利の原因とみとめられた。

これでほぼ勢力伯仲の海戦においては、断じて米国に負けをとらずという確信を強め、ミッドウェーの溜飲を下げた次第であった。

第三次ソロモン海戦

海軍と相呼応した陸軍の十月二十三日の総攻撃は、人跡未踏の大ジャングルと嶮峻な山岳、食糧不足と病者続出に、部隊はまったく疲労困憊し、かつ重火器の不足で、とうてい敵に太刀打ちできない状況であった。

このような状況下に、再三のガ島奪回の失敗にもかかわらず、なお無理と知りつつこれをあきらめ切れず、奪回のための輸送計画が立てられた。

十一月十一日午前、哨戒機はまたもルンガ泊地において荷役中の輸送大船団を発見した。よって比叡と霧島の二戦艦をもってこれを砲撃させることになり、両艦および駆逐隊はマニング海峡を抜けてサボ島の西側に出た。

時に十二日午後八時、猛烈なスコールである。

島影などまったく見えない。

これより先、哨戒機からの報告では、敵の戦艦二隻、重巡二隻、駆逐艦八隻が、ガ島南方海上にあることがわかっていた。砲台員はすでに飛行場砲撃のための三式弾を用意し、満を持して急場にのぞめる姿勢である。

しかし、このスコールではどうにもならない。鍛えた夜戦の目にも、咫尺を弁ずることが出来ない。電探またガ島形状を認めるのみである。

艦隊は反転した。出なおしだ。だが飛行場を目前にぶじ進入しておりながら、無為に引き返すとははなはだ残念なことである。

視界はややよくなりそうである。決然としてさらに反転して、予定地点に向かった。万一、擱坐衝突があってはならぬ。目は皿のごとく全神経は前方にむけられ、咳ひとつしない。

午後十一時、計画地点に接近、間もなく飛行場に対して砲撃を開始せんとしているとき、黒雲の切れ間に敵艦が見え出した。陸上から艦へ砲撃目標をかえねばならない。この口径三六サンチ主砲用の重量物を、そう簡単に移動するわけにはいかない。指揮所からは急げの怒号。せまく暑い艦底の弾薬庫は、まさに必死の大作業である。

高速で、狭い海面を往復しての編隊の射撃、しかも敵地であるから容易なわざではないが、いちずに飛行場砲撃のみが頭にあったのではなかろうか。また情報の不徹底、遅延もあろう。油断といえば油断。柳の木の下のようなやり方で、考えてみると無念至極といわねばならない。敵は巡洋艦六、駆逐艦八。距離二千ないし五千の至近距離である。

味方が射撃準備変更に周章狼狽しているとき、電探をもって待ちかまえていた敵は、照射もせず一斉に砲撃を開始した。

機先を制せられた比叡は、集中砲火のためにたちまち前檣に火災を起こし、砲戦指揮不能となり、ついで舵機室に被弾浸水、艦は回頭しはじめた。主機械停止。部隊指揮を霧島艦長にゆだね、戦列を脱落せねばならぬ破目となった。

霧島は先頭に立ち、後続の艦とともに一時間にわたり力のかぎり善戦善闘、会敵した艦の全部を撃破した。

開戦後、初めての戦闘ながら、長い間の苦しい訓練の腕前にものをいわせて、いかんなく戦力を発揮し得たのであった。しかも一発の被弾もなく、負傷者、事故もなかったことは不思議なほどである。しかし戦場の心理状態は、やはり異常である。曳痕弾が自分の眼鏡に集中してくるように見えるのであるから。

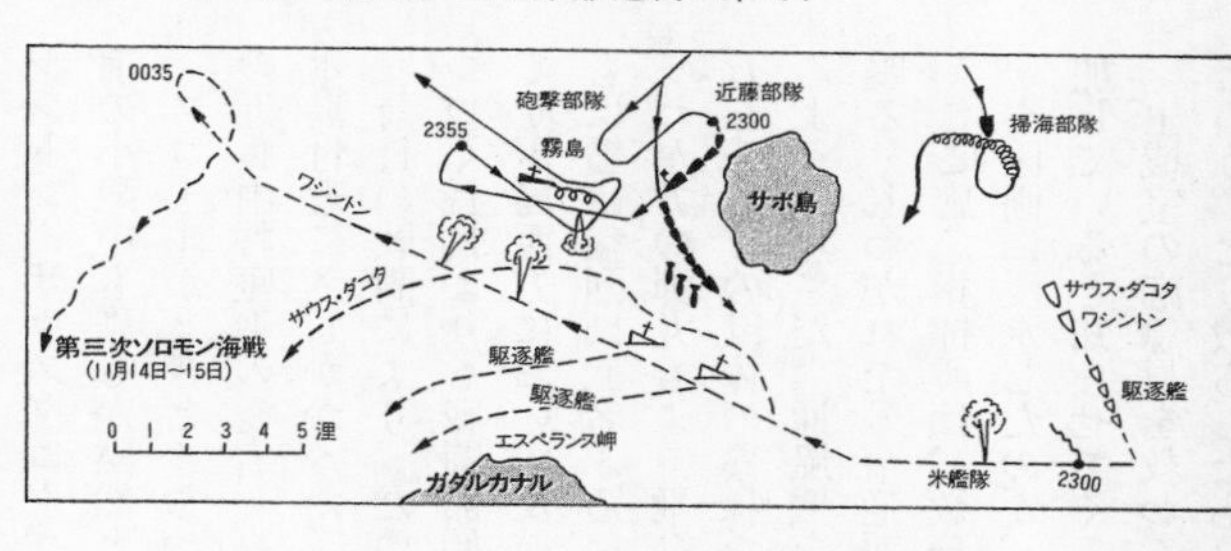

二十七分間の砲戦の果てに

さて、戦いすんで損傷の比叡はやむを得ず残すことにして、翌朝（十三日）の空襲を避けるため、わが霧島は急ぎ北上した。

ようやくにして敵空襲圏を脱出したので、士官室のソファーに横になっているとき、舷側の衝撃音におどろかされた。驚いて上甲板に出てみると、魚雷が士官室下部の主機械室舷側に激突して、艦と平行に走っているではないか。

個所が個所だけに、本艦の命取りとなるところ、ちょうど南下の際とおなじマニング水道を抜けようとするところで、敵潜が偵知して待ちかまえての発射らしく、見事な命中であった。

しかし、頭部の炸薬が不発であったことは、まったくの幸運であった。艦にも私にも――。

ソロモン列島線より数時間北上したとき、あらたな命令をうけた。ふたたび反転して昨夜の戦場にむかい、集結しつつある敵水上部隊を撃滅して、緊急輸送船十一隻を送りとどける役である。比叡のかわりとして重巡愛宕と高雄が先駆け、護衛として軽巡川内、長良、駆逐艦九隻、指揮官は近藤信竹中将である。

一方、敵側の情報はどうかというと、ガ島付近に最新型戦艦ワシントン、サウスダコタ、空母一、駆逐艦八がガ島に向かっていることもわかった。戦いの前の小憩中も誰もが黙然として語らず、すでに心中深く決意しているもののようである。

スコールがときどきやってきた。海面は油のごとく、航跡の白線が気がかりである。先導の近藤中将座乗の愛宕、高雄は、日没後に霧島の後方につき、十一月十四日午後十一時、サボ島付近にさしかかった。

前日の戦訓により、だいぶ離して先行させた先駆けの川内より、すでに敵と交戦中の報。つづく長良よりも戦闘開始の電報が入ってきた。会戦のときは刻々とせまってきた。はたしてサボ島西方において反航の戦艦と遭遇。ただちに右砲戦開始。三十ノットの戦闘速力とともに艦は猛烈に武者ぶるいする。

わが方の弾丸もよく飛び出しているが、敵弾もわが方に当たっているのが感じられる。三万五千トンの巨体の異様な震動。いまや、まさに寸秒の余命。轟音は耳を聾し、熱風は焼けるような熱さだ。通風機をかけておれない。やめると汗は淋漓（りんり）として流れ、心臓の鼓動は高鳴る。しわがれた号令通報が伝声管をつたわってくる。

ここ応急指揮所は、数分たたぬ間に前後部各所より火災を報じてくる。後部主機室よりは、浸水刻々に増加していると知らせてくる。

小区画に浸水したのか、右舷に静かにかたむいてくる。

主機室の応急員を救わんと人をやったが、堅（かた）くとざした防水扉を開けるのは不可能であるという。とり散らした応急電纜は、消火海水にひたって漏電し、歩けない。間もなく艦長よ

比叡から撮影した霧島。第二次改装で連続射出が可能となり水偵３機を搭載

り、「一番砲塔弾火薬庫に急ぎ注水せよ」との緊急命令だ。急げ急げとしきりに怒号が伝わってくる。毛髪がさかだち冷水を浴びた感じだ。

弾火薬庫の誘爆が、一瞬にして巨艦をフッ飛ばした戦史の戦訓は、頭いっぱい詰め込まれている。いまかいまかと切羽(せっぱ)つまって、息の止まる思いだ。注水は間に合った。熱気は四十五度、咽喉(のど)はかすれてカラカラとなる。後部が沈下していく。右の傾斜がどのくらいで止まるのか判断がつかないが、大したことはなさそうだ。

火災は消しとめられた。砲声はとまった。砲戦開始より何時間たったろう。わずか二十七分であった。

艦橋へ呼ばれて、マンホールを押しあげて上がれば、上部構造物はめちゃめちゃに破壊され、その間に戦死者が横たわっているようだ。あたりは真っ暗闇。どこに足を踏み入れてよいかまったくわからない。

魚雷艇を警戒して、火気の厳禁をどなっている。岩淵三次艦長は機械室、罐室注水を決意された。至近距離の会戦であったため、砲弾は右より左に直通しており、機関部にはなんら被害なく、「総員上甲板へ」の号令でぞくぞく上がってくる。暗闇の上甲板に下の各所の出口から集まってくるが、一人として声なし。

君が代を斉唱し、艦長の音頭で聖寿万歳を三唱する。ときに午前一時三十分。後部両舷に駆逐艦がついたが、暗闇の転乗で、ことに負傷者の運搬は遅々としてはかどらない。

艦は傾きはじめ、あっというまに巨体は転覆し、たちまちにしてサボ島の海へ深く吸い込まれていった。

艦長は自沈の処置を報告しなかったから、司令部には沈没の理由が納得できない。過ぐる南太平洋海戦に「ホーネットを曳航せよ」との長官命令をうけた艦長は、曳航の準備をしたのであるから、ぐずぐずしては捕獲されるものと、こうした決断に出られたものであろうと考えられる。

岩淵艦長はその後、マニラの市街戦で鬼神のごとく奮戦して、散華されたとつたえられた。大野小郎副長は帰還後、内海で訓練中、陸奥爆沈により死去された。

この夜戦において、米側は四隻の駆逐艦を失ったのみという。おそらく敵の最新型戦艦二隻と艦齢二十七年の戦艦一隻との対戦となれば、こうした結果となるのであろう。しかし愛宕、高雄が損害をうけず帰還したのを見れば、期待された魚雷戦がいっこうに成果をあげ得なかったことに、疑問をもつのである。

悲劇の残存艦隊と戦艦「榛名」の奮戦

マリアナ沖レイテ沖と砲煙弾雨の中を生き残った高角砲員の戦闘日誌

当時「榛名」四番高角砲員・海軍二等兵曹　松永守道

昭和十九年五月二十日　総員後甲板に集合、朝礼のとき、副長よりの伝達あり、「本朝午前零時、艦隊は作戦を開始し六時間待機中なり」と。称して今回の作戦を「あ号作戦」、決戦の場所は内南洋。ああ、御稜威(みいつ)輝く朝ぼらけ、なびく軍艦旗のもと誓って頑敵を撃滅せん。身はたとえ内南洋に沈むとも、魂魄(こんぱく)は留って必ず祖国を護らん。真に皇国の興廃この一戦にあり。我は己れの職分を完全に果たすべし、生死は天にあり。他に何をか思わん。

五月二十三日　敵艦捕獲隊員立付あり。捕獲隊長＝五分隊長。六分隊よりの隊員＝青木兵曹、内水長、梅崎水長、谷口水長、小平水長、福田水長、古賀水長、松永（自分）。携行品＝戦闘服、脚絆、鉄兜、防毒面、剣、雨衣、二号救急嚢。六分隊はランチ乗艇、総隊員九十名。

五月二十四日　午後、砲術長訓話――要点、仲良く元気に朗かに真剣にやれ。

分隊長より今回の戦闘法の説明あり、艦隊は輪形陣をとる。弾丸は空母を狙う敵飛行機を射つこと、自艦防衛は後まわし。敵機の急降下機、雷撃機、超低空機、水平爆撃機の順に射つべし。

五月二十七日　海軍記念日。午前は遙拝式、軍歌斉唱、第二課業、午後は休業である。意義ある海軍記念日を、ここ前線基地タウイタウイにおいて迎う。興廃をこの一戦に担う秋、まことに感無量なり。現敵必滅、ただ職責完遂に邁進せんことを更に固く誓うだけだ。

五月三十日　誘導部隊出港、登舷礼にて見送る。扶桑、五戦隊妙高、羽黒、駆逐艦三隻。

六月九日　夜の一時ころ、わが駆逐艦、敵潜の放った魚雷により轟沈、艦内哨戒二配備。

六月十日　巨艦武蔵、大和出港、登舷礼にてこれを送る。駆逐艦の負傷者多数が乗艦。タウイタウイにおいては、味方駆逐艦六隻やられしとか。

六月十三日　タウイタウイ出港（午前十時）――在タウイタウイ艦は本日総出港である。ドイツは東部戦線にて大進撃中、今また我は、内南洋に米艦隊を撃滅せんとす。東西相呼応し反枢軸軍必滅の日近し。

　時はよし所もよろし此の旗の　御下に死なむ我もますらお

六月十五日　朝食時に艦長の訓示あり。敵は本朝来、サイパンに上陸しつつあり。味方飛行機はこれを撃滅すべく基地より攻撃に向かう。また今朝八時、豊田連合艦隊司令長官より〝皇国の興廃此の一戦にあり、各員一層奮励努力せよ〟の令来たれり、と。

ああ、あの日あがったZ旗を、父が仰いだ波の上、今日ははしなくもその子が仰ぐ。日本男児と生まれ、この千載一遇の光栄にあう。誰か渾身（こんしん）の努力をなさざらん。誰か懸命の奮闘をなさざらん。弾丸つき、骨砕くとも必ず敵に勝たん。決戦の日は目前に迫る。月々火水木金々の練磨も、この日のためのものなり。

夜、須之内班長より遺言を書くようにいわれるが、自分は海兵団入団のときより遺言はすでに系図に書き残してある。母はいかに年老いるとも武士の母である。必ずやわが心を知っていてくれるであろう。在来の不孝を深くお詫びするだけである。今はただ胸中を占めるもの、敵を倒さんことのみ。

六月十七日　課業はじめに当たって分隊長より戦況につき説明あり。敵は戦艦八（うち二隻は最新鋭）、空母十五、六隻、巡洋艦不明、駆逐艦数十隻よりなる機動部隊にして、マリアナ方面に進出中、本艦隊の行動をしり西へ引返し中なり、と。

午後三時、哨戒当直中、艦隊の針路を変針すとの指揮所よりの報告あり。艦隊はこれより敵に向かって進撃を開始する。

六月十九日　大洋の朝もまだ明けそめたころ、味方水偵より敵空母発見の第一報入る。水平線には薄く雲がたな引き、太陽はどんよりと照るが、中天には積乱雲がぐいぐいと現われ出る。艦は相かわらず急速力でぐんぐん進む。もう二十ノット以上か、前甲板には白い波頭がどうどうと打ち上げる。

扶桑は一隻、艦隊を離れて遅ればせである。もしやられては味方士気に甚大な影響ありとて、後部戦線に後退せしと聞く。この大戦闘にあたり老朽艦であるがゆえに戦列を離れる。

扶桑乗組員の心情察するに余りありというべきか。

それに比べて我は何たる幸福者か、日本男児と生まれ、この皇国の興廃を担う大海戦に参加し得たり、しかも本戦闘の最も花形たる対空班の高角砲信管手として砲台に立つ。よし千載の青史にその名を残さずとも、我は信管手輪を最後までまわさん。自己の職責を果たし、この信管手室に斃れん。

七時二十六分、千代田より第一次攻撃隊十八機が発進する。砲台の我らはもとより、非番の機関科兵まで全員、真白き海軍帽を振って見送る。思わず目頭のあつくなるのを覚えた。

八時ころにスコール来襲、味方偵察機より敵空母四、戦艦二、その他十六隻発見の報入る。神は敬うべきものにして頼るべきものではない。天佑神助は戦いにおいて求むべきものではない。我はただ、自分の本分を尽くせば足りる。敵は何百万おろうとも見敵必滅、やがてワシントン入城の日も遠からずや。

八時半ころの敵兵力は、空母四、戦艦五、その他数十隻なり。ちょうどこのとき「左対空戦闘」の令がかかったが、まもなく「打ち方止め」のため発砲せず。

十一時四十分、戦闘配食。砲員の意気ますます盛ん、すでに敵を呑む。

さきほど出撃した攻撃隊は、四時を過ぎてもその半数いまだ帰らず。時折り一万メートルくらいの所に黒煙が上がる。攻撃機に味方の位置を知らせるものである。

夕暮れ六時半ころ、本艦一号飛行機（零式水偵）が帰艦する。搭乗員の報告によると、敵空母四隻は無傷、発着不能のもの一隻、その他の空母は位置発見できずとか。二号飛行機はいまだ帰らず。

千代田の搭載機八機帰艦す。夜に入って、本艦二号機が午前中、左一七〇度の海中に落ちたとの情報入る。

あ号作戦の敗北

六月二十日　敵はすでに近接し、彼我とも海戦区域に突入したるも、いまだ敵の姿を肉眼に捉らえることは出来ない。三時ころにいたって、千代田より一個中隊の攻撃機が発進する。皆そうとうの爆弾を抱けるために、甲板より離れた瞬間、グーッと下にさがりハッと思わせるが、そのまま上昇する。敵空母を存分に叩くことを祈るだけだ。

五時きっかり「配置につけ」の令下る。また訓練かと思っているうちに、全く突如、ダンダンダンと耳をつんざくように射撃の音がする。いつのまにか忍びよった敵機の機銃音だ。

やがて五時四十分、わが方にも「打ち方始め」の号令がとどろく。はじめ信管基針、グルリグルリと大転回をするが、なかなか追針がつけられない。だが標準がきまると、途端に第一弾発射、つづいて後は、ただ射ちまくるのみである。槍ぶすまならぬ真っ赤な弾幕――右に左に前後上下、高角砲、機銃、主砲、副砲、ありとあらゆる銃機が猛然と火を吐く。

しかし烈しき爆裂音の轟々(ごうごう)たる最中、突如、グァーンと艦は左に大きく傾いた。アッ魚雷にやられたか？　と思った瞬間、ザーッと至近弾の水柱がくずれて、頭上といわず砲身といわずかぶさってきた（後で聞くところによると、錨台付近の至近弾なりし由）。

公試運転中の高速戦艦榛名。排水量３万6259トン、速力30.2ノットを発揮

耳を聾する炸裂音の中に、敵機は右から左に飛来し、機銃の弾丸は雨あられのごとくこれを追う。ちょうどその時だった、無念にも動力電流がとまったのは。直ちに四番砲手に左舷に切り換えさせるも効果なし。こうなっては人力起動に頼るより仕方がない。みすみす敵を前にして射てざるを、地団駄ふんで口惜しがる砲員たち。

とまた後甲板の方でグァーンと敵弾命中、その反動で身体がドンと上がる。後で被害状況を見ると、後甲板の艦長昇降口付近に三ヵ所の二五〇キロ爆弾の大破口があいていた。このため後甲板は大なる起伏を生じ、機関兵に重傷戦死する者多く、また五分隊の応急班員も数名窒息死した。一号機は無残や同隊は真二つに折れ、搭乗員は黒焦げとなる。

かくて五十分、打ち方止め。鏡を出してみるに顔色いささかも青ざめず、心もおじず、初陣ながら肚のすわれるのを嬉しく思う。空はようやく黄色にそまり暮色は迫った。かくて戦闘開始にあたり上がった戦闘旗は、スルスルと後檣よりおろされる。第一配備のまま哨戒、夜戦に備う。

七時ころふたたび配置につけ。敵の第二次攻撃か。途端に擬瞞弾のごとき弾丸が左舷方向に炸裂し銀色の鉄片雨のごとくふりそそぐ。まるで花火そのままである（後で聞くに対空三式弾とのことである）。待つまもなく、味方の機銃がこれに応射する。つづいて高角砲、わが四番砲も劣らじと射ちまくる。昼間は五秒より二十秒の間に発射したが、今度はほとんど五秒間隔にてつるべ射ちだ。

猛烈な応戦に敵機も避退したのか、やがて打ち方止めの令下る。このとき敵はすでに我が重油船を攻撃し一隻炎上、左舷の方に向かってボーッと火の手を見ては無念やる方なし。しかし本艦隊は敵艦隊を急追中なれば、これの救援に赴くこともできず、油か火薬かに火がついたのか、十時ころには火勢ますます盛んになり、やがてその火も夜の帳（とばり）りからかき消えた。南十字星も半ば黒雲にかくれ、この痛ましき犠牲を弔うかのごとく、寂しく明滅す。

今日の戦闘において、わが四番高角砲は合計五十五発を射つ。交互打ち方のために奇数発となる。射ち落とした敵機、この目に確かめたもの三機。

六月二十一日　今朝早くから数度にわたって戦闘配置についたが、大した激闘もなし。今回の来襲敵機はF6Fグラマン海軍戦闘機（単発、全幅十三・〇メートル、最大速力三五〇ノット）なり。

なおこれと戦う本艦の速力は以下の通りである。原速十二ノット、強速十四ノット、快速十六ノット、一戦速十八ノット、二戦速二十ノット、三戦速二十二ノット、四戦速二十四ノット、五戦速二十六ノット、全速三十ノット。
六月二十二日　五時半起床、午前中に後部中甲板を片付け中、操舵員二名の死体を発見する。

マリアナ沖海戦は終わった。士気は戦う以前から敵を圧倒し、必勝を期した戦いだったが、物量においてもパイロットの練度においても劣っていた日本海軍の敗北に終わった。しかしこの一戦に生命を賭して戦ったことが、自分にとってせめてもの慰めである。

艦隊は一週間前の偉容はなく無残だった。生きのびた艦船は無念の想いにとらわれつつ帰途についた。午後一時半、那覇入港。港内にて駆逐艦四隻に給油、あたかも母親の乳房にすがる幼児に似てほほえましい。なお弾薬食糧などを他艦にうつす。

噂によれば、空母大鳳は魚雷二発で轟沈、飛鷹、翔鶴も姿をみせず。基地飛行機は雷撃に行った帰り、途中に待ち伏せしていた敵機の餌食となったもの多数とか、本艦および摩耶は敵爆弾をうける。重油船一隻沈没。千代田も後部に銃撃をうけ、搭載機炎上。今のところ判明せし我が方の損害、だいたい右のごとし。

われ捷号作戦へ出撃せん

六月二十三日　午前十時、艦隊は那覇を出港、柱島へ向かう。夜間に入り、戦死者の水葬をおこなう。左舷後部ダビッドは白布におおわれ、甲板には道板の上に寝棺を並べ、その上に「故○○の墓」と記し、さらにそれを軍艦旗にておおう。
七時になれば後部の軍艦旗は半旗の礼をとり、衛兵隊の弔銃は悲しくひびき、棺は同時にダビッドより海中に没す。艦長以下居並ぶ一同挙手の礼にて別れを告ぐ。風は激しく、あたりは暗闇をうねる波の音ばかり。空には皎々たる三ヵ月の上弦にかかるのを見る。明日午後に佐世保入港の予定。
六月二十四日　榛名と駆逐艦二隻、なつかしの母港佐世保へ入港、直ちに上陸す。
七月一日　任海軍二等兵曹。先任下士官、分隊長、分隊士に挨拶に行く。
八月七日　榛名出渠。いままでのドック入りは、マリアナ沖海戦における被弾個所の修理と機銃増設計九十四基の取付けのためだった。修理改装された現在、全艦ハリネズミのごとく、天甲板以上はいずこも機銃の見えない所はない。
八月十五日　ふたたび佐世保出港の日は来た。いずれへ向かうか、進路を西にとって午前十時出港。新副長・機関長兼務の松原中佐着任。
八月二十七日　佐世保出港いらい旬日、途中敵潜の警戒に当たりしも被害なく、かつてバルチック艦隊の寄港せしカムラン湾に立ち寄り、なつかしの昭南セレター軍港をすぎ、いま一路リンガ泊地へ向かう。艦は修理に万全を期したため震動はないが、速力三十ノットは出ないとか。夜の八時、中継地リンガ入港。
八月二十九日　黎明訓練、配置教育、薄暮訓練。今朝の艦長訓示にあったごとく、まず技量の練磨である。最良最大の戦闘力が発揮できるよう死力をつくして訓練に猛進すべし。

荒天下をゆく榛名の36cm主砲。砲身上に見えるのは８cm外膅砲。前方は霧島

分隊長の話によると、今回の作戦は水上艦隊をもって主力とし、味方は航空戦をおこなわず。航空兵力は頼むべからず、頼むほどの兵力をもたないからである。われは我が対空砲火にて敵を撃滅し、敵艦隊中に突入してこれを殲滅することにある。

ああ、祖国防衛の線は、まさに日本列島に迫らんとするとき、味方には飛行機少なく、艦隊のみをもって敵を撃滅せんとす。何と悲壮なる決意か――やるべし、量の劣りは質をもって完全に敵を屠るまで。

九月十日　午後三時、出撃訓練のため出港。本日は電測照明射撃をおこなう予定。しかし途中で予定はにわかに変更、一路錨地へ帰投して、臨戦準備第二作業をおこなう。やはり敵はダバオに上陸中、本艦は今日明日中に完全にマントレットを行ない、不要物資の陸揚げをおこなう。

九月十一日　今日も作業の残りをおこなう。課業はじめに当たって副長の説明あり。本作戦は捷一号作戦と呼称する。正午ころになって、昨日の警戒態勢取り止め。味方の誤認なりとのこと。ああ、かつて水鳥の羽搏(はばた)きに敵が来れりと軍を退走せしめた平家の公達を思う。

九月十四日　艦内に擬似赤痢患者発生せり。

十月六日　終日、外舷の手入れ、日光消毒に終わる。生も死も脱しきったはずの我が心にも、やはり戦場の郷愁が湧(わ)く。ハタハタと翻(ひるがえ)りながら夕陽を浴びて静かにおろされる軍艦旗を仰いでは、身に凛然(りんぜん)としたものを覚え、日本海軍軍人であることに無上の喜びを感ずる。月まどかなる夕べ、遠く故郷の母を思えば母の面影にこやかに我が眼に浮かぶ、我も人の子なり、母上の健在なることを思い、夜、葉書一通をしたたむ。砲台甲板に一人たたずみおれば、どこやら虫の音澄みてきこゆ。

十月十六日　捷一号作戦にのぞむに当たって、本艦の上長述ぶれば左の通りなり。

艦長＝海軍少将・重永主計、副長＝海軍中佐・松原重行、砲術長＝海軍中佐・権平正男、六分隊長＝海軍大尉・長友安邦、甲分隊士＝海軍少尉・大沢滝夫、乙分隊士＝兵曹長・了徳寺幸。

十月十七日　出撃を前にして神嘗祭(かんなめ)を祝う。十時十五分遙拝式、御下賜の酒を頂く。このあと艦長の訓示あり、「敵は本朝来、比島に上陸中である。艦は命をうけしだい出動する。

ただ艦長の気にかかることは、新しい電測、水測兵器の使用の一点である。これに使われず、これを充分に使いこなす努力を望む。長い伝統的訓練のため、ほかのことには毫末の不安も感じることはない。ただ各自の職責を完全に果たすことこそ勝利への唯一つの途である」と。

夜十二時、当直起こし、出港準備。甲板整列で森先任下士官の訓話、「武士道において、おくれをとるまじきこと」

十月十九日　総合戦果発表（十六日大本営発表）。轟撃沈＝空母十、戦艦二、巡三、駆一。撃破＝空母三、戦艦一、巡四、艦種不詳十一。

比島方面の戦果。撃沈＝空母一。撃破＝空母三、戦艦または巡一。撃墜＝三十機以上。

レイテ沖海戦に奮戦す

十月二十三日　黎明より訓練をおこなう。捷号作戦開始いらい、連日の猛訓練なり。数時間にわたる激動は、早朝の冷気とともに、むしろ爽快なものを感ず。同時に緊張感は、ますます戦闘意欲をかきたてる。

訓練中、遠く発砲音をきく。ほとんど反射的に水上弾を砲尾に準備する。しかし敵は上空と水上とのみから来るとは限らない。最も恐るべきは、水中の脅威なり。近頃にいたって敵潜の跳梁は目にあまるものがあり、まさに海の狼のごとく暴れまわっている。

対潜警戒中、眼前を進撃していたわが一万トン重巡が、突如、魚雷二発をうけ、轟然たる音響とともに火の手あがるや、たちまちのうちに傾きはじめた。ドッとあがる大水柱に思わず目をそむける。本艦はこのとき直ちに転舵、かの重巡愛宕の最期は見ることはできなかったが、決戦場に向かわんとしてやられる愛宕乗員の無念さは思うに余りある。二十四日の夜戦を見よ。この仇は必ずとらねばならない。

愛宕坐乗の栗田司令官は大和に移乗した。本朝の味方損害、愛宕、摩耶二隻沈没。

十月二十四日　捷号作戦決戦の日――。朝早く（七時）から敵艦爆約十機来襲、主としてわが一戦隊を攻撃す。これより以後、敵機はほとんど休む間もなく来襲、その回数を知らず、延べ数百機か。

巨艦武蔵は敵機の集中攻撃をうけ、左右各所に魚雷十二本を受けたのちも、なお浮上せり。妙高も昼前に魚雷をうけ戦列外に出る。そのほか敵機の爆弾と魚雷に船体真っ二つに折られ、瞬時にして沈没した味方駆逐艦一、二隻にとどまらず。その惨状目をおおわしめるものがある。

深夜十二時、「配置につけ」の命令下る。午前一時に敵艦隊に殴り込みをかける予定なり。本日、榛名の対空戦闘において、敵機の落とした至近弾片舷にのみ集中し、とくに二番高角砲と四番高角砲後横部に集まり、艦の動揺ははなはだしい。これに対し、本艦の射ち落とせし敵機は合計八機、高角砲発射弾数一三五発。

十月二十五日　明けれど敵艦隊の姿は見えず。艦隊はグングン北西に向かって進む。敵主力艦隊の所在もわからぬままに、午前七時ころ敵機八機の空襲をうける。つづいて昨日同様、また連続攻撃である。ほとんど休む間もなく配置につききりにて、極度に疲労を感じる。

二番高角砲の前部に至近弾集中。四高角砲は水柱をかぶり、二分隊のギヤなど爆弾の弾片のボスボスと穴があく。それと同時に中部舷にも至近弾が落下し、六高角砲信の東兵曹は砲台甲板を突きやぶってきた弾片により、右足首、左大腿部にかなりの重傷を負う。また二高角砲前に落下した至近弾は、わが信管手室に弾片を破裂させ周囲の壁に当たってガチャガチャと音をさせて飛びまわったが、幸いにして負傷者なし。

朝食九時半、戦闘配食。昼食三時。本日、榛名上空を襲いし敵機延べ百機以上（三時記）。これによる六分隊員負傷者は以下の通り。指揮所甲分隊士＝大沢滝夫少尉（左腕）。六高角砲＝東兵曹（足）、石井兵曹（目）、浜田兵曹（顔面に小弾片無数）。高射器＝井上兵曹（腹）、小野水長（膝）。

食事後も、敵の攻撃はいささかも衰えず、数次にわたり空襲をうける。そのつど二分隊のギアに弾痕は増し、まるで蜂の巣のようだ。夕方までには延べ五十機を越すか。今日一日に来襲せし敵機を集計すれば、ゆうに二百機はあったであろう。そのいずれもが艦爆であった。

十月二十六日　作戦も三日目、連日熾烈な戦闘つづくも、この日もまた朝から敵の波状攻撃は止まらない。この一戦に全海軍と国運を賭けた彼我の大攻防戦である。八時の対空戦闘において、無念にも軽巡能代は爆撃をうけて舷甲板は水につかった。駆逐艦が直ちにこれの救助に向かった。

四顧するに、一万トン級の大艦はほとんど影も見せず。十時半ころにいたって、艦爆と珍しくもB24らしき大型機が来襲。よき敵ござんなれとばかりに、機銃、高角砲、主砲、副砲がダダダッと集中砲火を浴びせる。

頭上の機銃群はバリバリッと耳を聾するばかり、副砲はバッと物すごい爆風をおこし、わが信管手室は一面火の色に染まり、目がくらみ通信器の文字板がわからぬくらいである。まことに急霰という言葉も当たらぬ。百雷という形容も当たらない。地軸裂け、天地が二つに割れるかと思われるばかりの烈しき発砲炸裂音なり。

その十字砲火の中に、よく四高角砲は後部に飛びゆくB24の大編隊の水平爆撃機を射ちまくりしも、サッと右一射手の身体より真っ赤な血潮がとび散った。血潮はみるまに装塡台を朱に染めたかと見るや、かの射手はグッサと崩れ折れる。ときに十時五十分。無念や、いまの水平爆撃機が投下した爆弾にやられたものなり。ああ若くして護国の花に散りし水長矢野義明。永久(とこしえ)に南海にとどまって皇国の礎石となれり。

また左一射手の長尾水長、同時にいまの水平爆撃機の落とした爆弾の破片が、射手の前の照準孔扉を突きやぶり、ぐるぐると射手の間をくぐっているうちに肩を削られ、血潮赤く胸を濡らす。とっさに「班長」と叫んでその場に伏せる。

直ちに「打ち方待て」「打ち方止め」の令がくだる。われわれは負傷者を抱いて前部の戦時治療室へ運ぶ。長尾水長は幸い軽傷だったが、矢野水長は即死である。弾片のはね返りで、鉄兜を斜めに射ち抜き、脳髄を無惨にも粉砕していた。

この戦闘において六高角砲、四高角砲ともに故障す。二高砲川上兵曹、嶽本兵曹負傷。高射器また故障し、古場水長は背中が二つに裂けて即死。中道水長も手に負傷し、指揮所の中島水長は腹部重傷、戸村水長もまた深傷を負う。その他軽傷者もふくめれば、枚挙にいとまがないほどである。

「打ち方待て」の直後、いま投弾せし憎き敵機が、後部に避退するにおよんでパッと火を吐き紅蓮の炎と化して海中に没するのを見る。矢野水長の霊よ見よ、仇はとりたるぞ。

ふたたび大型機十五、六機来襲するも、二時三十分ころ味方戦闘機来援の報らせがある。力を得ること限りないものがある。ただいま同行の艦は大和、金剛、長門、七戦隊利根、筑摩、五戦隊羽黒および矢矧、駆逐艦二である。金剛は被弾して右舷に傾きながら進む。

なお老朽艦扶桑、山城はレイテ湾に南より突入してやられたと聞く。武蔵は文字どおり満身創痍。航行不能のため戦列をはなれる。

夜、哨戒当直、砲より一名、指揮所より一名、計二名ずつ二時間交替にて、前部機関科デッキに通夜に行く。

機銃の安部中尉以下十一柱。尊くも今日の嵐に散りし若桜。わが六分隊よりは、故海軍二等兵曹＝中島啓治之霊、故海軍二等兵曹＝矢野義明之霊、故海軍二等兵曹＝古場保真之霊、以上三柱。

戦死者は夕方、機関科バスに湯灌させ、寝棺に納めて機関科デッキに安置する。通夜に行くにあたり、矢野水長の手箱より煙草、菓子などを持参し、霊前にそなう。よく砲台甲板に二人並んで、互いの国言葉などいい比べた矢野水長。一人息子——それも養子で、お母さんは毎朝毎夜、氏神様に御参りして下さるとも言った。いざ戦闘になると、しっかりあの父母の写真のみは胸につけて戦ったのだが。

胸中何ものにもかえ難く思う子は、我が子にして我が子にあらず。しかもその最期たるや、奮戦力闘、最後まで射って自己の職責を全うし、自己の配置を守って斃(たお)れたのである。武人としてこれほどの名誉があろうか。

十月二十七日　朝の八時に大本営戦果発表があった。「大本営発表……艦隊もこれ（レイテ湾の敵艦隊）に突入強襲を決行せり。そのあげたる戦果……思わず涙が頬を伝う。輸送船団＝轟沈五、撃破二。空母＝撃沈二。戦艦または巡洋艦＝擱座(かくざ)一。大型上陸用舟艇＝十七……わが方の損害。戦艦一隻沈没、一隻中破」ああ、扶桑、山城であろう。

十月二十八日　史上空前の大海戦比島沖海戦も、ついに終末を告げた。夜九時半、ボルネオのブルネイに入港。

十月三十日　右舷後部に魚雷をうけて戦列外に出た妙高の居住区は、重傷患者で一杯であるとか。各艦からの負傷者を収容したがためである。

十一月一日　武蔵乗員は昨日、給油の駆逐艦と他一隻の駆逐艦に救われ、一五〇〇名がマニラに揚陸された。武蔵はついに沈没したとの由。またしても神風特別攻撃隊が敵艦隊機動部隊にたいして肉弾攻撃をはじめた。敷島隊、大和隊、朝日隊、山桜隊、菊水隊——ああ壮なるかな、我ら誓って死を賭しても祖国防衛に殉ぜん。

大艦巨砲主義を擁護する

航空機を重視して砲威力を軽視した連合艦隊の戦艦活用法は誤っていた

元横須賀砲術学校教頭・海軍大佐　黛　治夫

日清日露の二戦争は、海軍が大戦略をあやまることなく大勝を得た。しかし、太平洋戦争では大戦略をあやまったため、第二段作戦以後、犠牲のみが多くなり、大敗戦となった。それというのも、ソロモン作戦以来わが戦艦は、戦争の経過に大きい寄与をすることもなく全滅したからである。それは「大戦略の過失は個々の作戦や戦術実施では回復できない」という兵術の格言によい戦例をくわえたにすぎない。

だが、日露海戦で活躍した東郷平八郎司令長官は、部下の戦力を正しく評価したうえ、明治天皇にロシア軍の必滅を誓い、鎮海湾において月月火水木金金の訓練を強行し、二ヵ月半で命中率を三倍に向上させた。そして前年、三倍に向上した発射速度は、その後さらに改善された。

旅順作戦のとき、機雷のため初瀬と八島を失ったため、新式戦艦はバルチック艦隊五隻に対し、わが方は四隻の劣勢となった。しかし、射撃術力と下瀬炸薬の優越した炸裂力とによって、必勝の信念をかたくしてロシア軍を待った。

戦場を対馬東方海面にえらび、安全を確信して敵前を大角度で方向転換をおこなったのが、ロシア艦隊の先頭を圧する同航決戦の戦術的態勢を有利にした。敵の集中砲火のなかを二分間耐えつつ近接し、六四〇〇メートルで砲撃を開始した。これらは部下の術力を正確に知り、かつ敵を知った百戦百勝の将帥の力である。

太平洋戦争の場合は、これとまったく異なる。山本五十六司令長官は就任から一年四ヵ月間、連合艦隊を訓練し、その昭和十六年一月、及川古志郎海軍大臣に「戦備ニ関スル意見」を提出した。その中で、つぎの二項を述べている。

㈠航空の発達したこんにち、全艦隊をもってする接敵、展開、砲魚雷戦、全軍突撃などのはなばなしい場面は、戦争の全期間を通じ、ついに実現の機会をみない場合もあるだろう。

㈡しばしば図上演習などのしめす結果を観察すれば、正々堂々たる邀撃大主作戦によって、帝国海軍はいまだ一回の大勝を得たことがない。このまま推移すれば、おそらくジリ貧におちいるのではないかと憂慮される情況で演習が中止となるのを、恒例としてきた。

それから十ヵ月後の昭和十六年十月、山本長官は、嶋田繁太郎海軍大臣にあてて次の事項を手紙でしめした。

①昨年（昭和十五年）、しばしば図上演習と兵棋演習などを演練した。要するに南方作戦がいかに順調にいっても、その作戦がほぼ完了する時期には、重巡以下の小艦艇にはそうと

うの損害があり、ことに航空機は三分の二を消尽し、いわゆる海軍兵力がのびきる状況となるおそれが多分にある。そのうえ航空兵力の補充能力がきわめて貧弱な現状では、つづいてきたるべき海上本作戦に即応することは至難であると認めざるをえない。

②米太平洋艦隊司令長官キンメル提督の性格および最近の米海軍の思想を観察すれば、米艦隊はかならずしも漸進正攻法のみによるとは思われない。

③さいわいに南方作戦が順調に進展しても、万一東京や大阪が空襲を受ければ、たいした損害はなくとも国民にあたえる精神的動揺は、日露戦争の戦訓からみて非常に大きいことはあきらかである。

米艦隊の三倍の命中率

私は重巡古鷹の副長として、昭和十五年の艦隊訓練に参加した。長年、砲戦術教官をつとめた経験のゆえか、図上演習、兵棋演習の審判を命じられ、また海上の演習についても意見をもとめられることが多かった。

この諸演習の審判に用られた砲力点計算の命中率は、多年の戦闘射撃の成績から統計的に計出し、カーブとなったものを三分の一とした値であった。この従来の日本海軍の三分の一に低減した砲力点は、演習審判にあたり、米国海軍の同砲種に適用された。米国海軍の大口径砲の命中率は日本の三分の一だったから、この砲力点は米主力艦の砲力を正しく示し、日本の砲力は手足をしばったようないちじるしく低い値である。

山本長官を頂点とする戦艦の砲力軽視論者の大過誤を理解しやすくするため、砲力点改訂の経緯をのべよう。

私は昭和七年の秋から九年夏までの一年半あまりにわたり、明治四十年から二十六年間にわたる約三百回の戦闘射撃成績から命中率の統計をとり、命中率曲線をえがいた。射距離一万五千メートルの近代的射撃指揮法による命中率曲線は、大正五年（一九一六）から十七年間、総計二百回におよぶ戦闘射撃からとったきわめて信頼性の高いものであった。

これまで実戦における命中率は、戦闘射撃の命中率の三分の一であると信じられていた。日本海海戦のときの三笠砲術長であった安保清種海軍大将に質問したときも、この三分の一に低下するという定説に同意するという答えであった。

昭和九年、軍令部の計画した無線傍受班は、太平洋東部カリフォルニア西岸の米国合衆国艦隊の戦闘射撃に関する無線通信を傍受し、記録を砲術学校戦術科におくって判断を依頼した。

私は曳的艦の発する射距離、各斉射弾着の中心から標的までの距離（指揮誤差と称した）、各弾の水柱の標的からの距離、観測飛行機から各斉射弾着の時刻と弾着偏位の距離の通信から、射撃経過図をえがいて研究したところ、射撃指揮法、斉射間隔、散布界、とくに命中率を計出できた。その結果、米国艦隊の命中率は、日本海軍のそれの三分の一であると確信をもって判断できた。

昭和九年七月、砲術学校は各種演習審判用の砲力点は戦闘射撃の命中率そのままから計出

大正11 ～ 14年頃の長門。日本戦艦初の櫓檣構造の前檣。40cm連装主砲４基８門

し、米海軍大口径砲の砲力点は、日本軍用の砲力点に三分の一の係数を乗じたものとした。そうしてさらに命中弾一発の効力は日米同一とした。

当時、私は、

㈠米国海軍兵学校砲術教科書および米国陸軍海岸重砲兵の教範、参考書から米国海軍大口径徹甲弾は、海岸重砲兵のものと酷似していること

㈡ともに落角小、撃速大なる二万メートル以内の装甲貫徹力を重視していること

㈢炸薬はエクスプロージブDという商品名で、感度がわが下瀬火薬の純ピクリン酸よりいちじるしく低いアンモンピクレートであり、ドイツ海軍考案の自爆防止筒をもちいず、直接、炸薬室に多量を充填していること

㈣信管は砲内安全装置はセンプル遠心式であり、短い遅働秒時で、ドイツ海軍大口径砲用の〇・二五秒、日本の一三式大口径砲用の信管のような〇・四秒という超大遅働ではないことなどを判断

㈤九一式徹甲弾の水中直進性は命中界を大きくして、命中率向上に役立つ長所は命中率にふくまれているとして、船体に命中したあとの効果は日米同一とみて、砲力点をさだめたのである。

軍令部第一課（作戦、演習の主務）川井巌少佐（軍令部部員、砲術出身、私の同期生）は、砲術学校砲力点の案をよく理解した。

留学中に調べた米海軍の実力

その後、私は米海軍の射撃術力、そのほか砲術進歩の情況を調査する任務をあたえられ、砲力点を提出したのち直ちに米国に駐在し、語学将校学生としてペンシルベニア大学に籍をおいた。

明くる一九三五年（昭和十）四月、退役した米国海軍少佐が日本の大使館海軍武官室に『一九三四年度米国海軍砲術年報』を持参した。武官室は直ちにこれのコピーをとり、私に鑑定を命じた。

この年報には、一九三四年の合衆国艦隊の戦艦以下の戦闘射撃の成績表が印刷してあった。それによると私が砲術学校で傍受記録をもちいて判断したとおり、米海軍の大口径砲の射距離は、決戦距離二万ないし二万五千メートル、命中率はちょうど日本の三分の一。その成績の不良は、散布界の過大にあることが一点の疑いもなく確認された。

こうして昭和十一年七月に帰朝し、軍令部が命中率そのものから算出した砲力点を三分の一として、日本海軍、米国海軍ともに同等の砲力点とし、兵棋演習、図上演習、実艦艇をもちいる海上の諸演習の審判に使用することをさだめた経緯を知った。

軍令部が命中率を三分の一に引きさげた値にたいする砲力点を採用した理由は次の通りと説明されて、これを了承した。

①従来の低い命中率に応ずる砲力点による審判は、演習の進捗速度についていける。砲力点が命中率そのものに対応したものとなると、これまでの六倍のはやさで演習の被害がすす

むため、審判ができなくなる。命中率を三分の一とした砲力点なら、海上の演習の審判も、従来の二倍のはやさだからついていけるであろう。

②命中率そのままの砲力は、米国海軍の射撃術力の三倍に相当する。もし諜知されれば米国海軍を刺激し、猛訓練を誘発するおそれがある。

③米国海軍に三倍する命中率が艦隊乗員に知れると、慢心を生じ、訓練をおこたるようになるおそれがある、などであった。

このように米国海軍の大口径砲の命中率が一九三六年（昭和十一）にも、わが海軍の三分の一に相当していること、射撃速度は一門につき一分間に一・〇発は日本海軍と同等であることが、昭和十一年七月、米国海軍発行の印刷物により確知された。

以上のように日米海軍の大口径砲の命中率と、一門あたりの一分間における命中速度は、昭和十年（一九三五）夏には、権威ある両国海軍の砲術年報の成績統計から明確となった。この書類は山本長官、またはその幕僚は軍令部作戦当事者（第一部第一課）で、容易に熟読できた。このため、たぶん写しは連合艦隊旗艦の幕僚事務室の金庫にも保管されていたと思われる。

砲威力を軽視した日本海軍

開戦時における日米戦艦の勢力比率は、米国が十七隻、五十三万四一〇〇トン、日本が十隻、三十万四〇〇トンで、日本は米国の五六パーセントに相当した。また、三六センチ砲以上の全戦艦の一分間の発射弾量を比較すると、米国が一〇八トン、日本が七〇・三トンで、日本は米国の六五パーセントに相当する。

これはいわば、単純な見かけの勢力比であって、これに前述の射撃術力（射撃速力、命中率）を加味した真砲撃力を比較すると――。

日本の術力（命中率）優越により、実際に発揮する砲撃力は、米国三六センチ砲以上の十四隻に対し三十二隻（両軍とも観測機利用）、また五十二隻（わが方のみ観測機使用）分となる。これは山本長官の司令部が、軍令部第一課で『対米諜報成果に基く日米砲撃力の比較』を内容とした軍事機密資料を調査すれば、砲戦術修学の参謀ならだれでも計算が可能なことである。

ところが山本長官の信頼があつく、真珠湾作戦を計画した源田実元第一航空艦隊参謀が、昭和四十七年にあらわした『真珠湾作戦回顧録』には「事実開戦以前における諸情報の示すところでは……決定戦力をなす、主力艦主砲の性能や命中精度においては、似たり寄ったりのものであったのである」と書いてある。

なんという大違いであろう。これは航空偏重論者の戦艦無用、砲力軽視のあらわれで、開戦前に、佐々木彰航空参謀に説いた山本長官の戦艦無価値論とともに、真実無視ないし忘却と好一対をなすものである。

航空機の生産能力は、山本長官が航空本部にあって長年、努力したにもかかわらずきわめて貧弱であり、とうてい日米戦争の主兵たりえないことは認識していたはずである。海軍大臣あての手紙のなかで告白していることからも、そう判断してさしつかえない。

開戦後、ドイツが敗戦したのちの日米海上決戦までに、航空兵力の差はますます甚だしくなることも明白であった。航空作戦の重要性は、海軍兵術をおさめたものなら砲術出身者のだれもが認識していた。

だがしかし、開戦後には兵力比率の急低下をまねかねない。そこで命中率が制空権下ではわが方は五倍になるという、大口径砲の長所を利用しようと考えたのである。

そのうえ九三式魚雷の威力絶大、九一式徹甲弾の水中直進性（二〇〇口径）と、水線下の敵艦の脆弱部にたいする大侵入、火薬庫爆発ないし大浸水（土佐では四〇センチ弾一発の水中命中で、浸水三千トン、傾斜五度を生じた）を重視し、これとわが術力の優越した航空戦力を総合して、決戦に勝つのである。

米主力が西進する時機まで航空戦力、とくに戦闘機兵力を温存し、決戦海面で必要な期間、制空権を独占しようという兵術思想なのである。

これから観察するとハワイ奇襲の作戦などは、太平洋作戦の長期の経過からみると幼稚、かつ稚拙といわざるをえない。危険をおかしてえた戦果、米国民を奮起させた心理的な影響の結果を、どう考えたのであろうか？

浅い港内に浸水着底した戦艦が、短期間のうちに浮上して再武装されることは、旅順開城後、十分に教えられた戦訓なのである。コロラドなどの戦艦は水雷防禦用の重油層を有し、

伊勢の艦橋から見た１番２番主砲。36cm連装砲塔６基12門、射程２万7800m

薄い防禦鈑をもちいている。これについては七五ミリの装甲を四〇センチ徹甲弾により容易に貫徹された土佐の実験がある。

ともかくも飛行機による魚雷攻撃では、浅手（あさで）による小浸水を生ずるだけである。修理はきわめて容易である。

つぎに戦艦を活用した必勝戦法としては、
㈠制空権下（有能な専門家は制空の可能性を信じていた）では、米国戦艦十四隻にくらべて、日本戦艦は米国五十二隻分に相当することを重視し、戦艦主砲を主兵とみる。

㈡航空母艦は決戦まで主力付近に控置し、挺進的に行動させない。

㈢米主力を漸減する必要がないから、前日の夜戦はおこなわない。これは決戦時に兵力の分散を生じやすい。

㈣巡洋艦は魚雷の遠距離統制発射をおこなったのちは、もっぱら主力のため敵水雷部隊の阻止の攻撃に専念する。

㈤潜水艦は少数を敵主力追尾にあてる。むやみな攻撃は避ける。ほかは主力の前程で対潜哨戒をおこない、決戦には濃密な散開面で確実に敵戦艦を強襲する。

㈥航空機、潜水艦で決戦海面に進出している敵主力は攻撃しない。これはヘタに動けば米軍の前進基地であるハワイへの退却をうながし、決戦を遅延させ、そのうえ敵兵力の急増をまねくおそれがあるからである。また、空母の脆弱性（ミッドウェーで実証された）のため、決戦の前に損失することがないよう十分制御することにある。

また、人事その他の施策の断行については、

①戦艦の価値を知らない山本五十六長官、大西瀧治郎参謀長、源田実参謀などは、連合艦隊の新戦法実施を妨害しない配置に異動させる。たとえば、山本五十六大将は航空本部長に補し、飛行機の生産と搭乗員急増に活動させる。

②山本長官のかわりは豊田副武大将を親補し、わが砲力の優越を知らなかった宇垣纏参謀長、黒島亀人作戦参謀は転出させ、後任に草鹿任一中将、松田千秋大佐をもっておぎなう。また渡辺安次戦務参謀には、戦務の混乱防止のため当分残留させる。そして砲術参謀には猪口敏平大佐をあてる。新参謀長、作戦参謀、砲術参謀は、部内でも有数の砲術家でなければならない。

③勇猛心過剰で新戦法に同意できない場合は、山口多聞少将などは後方に転出させる。

④ガソリン缶のような脆弱性により軽爆弾一個の命中でさえ廃艦となる航空母艦は、簡易急造の飛龍級のような艦として、これを多数整備する。大和三番艦の信濃は大戦艦として建造を継続する。

⑤特殊水雷兵器としては、三トン炸薬の人間魚雷（私が海軍大学校を卒業する直前に井上成美教官に提案）、回天、蛟龍、海龍などを、非特攻式にして急造する。

⑥米潜水艦に絶対的にやられないため、日本と南方資源地域との海上交通路は、北九州、朝鮮、中国、仏印、タイ、マレー、インドネシアの沿岸に設定する。航路は二十メートル以上はさけて、二十メートル以上の危険な海面には対潜哨戒艦艇、航空機を濃密に配置する。

⑦ドイツが屈服するまでは米国海軍は太平洋に全力を集中しないから、戦争がはじまると、ただちに戦艦には不沈処置工事をほどこす。すなわち艦首、尾部の水密を高め、桐材などの浸水を防止する材料を充填する。居住性の悪化は、戦艦用母艦、基地陸上兵舎での生活により対処する。

⑧中国沿岸や石油産地の近くには多数の練習航空隊をもうけ、訓練のときに対潜哨戒をもかねさせる。

⑨サイパン、トラックなどの兵力は、敵が来襲すると同時にゲリラ要員を残し、ほかは強制的に降伏させる。それにより大決戦の発生時機を促進させる。

戦艦活用必勝戦法

戦艦活用必勝戦法の対勢図（開戦前の昭和十六年六月頃と予想）としては、主力本隊は大和級三隻、長門級二隻、金剛級四隻、計九隻は、一本槍状の縦陣列となり、戦闘の中核となる。


だが、太平洋戦争における戦艦の実際の用法としては、
㈠真珠湾作戦における第三戦隊第一小隊の霧島と比叡は、空母部隊を支援した。

㈡マレー上陸作戦における第三戦隊第二小隊の榛名と金剛はマレー部隊支援。

㈢昭和十七年三、四月、インド洋作戦において第三戦隊は空母部隊の支援。

以上の㈠㈡㈢は、高速戦艦としての金剛級は空母と行動を共にしうる唯一の強力艦種であり、米海軍が戦艦を有する以上、空母の支援に使用するのは当然であった。

㈣昭和十七年六月、ミッドウェー作戦では金剛型二隻（榛名、霧島）は第一航空艦隊の支援隊となり、二隻（金剛、比叡）は第二艦隊の主力となって参加したが、これも適当の用法であった。

㈤昭和十七年十月十三、十四日には榛名と金剛はルンガ飛行場の夜間砲撃に、三式弾その他の三六センチ弾で広範囲を火の海とした。十一月十三日にはおなじ目的で作戦中に比叡を、十五日には霧島をうしなった。


これはガダルカナル島で苦戦中の陸軍を援助するための作戦で、山本長官は場合によっては、大和をも犠牲にする決意から生起した被害である。

山本長官は、戦艦を日米主力決戦にまったく主用する意図がなく、わずか（全陸軍の一、

二パーセントに相当するか）な陸軍兵力のため、海軍の面子にかけてあえて行なった局地における強行戦の、悲しく、惜しむべき戦艦消耗の例である。ガ島の争奪などは、日米太平洋決戦の勝敗には害にこそなれ、なんらの寄与をもなさない作戦であった。開戦時、すでに戦艦主用の必勝を信じなかった山本長官の、これは誤判断に根源をもつものである。

太平洋上の戦艦の用法の可否は、すべて大戦略の誤りにわざわいされたというの他はない。

日本海軍の象徴「戦艦長門」栄光の生涯

国民の艦、国威の象徴、連合艦隊旗艦として親しまれた鋼鉄の浮城の最後

元大本営海軍参謀・海軍中佐　吉田俊雄

飛ぶ鳥を落とす――という言葉がある。日本海軍で戦艦長門は、たしかに飛ぶ鳥を落とす勢いだった。いつ見ても、マストの頂上に大将旗がひるがえり、いつも連合艦隊旗艦であった。大正九年から昭和十七年までの二十三年間、長門にはほとんどのべつに、連合艦隊司令長官が坐乗していた。

司令部には司令部員というのが、上は連合艦隊参謀長から下は信号兵、通信兵、コックにいたるまで、約一二〇～一三〇人いた。

これが士官私室や住居区に割り込み、そのいいところを占領し、あるいは連合艦隊参謀という黄色い縄を吊ったヤカマシ屋――じつに頭のきれる連中が大きな顔をして闊歩するので、本来の乗組員はなにかと頭にくることが多いのだが、それはそれとして艦自体、なんだかピカピカした感じになるのは不思議だった。

吉田俊雄中佐

港に入る——すぐに中将、少将の錚々たる各戦隊司令官が神妙な顔をして集まってくる。むろん長門の舷門番兵や取次の三等水兵、伝令の一等水兵、衛兵伍長の三等兵曹たちは、舷門をあがってくる司令官たちにシャチコばって敬礼するものの、その様子はほかの艦の兵たちとニュアンスが違っている。

「やあ、ご苦労でありました」まさか、そんなことは言わないが、どことなくおなかを突き出している。いつの間にか、連合艦隊司令長官の堂々たるおなかに似てくるのだ。それは、そうだ。同じ型の同じ威力の、戦艦陸奥であるはずだったが、いつも長門のあとにくっついてくる陸奥は、なんだか艶(つや)がなく顔色が冴えない。萎(しな)びて見える。おかしなものだ。

子供たちが絵に描いた曲がり煙突

大正九年、まっすぐな二本煙突でデビューした長門は、まもなくそれでは艦橋に煙突の煙が逆流して困るために、一番煙突をクネクネと鉤(かぎ)型に曲げた。日本の子供たちが絵に描いた長門が、このころの長門の姿であった。

非常にバランスのとれた、扱いやすい完璧な艦だった。だが、たとえ完璧だったとしても、それはいつまでも最高ではあり得ない。兵器というものは、科学が進歩するのと歩調を合わせて進歩する。その上にこれで国の命を守ろうとする以上、いつも世界一——とまではいかないにせよ、たえず相手に勝てるだけに、最高度に磨き上げられていなければならない。

出来あがった兵器は、その日までは最強でも、その日以後は一日ごとに古くなる。軍備に

昭和６年頃の長門。特徴的な前部煙突は国威の象徴として国民に親しまれた

金がかかるのは、こんなところにも理由がある。長門も、そんなわけで絶えない改造がつづけられた。

大正十三年末から翌年三月にかけて、先ほど述べたように一番煙突を曲げた。

この年にはワシントン会議で廃艦と決められた戦艦土佐で、じっさいに大砲や魚雷を射ち込んでみて、防禦をどうすれば一番いいかを実験した。

廃艦土佐の防禦実験は、そのあとの戦艦の防禦に大きな影響をおよぼした。

簡単にいうと、遠距離から射った砲弾が目標の手前で落ちると、その砲弾が水中を魚雷みたいに走って艦の横ッ腹に命中する。それが魚雷どころでなく、ものすごい破壊力を発揮することがわかった。

これはジュットランド海戦の教訓とならぶ大変な発見だった。すぐさま戦艦の水中防禦を強くする改造にとりかかったが、日本海軍としては、一方では笑いがとまらない気持だった。——廃艦土佐の実験の収穫など、もちろん最高の機密にしているから、絶対アメリカは知らないはずだ。

同時に、そういう水中弾になりやすい特殊な砲弾をつくり、いままでの砲弾と全部とりかえた。するとどうなるだろう。主力艦同士の砲戦では、この日本だけしか持たない水中弾でアメリカの戦艦はボカボカやられることになる。

事実、米海軍ではこの水中弾にたいする手段など、べつに講じていなかったのだから、もしも太平洋戦争がみんなの筋書——それまでの常識どおりに進んでいたら、あるいは日本戦艦群が大勝利をおさめていたかもしれなかった。

大正十四年に入ると、長門は副砲と照射（探照灯）指揮所を改造した。この年イギリスでは、ワシントン会議で陸奥を生かすかわりに造ることにした戦艦ネルソンとロドネーが進水した。一方アメリカも負けていない。フロリダ、ユタ、ワイオミング、アーカンソー、テキサスの五戦艦の大改装にかかった。五隻も一度に改装にかかれるところは、さすが金持ちの国だ。

防禦力増大のための改装

長門が本格的な改装に入ったのは、昭和九年四月から十一年の一月末までの二ヵ年たらずの期間であった。一本煙突になったのはこのときで、長門の姿はまるで別物のようにかわっていた。

だが、防禦を強めるといっても、ほかの戦艦とちがって水中防禦は充分にしてあったので、あとは弾火薬庫のまわりを固めることと、バルジという艦の横ッ腹にハミ出したものをつけること、それに艦の長さを伸ばしてスピードをできるだけ落とさないようにすること、その程度ですませることができた。

ほかの戦艦が改装に長いのは五年あまり、短いので二年以上たっぷりかかっていたことからみれば、結局、それだけ長門が初めから近代戦艦としてよくできていた証拠になろう。

この改装で長門の排水量は、三万三八二〇トンから四万三八六一トンにふえた。この四万三千トンの艦を、重油を炊く(た)ボイラー十基(前は重油ボイラー十五基、石炭との混焼ボイラー六基、計二十一基)で八万二千馬力を出し、二十五ノットで走らせる。

ふえた重さのうち、いちばん大きな部分を占めるのは甲板に張った甲鈑(こうはん)だ。弾火薬庫の上には一二・七センチの厚さの鉄を、すっぽりかぶせたのだから大したものだ。なにしろ四〇センチの徹甲弾が、二十キロないし三十キロのところから飛んできて、ガンと命中しても大丈夫なようにしようというのだから、なまなかの鉄板ではいっぺんに貫通されてしまう。

ここでちょっと気をつけていただきたいのは、水中防禦の仕方が、アメリカと日本ではちがっていたことだ。

長門の水中防禦のやり方は、艦体の大事な部分(弾火薬庫、機械室、罐室の外側)の内側に、防禦のためのトンネルみたいな区画を通して、それを強力な鉄板三枚を張り合わせた縦の仕切りを立て、外側と内側との二つの部分に分けていた。それにさらに、改装でバルジを外につけたので、魚雷などが艦内にとびこむにはバルジ、外舷の装甲、強力な仕切り板、内側の仕切りと、四つもの邪魔物をつぎつぎに打ち破らなければならなくなった。

アメリカの方は、この間仕切りを五つにも六つにも分けて、その中に水や重油などを入れていた。非常に簡単なやり方だが、これは液体の力がうまく利用されていて、じつにうまく効果をあげていた。

一言でいえば、日本のやり方は力でガチンと喰いとめようとし、アメリカは暖簾に腕押しみたいな手を使ったわけだ。こういう力押しにすると、厚い鉄板の加工がむずかしい上に、重さが重くなる。技術のむずかしさは日本の技術者たちのすぐれた腕と頭で上手に解決されたが、重さの点ではどうにもならない。そこで、こういう重防禦は艦の中央部分だけに限るより仕方なくなり、必然的に集中防禦方式となる。

私はいま、武蔵が沈没した原因を考えている。武蔵は、長門をもうひとまわり徹底させた集中防禦方式の艦だ。そしてシブヤン海で沈んだときには、その重防禦をしなかった、重点でないところに弾丸の破片がとびこんだり、魚雷で大穴があいたりして水が入り、浮力がなくなってしまった。その重防禦をしたところは、あれだけの大攻撃を受けながらほとんどなんともなかった。

長門は、とうとうこんな機会に遭わずに終わったから、そんな場合、武蔵と同じような結果になったかどうか、もちろんわからないが、その最期、ビキニで原爆実験の標的となったとき、もっとも強大な抵抗力（防禦力）を示したことからみて、長門のほうが大和よりも、

11年１月完成。曲がり２本煙突は廃され１本煙突となり艦橋も一変した

改装工事をおえ公試運転に出動する長門。昭和９年４月から呉工廠で着工し

一層バランスのとれた強さを持っていたのではないかとも思われる。

大和は、そういってはなんだが、どうみても理想家肌のシャープな天才の強さと弱さをもっていたようだ。それにくらべると長門は、現実的な常識家のたくましさと円満さと、その上に、ちょっぴり鈍重さを備えていたように思える。

鉄砲屋のアイドル

開戦のとき、長門は連合艦隊旗艦として山本五十六司令長官の大将旗を檣頭を掲げていた。

開戦のときの真珠湾空襲があんなにうまくシャットアウト勝ちできようとは、誰も考えていなかったようだ。空母の何隻かは、ビッコをひいたり大怪我をしてくるだろう、と思っていた。おそらくその上に、敵潜水艦や空母などに追いすがられて苦戦すると考えるのが常識だった。長門はそこで、戦艦部隊をひきつれて西太平洋に出ていった。敵艦隊でも現われれば飛んで火に入る夏の虫だ。戦艦の主砲で叩きつぶしてしまうつもりだった。

「空母六隻から発進した三五〇機の飛行機が、米主力艦を一網打尽（いちもうだじん）にしたそうな——。ホウ、なかなか飛行機乗りも、やりおるわい」鉄砲屋の感想だった。

戦艦部隊での「有力者」は、鉄砲屋だ。士官も下士官兵たちも、学校出の優秀なものばかりを集めている。学校出の優秀なものというのは砲術に凝（こ）りかたまった、いうなれば砲術教の教祖とそのもっとも熱心な信者たちだ。砲弾を射ちこんで敵を沈め、決戦に勝つ——日露戦争からジュットランド海戦にかけて、さらに今日まで生きている戦訓であり、真理である。

その砲術が過大評価されていた。勝敗を決めるのが砲術なのだから、海軍では砲術がいちばん大切にされた。だから砲術家には、いちばん頭のいい優れた人間を集めねばならぬ——という考えで、また海軍一般がそう思い、そう教育し、そう支持したので、自然とエリート意識の強い鉄砲グループができあがっていた。

　誇りと自信が、ぐんぐん膨(ふく)れあがり、そのほかの術科をつい見くだしてしまう。源田航空参謀が、「清の始皇帝は阿房宮をつくり、日本海軍は大和、武蔵をつくる」と皮肉っても、これをフン、ゴマメの歯軋(はぎし)りさとしか思わない尊大さと、かたくなさにもなっていた。

　だから、南雲部隊の大戦果やマレー沖での中攻部隊の大戦果が、新しい軍略時代に突入したことをハッキリ世界に示したとしても、「ホウ飛行機屋も案外やるのう」くらいのところで済ませることができたのだ。

「これはいかん、飛行機は大砲よりも科学の進歩という点から、ずっと進んでいる。飛行機を大砲が支援すべきだ。飛行機がまず第一だ」とは、少なくとも海軍の有力者は考えなかった。いや、考えている人はあったが、一人や二人では、どうにもならなかった。なぜなら、海軍はあまりにも「民主主義」に凝りかたまっていたからだ。

　海軍のよかったところは、たしかに派閥のないことだった。上の人の特別の贔屓(ひいき)やコネが役に立たないから、実力で行くよりない。なるほど先ほどもいったように、鉄砲屋だ、水雷屋だ、通信屋だ、飛行機屋だ、などとセクトみたいなものはあったが、べつにそれが立身出世には関係なかった。

進級は考課表によった。その考課表はその人の上官になった十人、二十人の人たちが、めいめい別々に書くので、誰それはどんな人間だろうか、この士官とこの士官とは、どちらが先に進級させたほうがいいだろうか、この人はどんな仕事に向くだろうか、などという判断を人事担当者がするときには、手許にいつも十人、二十人の意見が揃っていた。それをズーッと読むと、ほとんど誤りなく、その人の性格と力量をつかむことができた。

こんなふうだから、海軍兵学校や海軍大学校などで背負わされた枠の中ではあったが、海軍士官はてんでに意見をもち、てんでに信念に忠実であろうとする士官たちがA派B派に別れていて、A派の人数はA派の親玉に話をつければ、サッと獲得できる、などという器用なことは少なくとも海軍ではできなかった。

しかも、相手の意見を尊重するから、俺はこう思うというものを、頭ごなしに洗脳するわけにはいかなかった。

そのことはこんな重大な、命取りの大転換が起こっているときでも、同じだった。「民主主義」でなければならないことはもちろんだが、「クソ民主主義」は国を誤る。海軍の「民主主義」は、どうもその「クソ民主主義」に近かったのではないだろうか。

長門は、こうして頑強に鉄砲屋のアイドルにされていた。長門の身になってみれば、とんだ贔屓のひきたおしだ。頭をかいたくらいでは追ッつかなかった。

長門乗組の首脳者の顔ぶれを見ると、なるほど海軍のトップクラスがずらりである。いいものばかりを集めている。長門がオールマイティだからこそそうなる。言いかえれば、それだけ海軍の屋台骨を背負わされていたのだ。

だから長門は、なかなか激戦の中に突進できなかった。大和ができ、旗艦が大和に移り、武蔵が姿をあらわしても、いつも後詰めだった。あまり大事にされすぎて、一体なんのために生まれたのか、ときどき見当がつかなくなることもあった。

日米決戦のときに出すべき切り札――しかもそれは、両国艦隊が正面きって堂々と取っ組んで戦う決戦に、主役を演じなければならないもの――と思い込まれていては、どうにもしようのないことだった。そして、この決戦は必ず起こる――飛行機があんなに暴れまわっていても、決戦はあくまで戦艦同士の戦いとなる。ほんとうの勝敗はその決戦できまると、かたくなに思い込まれていた以上、なおさらのことであった。

しかし、そんなことが起こりうるのだろうか。

戦況は刻々に進展して、日本海軍の一部の人たち――あえて一部の人たちというが、山本長官、大西瀧治郎中将を頂点とする飛行機乗りたちが考えた持論どおりに――いや、その持論をはるかに飛びこえるほどの規模とテンポで、激烈惨烈な空の戦いに突入していた。

ものすごいスピードだった。単に飛行機が速く飛ぶ、というだけでなく、戦局の移り変わりそのものが、戦艦の速力と飛行機の速力との違いほどにちがっていた。目まぐるしいほど速かった。戦艦の強大な砲力で対抗すれば、飛行機なんかいくらかかってきても、イチコロだ――と自信を胸いっぱいに膨らませていても、その飛行機は高角砲や対空機銃が追っつかないほどのスピードで、鼻の先を歓声をあげながらかすめて飛んだ。

鉄砲屋はハラハラするほど必死に、術力の向上につとめた。すさまじいファイトと自己犠牲の精神で身を粉にしたが、科学の力が人間の手足を動かせる能力の限界をうわまわった。科学には科学で——たとえばアメリカの開発した信管のようなもので太刀打ちしなければならなかったが、戦艦の機銃員にはVT信管は配られなかった。あくまでも弾丸を、敵の飛行機に当てなければならなかった。

ゴマメの歯軋りだ——といって、飛行機屋の発言を笑った鉄砲屋は、こんどは飛行機屋から同じ言葉で笑われる羽目になった。

いや、鉄砲屋が駄目だといっているのではない。何屋にせよ、みんな日本の勝利のために全力を傾けたのだ。その努力がぜんぶプラスの方向に集まって、勝利への道を一糸乱れずグイグイ進んでいくのでなく、勝手な方向に引っ張りあい、なかには完全にマイナスの方向に息をきらせて引くのもあって、いっこうにプラスの方向に進めないとすれば、銘々がまじめで誠実にやっていればいるほど、それは救いがなかった。

どうして、こんな簡単なことができないのだろう。

なにが、いちばん大切なのか、そのいちばん大切なものが、精一杯の効果をあげるようにするには、そのほかの者がどういうふうに力を合わせたらいいか——むずかしくいえば、新事態にただちに適応し、これを勝ちとるためのすべての力の組織化系列化をどうするか、ということだが、そういう抜群の識見と力をもっていた指導者が、その場所と時期にどうして一人もいなかったのだろうか。

開戦を目前にした頃の長門。左舷やや後方からの撮影である

何度くりかえしても、解せないことは解せないのだ。

レイテ沖海戦の奮戦ぶり

ミッドウェー作戦で、もし南雲部隊の空母群のまわりを大和、武蔵、長門、陸奥、伊勢、日向、扶桑、山城、金剛、比叡、霧島、榛名（現実には霧島と榛名の二隻だけしかついていなかった）の十二隻の戦艦群が、ひしひしと守っていたとすれば、どうだったか。おそらく、ああやすやすとスプルーアンス中将に名を成さしめはしなかったろう。

アメリカふうな機動艦隊ができ、空母を中心として戦艦以下がこれを支援する編制がつくられたのは、なんと開戦の日から二年半もすぎた「あ」号作戦の時だった。長門は機動艦隊本隊の乙部隊——空母隼鷹、飛鷹、龍鳳の直接支援を、重巡最上、駆逐艦九隻と組んでやった。

ようやく新事態に適応するところまで漕ぎつけたわけだ。

ひとつの海戦がすむごとに、厳しい研究をし、その教訓をすぐにとり入れ必要な兵器の生産や改良を精力的にやりとげて、つぎの海戦のときには見ちがえるほど手ごわくなって突撃してくる。そんな弾力性のあるアメリカに対し、これはまたなんという固さと手ぬるさであろう。

もう一歩突っ込むと、それにもまだ疑問がのこる。その空母六隻の本隊に入っていた戦艦が長門一隻しかなかったことと、大和、武蔵、金剛、榛名は「前衛部隊」として、同じ機動艦隊ではあっても空母部隊と別建ての、どうやら昔の連合艦隊を小型にしたようなものがつくってあったこと。これはどういう理由なのか——ここでは紙数もないので、稿をあらためて述べるとして省略する。

長門の参加した激戦は、なんといっても捷号作戦——つまりレイテ沖海戦だった。この海戦の本質は特攻作戦であった。そういえば日本海軍にとって太平洋戦争そのものが特攻戦の連続だったが、レイテ沖にいたってそれが非常にハッキリしてきた。

太平洋戦争は、すでに戦艦や重巡などの水上部隊が、われこそは決戦部隊だぞ——などといいながら、堂々進撃するという時代ではなくなっていたはずだ。それを押し切って堂々と

「進撃」したのだから、大変な戦いになるのは当たり前だ。

昭和十九年十月二十四日、シブヤン海で五回にわたる惨烈な空襲をうけたとき、その五回目、長門には前部電信室、左舷副砲砲廓付近に、二五〇キロと推定される爆弾二発が命中した。だが応急修理で、けっきょく戦闘航海には影響ないところまで修復できた。

武蔵を失った第一戦隊は、大和と長門の二隻だけになった。そしてレイテ沖で突然アメリカの特空母部隊と鉢合わせしたので、すわこそとスピードにまかせての追撃戦になだれこんだ。チャンス到来だ。二十五ノットの長門は獅子奮迅、四〇センチ砲を猛射し、駆逐艦一隻を大破させつつ、ごうごうと進撃した。

そんな追っかけっこの間に、米艦上機がつぎつぎに襲ってくる。追撃戦を終わって引き揚げる途中でも空襲を受けたが、長門は二十四日の被弾だけで、あとはたくみに回避して一発も命中弾を喰わなかった。

長門はツイていた。

たとえば二十五日の正午に来襲した急降下爆撃機十数機、雷撃機数機にとりかこまれたが、爆弾はうまくかわして十五発全弾が至近弾だった。雷撃機は右から二機、左から一機の挟み撃ちで右の二機はうまく避けたが、左からの一発はかわす余裕がなく、万事休すと思ったとたん、魚雷の深度が深すぎて艦底をサーッと通り過ぎるありさまだった。

とにかく二十四日の命中弾二発のほかは、うまくかわしたため、引ッぱずすことのできた至近弾が三十九発、魚雷二十二本。それによる戦死五十二名、重傷二十名、軽傷八十六名。

激しい戦いのわりには、死傷者が少なかったのがなによりだった。

そこで長門の砲術家は、溜飲をどう下げただろうか。――四〇センチ主砲は徹甲弾四十五発、通常弾五十二発、対空弾八十四発を射ち、一四センチ副砲は通常弾六五三発、照明弾十五発、一二センチ高角砲は一五四〇発、二五ミリ機銃弾は四万七五三六発を射ちまくった。

艦長は兄部(こうべ)勇次少将、砲術長は井上武男中佐、通信長は玉井吉秋中佐、副砲長は前田安彦大尉であった。太平洋戦争に入ってから初めて全砲火が咆哮したわけだが、このチャンスに長門に乗り合わせたことは、この人たちにとって願ってもない幸運であったにちがいない。

その最期も強靭さを証明

その後、長門はブルネイに退いて再挙をはかったが、レイテの陸上戦闘が激しくなるにつれ、オルモックにたいする陸兵の輸送支援に出陣した。

レイテ海戦で連合艦隊はバラバラになり、もはやバランスのとれた組織的な艦隊戦闘も覚束(おぼつか)ないところに転落した以上、長門といえども、局地輸送に出かけることも無理はないが、同じ出すなら、なぜもっと早く出さなかったか。日本敗れたりの感慨を、身にしみて味わったといわせたいのだろうが、それどころではなかった。

むろん日米が太平洋をはさんで戦ったとき、日本が力で、力だけでアメリカに勝てる理由はなかった。たとえば真珠湾のように、たとえばマレー沖のように、歴史の扉をひらく新しい英智と鍛練とが実ったところでは、世界をあっといわせる成果をあげることができたが、それを支援し、拡大する全日本の、いや全海軍の一丸となった推進が得られないでは、柔軟で、弾力的で、国の力の全部をかたむけて推進してくるものに敗れるのは、致し方なかった。
長門は昭和十九年十一月末に、ブルネイから日本に帰り、横須賀に入って終戦まで動かなかった。もっとも動くべき燃料もないのだから、当たり前だ。傷心の身には、むしろそのほうがよかった。

広島長崎に落ちた原爆は、終戦直後、第三発目の標的として長門をえらんだ。戦艦の砲弾から飛行機の爆弾にうつった戦争科学の進歩は、さらに原爆をめざして驀進していた。長門は来るべき第三次大戦で原爆を艦艇攻撃につかった場合、どのような結果になるか、どんな対策をとればいいのかの実験台——人身御供にあがらされた。長門の錨泊位置は、ビキニの爆心から約千メートルのところだった。

昭和二十一年七月一日、空中での原爆をうけたがビクともしなかった。七月二十五日、水中原爆実験で至近距離での爆発をうけ、想像を絶した水中衝撃波を横ッ腹に喰った。その波で米戦艦アーカンソーはほとんど瞬時に沈み、空母サラトガも七時間半後に沈み果てた。その——が長門は、そのあと四日も堪えた。堪えて、堪えて、堪えぬいて、実験後、四日半をすぎた、七月二十九日の夜、ついに力つきてビキニの海底深くに身を沈めた。

人ひとりいず、死を賭しても助けてくれる日本海軍軍人——二十五年の生涯のあいだ、いつも親しんでいた人々も艦内にいず、ガランとしたウツロの死の中で、一人で必死に堪え、日本海軍の名誉と誇りのために堪え、つぎの時代の、おそるべき破壊力のいかに兇暴であるか、いかに無惨であるかを身をふるわせて世界に訴えつつ、死んでいった。

その死が夜にまぎれ得たことは、せめてもの慰めだった。

翌朝、水平線にのぼった南海の太陽は、あくまでも蒼く澄んだビキニの水面に、きのうまで頑張りぬいていた長門の姿を見いだし得なかった。

われ長門、直撃を受くるも戦闘航海に支障なし

日本刀とハタキを手に艦底十メートルの心臓部を支えた機関科のレイテ海戦

当時「長門」罐部十九分隊長・海軍大尉　寺尾善弘

寺尾善弘大尉

昭和十九年十月二十三日の午前六時二十分からこの記録は始まる。恒例の早朝訓練をおえ、いよいよ明日からは戦場の真っ只中だろうと思いながら、私は罐室からノコノコと上甲板に上がった。深呼吸ひとつして背伸びをしたところ、後ろから肩をポンとたたく者があった。振り返ると副砲分隊長である。「こんどは副砲を撃つチャンスがあるかな」と腕をなでながら立っていた。

「まあ俺なんかも毎日が脇役だが、毎日が戦闘みたいなものよ」と軽口をたたきながら、隊伍を組んで堂々とすすんでいる四戦隊の愛宕、高雄、鳥海を眺めていた。ふと一番艦の愛宕を見ると、前甲板から黒煙がもうもうと立ちこめていた。「さすが旗艦だけあって応急訓練も気合いが入っているなあ」と言いおわらぬうちに、一番煙突の横のあたりからさらに黒煙

があがる。

これはちょっとおかしいぞと見ているうちに、艦の行き足も幾分とまった観がする。そのとき「雷跡ッ！」という誰かの声に、反射的に罐室に向かった。長いラッタルをおりながら、これで二度と甲板には上がれないな、と心をかすめるものがあった。二ヵ年半の実戦経験のなかで、多少とも私が心に翳りを感じたのはこの一瞬だけであった。

この年の春の陣ともいうべきマリアナ沖海戦では、機先を制しておきながらの惨敗——当時、われわれは極端なロングリーチ戦法とは知らず、全機母艦よりの発進完了をみて勝利を疑わなかった。それは「捷号作戦」計画どおりの敵の出方にたいして、なにはともあれ、全艦隊が計画どおりの立ち上がりをした。——記録によれば、米軍はパラオ、ヤップを経由してレイテに進攻する予定が、直接レイテということになり二ヵ月ほど予定はくりあげられた。

そこで、北からは巨大なオトリ部隊として小沢治三郎中将のひきいる第三艦隊、さらに瑞鶴、瑞鳳、千歳、千代田の四空母よりなる第三航空戦隊、日向、伊勢の航空戦艦二隻よりなる第四航空戦隊を中心とした大淀、多摩、五十鈴の巡洋艦に三十一戦隊の駆逐艦八隻がつづいた。

そして南からは西村祥治中将ひきいる第二戦隊の山城、扶桑、最上に駆逐艦四隻と、志摩清英中将ひきいる第五艦隊、那智、足柄の二十一戦隊と阿武隈以下の第一水雷戦隊が別動隊となり、中央を突破して主力の栗田健男中将ひきいる第二艦隊、旗艦愛宕以下の高雄、鳥海、摩耶の四戦隊、大和、武蔵、長門の一戦隊、妙高、羽黒の五戦隊、能代ほか九隻の駆逐艦よりなる第二水雷戦隊、さらには金剛、榛名の三戦隊、熊野、鈴谷、利根、筑摩の七戦隊、矢矧ほか駆逐艦六隻の第十戦隊、また支援部隊として、潜水艦十三隻をひきいる第六艦隊、基地航空部隊としてマニラに展開中の第一航空艦隊および第二航空艦隊という、当時の連合艦隊の全力を投入しての大作戦の幕が、順調にあがろうとしていた矢先のことである。

出鼻をくじくとは、まさにこのことであろう。しかも艦隊長官の坐乗する旗艦が、真っ先にやられるとは。とくに私にとっては、つい一年前まで乗っていた艦であり、多くの乗組員は当時のままであった。クラスメートの平野中尉が、自分とおなじく愛宕の罐分隊長として一番煙突の下にいるはずである。

その愛宕を襲った魚雷のはずれか、あるいは他の潜水艦の魚雷か、いずれかがいままさにこの長門を襲ってきているのである。罐室までの三つの甲板を潜りぬけるまで「待ってくれ」と祈りながら、やっと罐部指揮所の床几にすわったとき、初めてわれを取りもどした。

ここを死場所とさだめて、必要品は持ち込んである。日本刀を左手に、右手にハタキ。これが罐部指揮官の戦闘態勢である。この非常時にサマにならぬ格好で、戦艦の艦底十メートルの罐部で日本刀がなんの役にたつかと思われるのだが、これで本人も落ちつき、部下も覚悟ができるというのだからおもしろいものである。ハタキは指揮棒の役目である。ときには主砲の一斉射撃で天井、風路から落ちてくる塵埃（じんあい）をはたくという本来の役目もつとめる。

川中島の信玄よろしく床几にすわるが、覚悟の魚雷の一撃が当たってもほとんどわからない。魚雷はときには気づかずに済むこともある。

泊地に進出した長門。艦首の向こうに、大和、武蔵ら栗田艦隊の主力が見える

昭和19年10月21日、レイテ湾の米艦隊を撃滅すべくボルネオ北岸ブルネイ

沈黙すること数秒——「はずれたな」とみなの顔を見まわし、思わずニヤッとする。みなもガラス越しにニヤッとした。これでピンチはまぬがれた。
ところでこのときの一撃は愛宕を沈没させ、高雄はエンジン停止、ひきつづいて摩耶が轟沈するという、一ラウンド立ち上がりざまにノックアウトパンチを喰らったかたちとなり、長官以下の司令部は海上漂流の後、駆逐艦岸波にひろいあげられ、その後、宇垣纏中将坐乗の一戦隊司令部のいる大和に相乗りすることになった。

直撃弾をくらった機関部

十月二十三日は、午前中の潜水艦騒ぎから夕刻には警戒配備となり、夕食は士官室でとった記憶がある。私室にかえって小憩をとり、サイダーを飲みかけたところで、ふたたび戦闘配置がかかった。それから四日間の戦闘の後、ふたたび私室にかえると、この飲み残したサイダーが、そのまま残っていたのが印象的であった。隣人は幾十人か戦死し、艦内は大混乱となり、はては大日本帝国海軍連合艦隊が、この四日間で消え去るほどの大事件が起きていたのだ。
明くる二十四日の航空機による攻撃も、かならずしも連続ではなく、一波と一波のあいだには一時間くらいの間があった。ガンルームでは正規の昼食をとったものもいたが、朝食時にテーブルの向かい側にいた男が昼食時にはもういない。昼食にカレーを頬ばっていた男が夕食時には消えている。しかも室内はなにも変わってない。整然としたたたずまいに、艦隊戦闘の非情さを感じたという。

ところが、士官室と兵員の方は、そんな非情さを感傷するどころではなかった。士官室は戦闘医療室となり、負傷者で血の海だった。兵員の方は二十四日の爆撃で烹炊所が真っ先にやられたので、以後は食うや食わずのありさまという、艦隊戦闘ではきわめて珍しいほど哀れなことになった。よほど心がけの悪い主計長だったのか、ただしご本人はかすりキズひとつ負わなかったが。

その心がけの悪いもう一人が、十九番こと罐分隊長の私であった。右舷の一番高角砲、通信指揮室、烹炊所を貫いた小型爆弾が罐室直上で爆発した。爆弾そのものは二五〇キロの小型で、戦艦のアーマーからすれば、どうというほどのことはないはずであったが、悪いことに二発が連続して同じ場所に当たった。しかも運悪く罐の吸気孔のグレーチングに命中した。アーマーも全面に敷きつめては罐の燃焼用の空気の入口がないので、ここだけ格子になっている。一番の弱点においでなすったわけだ。

罐本体はなんともなかったのであるが、爆発の衝撃で格子の下にある送風機がやられた。なにしろ、みなは艦橋に当たると思った直撃弾が、真後ろに命中したので、やはり十九番が最初かと艦橋で話し合ったというから、私はよほど日ごろから心がけが悪かったかなと後日、反省した。

この十九番というのは、主砲の一番からはじまって十八番が機械、二十番が医務、二十一番が主計と、それぞれの分隊長のことをいうのである。そのときは反省するどころではなく、眼前の一罐室員をいかんなく救った。一罐がやられれば、四軸満足でも艦隊中でもっとも鈍足の長門が、三軸か二軸になれば速力はさらに落ちて、爆撃機や雷撃機の絶好の目標となる。「一罐被害、状況判明まで二、三、四罐の三区分で三軸運転とされたい」と機関長に意見具申した。このあたり、つい先ごろまで機関長付として日夜、機関応急訓練の指導にあたっていただけに強い。出しうる速力二十一ノット、補機使用区分などよどみなく出てくる。

長門を救った一人の機関将校

阿川弘之氏の『軍艦長門の生涯』に、ボイラーをやられて三軸運転になり、速力の低下していた長門は、ちょうど武蔵の沈んだ時刻に罐の修理ができあがった。「一号罐修理完成、ワレ全力発揮可能」と全軍の士気を鼓舞するかのような信号を大和へ送った……とあるが、これだけではここで戦死した篠原機関兵長、一罐分掌指揮官として全力発揮に貢献し、以後の爆撃から回避できた功労者のひとり、吉本中尉などに申し訳ないような気がして、若干紙数をさくことを許していただきたい。

阿川氏の記録は、抜群の内容と正確さがあると思うが、それだけにかえって記録の出所にたよりすぎ、記録されなかった人たちの言葉は、われわれが伝える義務があると思う。

長門がレイテ戦で生き残ったことの最大の貢献者は、名艦長兄部勇次大佐であることに異論はないが、爆撃や雷撃をみごとに回避した航海長の業績は記録されなければならない。また、被害の復旧の中心になった工作分隊長中島大尉の功績を忘れてはなるまい。その後、こ

煙突脇の探照灯、最大仰角をかけた主砲など前檣から見た長門後部

の二人はその手腕を買われて、それぞれ大和の航海長、工作分隊長となり、沖縄特攻で最後をとげられた。

艦隊の対空戦では、操艦技術いかんによっては、その艦の運命を左右することは論をまたない。対空戦闘を第一とし、回避を第二とした艦は早期に姿を消し、回避に重点をおいた艦は比較的残存している。この海戦では、空母の護衛任務はなかったのであるから、対空射撃に血道をあげ、みずからを滅ぼす必要があったろうか。

目的はレイテ突入後の砲撃戦である。それまでは逃げて逃げて逃げまくってよいはずである。目的達成のためには逃げる勇気と技も必要だったのだ。つい眼前のはなばなしさに目をうばわれた指揮官はなかっただろうか。ダイレクトアプローチのみが戦術であり、もっとも勇気あるものとした指揮官がなかっただろうか。本当に耐えしのぶ人が軽んぜられるというようなことはなかっただろうか。

罐室は艦の中のサウナ風呂

さて、話を元へもどそう。蒸気で充満した一罐室も、送風機のドレン管の切断が原因とわかり復旧にかかる。ところが罐に空気をいれる風路がペシャンコになって、罐がたけない。工作分隊長にたのむと「ガス切断器を貸すから、お前やれ」という。おなじ分隊長でも四十七期と五十二期では格がちがう。なにぶんにも卒業時の教官クラスである。ありがたいことに、ベテランの工作員を二名つけてくれた。

空襲の間隙をぬって罐室をとび出し、風路の切断にかかる。ゴロゴロする高角砲弾を片付けながら切断にかかった。

この被害復旧作業は、訓練どおりにおこなわれた。被害を想定して、数百のパターンをもとに日夜訓練していた成果は充分であった。それでも戦闘となると、予期せぬ出来事も起こる。このときも非常事態ということで、最小限の暗号書を残してほかは、ただちに処分することになったが、その量たるや膨大なもので、なかなか名案がない。

結局、罐で燃やせということになり、罐室に大量の暗号書が持ち込まれた。ところが、石炭罐のように簡単に炉内に投げ込むことはできない。重油罐では炉内の外側に空気囲い(かこ)があって、一〇〇度に加熱された空気で重油を燃焼させるようになっている。したがって暗号書を燃やすには、この罐囲い(かまがこ)に人が入って、バーナーの隙間から暗号書を投げ入れるしかない。かつて燃焼中の罐囲いに人が入ったことはなかった。一〇〇度の中では、ただちにミイラになるか、恭発してしまうのではないかと心配した。まことにお粗末であるが、そのときは誰もがそう考えた。

「よし俺がゆく」と特攻隊気どりで分隊長の私がおそるおそる入る。罐囲いの外からは分隊員が心配そうにのぞき込んでいる。三分ほど頑張って数十冊を処分して飛びだし、分隊士にバトンタッチ。いま考えるとまことに愚かな話であるが、高い金をはらって肩をほぐしにゆくサウナ風呂と変わりはないのである。決死ぶって飛び込んだ姿が、なんとも恥ずかしい。

しかし、何事もコロンブスの玉子となぐさめてはみた。熱容量もなかったが、頭の容量もなかったようである。頭の容量不足といえば若い海軍士官には、艦内生活で読みきれないことが多かった。たとえば巡検後、若い兵隊が上甲板で真鍮みがきを毎晩のようにくりかえしている。みがいているのは洗面器とか煙草盆とか愚にもつかぬものばかりで、「こんな無駄があるか」と大いに憤慨して、時間の無駄、労力の無駄、部下の酷使、これに過ぐるものなしとさっそく、先任下士官を呼びつける。ところがあとがいけない。「分隊士、本当に若い連中がかわいければ、彼らの楽しみを取りあげないで下さい」という。古参兵から逃れ、同年兵同士の憩いのひとときだというのである。

罐の修理がおわったころ、長門はふたたびシブヤン海を東進していた。昼間の戦闘の激しさにくらべて、この夜は無気味な夜だった。サンベルナルジノ海峡を太平洋に出た艦隊は、レイテをめざして南下をはじめた。

小雨のなかに十月二十五日の朝が明けそめようとしていた。その時である。朝靄のなかにマスト、マスト、マストの林立だ。ついに戦艦長門が誕生して二十四年目にして、敵艦隊と相見えるときがきたのである。「主砲水上戦にそなえ」「打ち方はじめ」とともに四〇センチ主砲の徹甲弾が発射されて、艦底をゆるがすような反動が乗組員全員の身体につたわった。

しかし、このこころよいゆさぶりも長くはつづかなかった。米艦隊のたくみな回避にあったのである。とくに、米軍パイロットの偽装急降下で追撃をおさえられてしまった。爆弾投下後の飛行機が執拗に急降下態勢にはいる。わが方としても、爆弾をかかえているのかどうかを判別して回避運動するだけの余裕はない。とにかく、突っ込んでくれば舵をとらざるをえない。

そうこうするうちに、敵艦隊との距離はひらく一方である。このときの戦闘では多大の戦果をあげた観があったが、実体は護送用空母一隻と、駆逐艦三隻を葬ったにとどまった。艦隊はその後、針路を北にとることになるのだが、後にこれが〝謎の反転〟として問われることになる。

そのとき、われわれはなぜ、この期におよんで反転するのか理解できなかった。たしかに二十三日の立ち上がりいらい、不幸不運の連続であった。もっとも頼りにしていた味方航空部隊はついに姿を見せずじまいで、一方的な攻撃にさらされ、味方の動向も敵情もつかめず、身心ともに疲労困憊の極ではあったが、すでに敵艦隊に直接接触し、追撃態勢に入ったところだったことや、レイテに敵が上陸していることはたしかな情報であったのにもかかわらず、突入を断念したことはなんとも惜しまれる。

明くる二十六日、シブヤン海を南下するわれわれに執拗な追い打ちがあったが、夕刻になってふたたび反転し、レイテに向かうという話がつたわった。これは記録には残されていないので経緯はわからない。ただ、被害個所の復旧にあたっていたわれわれも、この時はいまさらという観があった。すでに戦機を失したという感が艦隊全体にみなぎっていた。

悲劇の戦艦「陸奥」柱島水道に死す

元「陸奥」運用長・海軍中佐　福地周夫

風雲急を告げる昭和十六年八月、日本海軍の輿望をになって最新式空母翔鶴が横須賀軍港において竣工すると同時に、私は初の乗員となった。

思わぬ武運にめぐまれ開戦となるや、つねに第一線に出動、東はハワイ真珠湾、西はインド洋セイロン島、南はソロモン珊瑚海、あるいは南太平洋の諸海戦に参加し、いずれもはなばなしい戦果を挙げ、艦上つねに凱歌をとなえるという空母勤務の幸運を、私はしみじみと味わうことができた。

征戦一年有余、昭和十七年の暮れには南太平洋海戦でこうむった損傷個処の修理のため、横須賀海軍工廠の岸壁に横付けしていた。このころはすでにミッドウェー海戦で空母の大半をうしない、翔鶴の修理も特急工事としてすみやかに完成するよう要望されていた。そんな状態のとき、私は戦艦陸奥への転勤命令をうけ、生死を共にした翔鶴とわかれを告げることとなった。

巨砲虚しく天を仰ぐ

昭和十七年十二月三十一日、正月を明日にひかえ、南洋トラック島にむけ横須賀軍港を出動する空母瑞鶴は翔鶴の姉妹艦で、神戸川崎造船所において建造され、第五航空戦隊として翔鶴とともにこの一年有余、行動を共にしてきた艦である。

当時、陸奥はトラック島在泊中であったため、私はこの瑞鶴に便乗してトラック島に向かい、昭和十八年一月四日、ぶじ陸奥に乗艦することができた。ここには山本五十六長官坐乗の戦艦大和をはじめ、連合艦隊の諸艦が集結しており、南方作戦の一大根拠地でもあった。

陸奥は僚艦長門とともに、永年にわたり日本海軍の陣頭に立って活躍してきた艦だけあって、乗艦してみると、さすがに骨格のがっちりした大艦巨砲時代のモデルのような艦であった。

猛訓練によって充分の戦力をもったこの巨艦も、いざ開戦となってみると、今まで鍛えた腕のあらわしようもなく、おかぶはいま大戦の花形である空母にうばわれて、巨砲むなしく天をあおいで嘆息するのみ。ここトラック島環礁内の艦隊泊地においても、艦の両側に水雷防禦網をはりめぐらし、手をこまねいて戦機の到来を待つという状況であった。この艦には艦長山澄貞次郎大佐、副長大野小郎中佐のほか、元宮様の音羽大尉が分隊長として勤務しておられた。

戦時中は艦の行動を知ることはなかなか困難で、転勤してもすぐにその艦に乗艦すること

から単縦陣へ変針した直後で、標的を曳航する潜水戦隊旗艦の平安丸が続航

昭和16年、戦闘射撃訓練中の戦艦陸奥(左)と長門(右頁)。長門を先頭に横陣

は出来なくて、出港してしまった後を次からつぎと追いかけなければならないこともある。陸奥も私が乗艦してわずか三日にして、一月七日、トラック島を出港し横須賀に帰ることとなった。

途中、警戒航行をつづけながら横須賀に向かったのであるが、初めてその戦闘艦橋に立って艦を操縦したときは、前甲板があたかも山上より見おろした谷底のような感じで、夜間すべての灯を消した暗闇のなかでこの戦闘艦橋まで登ってくるには、十個以上の梯子を手さぐりで登って行かねばならないほどの大きな艦であった。ともあれ、一月十五日、陸奥はわが身にせまる運命を知るよしもなく、第一艦隊の集合地である広島湾柱島水道にむけ横須賀を出港した。

突如として起きた大爆発

柱島水道には戦艦長門以下の第一艦隊の諸艦が碇泊しており、次期作戦にそなえ猛訓練が開始されていた。私は前年、珊瑚海海戦、南太平洋海戦の再度にわたる空母決戦において、翔鶴艦上、敵機二百余機と戦い、二回とも爆弾数発をこうむり艦は大破炎上沈没せんとしたのを救った経験があるので、柱島水道での艦隊訓練にはこの戦訓によって艦内防禦を演練し、来たる艦隊決戦においては、三たびこの大艦を沈没より不沈戦艦たらしめようとの決意をもって、広島湾の艦隊泊地に乗り込んで行ったが、一年有半におよぶ各地転戦の疲れがあらわれたのか、この頃からようやく身体の不調をおぼえ、海軍入籍いらい初めて、心ならずも郷里に転地療養するのやむなきにいたった。

かくて私は艦長はじめ乗員一同に見送られ陸奥の梯子を降りたのであるが、神ならぬ身のこれが世界に誇った大戦艦陸奥の最後の見おさめになろうとは夢にも思わず、短艇のなかから後ろを振りかえり、その武運長久なれと祈ったのである。

私は三月一日、佐世保鎮守府付となり、後任には末武中佐が着任された。その後、三ヵ月、柱島水道において訓練中、六月八日に突如として大爆発を起こし、一瞬にしてその雄姿を柱島水道の海底深く没し去ったのである。思えば武運むなしき最後であった。

艦長はじめ乗員の大部は艦とその運命を共にし、その胸中を察するにあまりある。まことに痛恨のきわみである。戦いなかばにして空しく没し去った戦艦陸奥に対し、愛惜の感に堪えない。

私は陸奥爆沈の決定的瞬間を見た

柱島泊地の第一艦隊を震撼させた謎の一大火柱の真相

元「扶桑」乗組砲術指導官付・海軍中尉　高崎嘉夫
元甲飛十一期艦務実習生・海軍上飛曹　古屋一彦

昭和十八年六月八日、瀬戸内海の広島湾内にある柱島基地には、戦艦陸奥(むつ)と扶桑および軽巡龍田(たつた)の三隻が停泊していた。すでに太平洋戦争が始まって一年半がすぎ、柱島の艦隊はすべて即時待機で、文字どおり月月火水木金金の猛訓練がつづいていた。当時、私(高崎)は准士官で、第一艦隊司令部の砲術指導官付として扶桑に乗り組み、福島中佐のもとにあった。毎月八日は大詔奉戴日にあたる。その日も午前の奉読式が終わり、昼食もようやく終わりかけていた。十二時十六分、扶桑の艦体が突然、ビリビリビリーッとゆるやかに振動した。つづいて、ドドドドーンという重苦しい爆発音がとどろき、思わずハッとして緊張した。つぎの瞬間、艦内の警急ブザーが鳴りひびいた。

「敵襲だ!」各自が一斉に戦闘配置へ駆けていき、艦内は入りみだれた。私もいそいで艦橋に駆けのぼった。その日は朝からの濃霧で、目の前は白一色だった。あたりには何も見えず、ただラッタルを駆ける音が、あわただしく響くのみであった。

「右前方に、大きな炎が三百メートルくらいまで上った」当直信号兵の声がする。私は僚艦の陸奥か龍田が、敵潜水艦の雷撃をうけたものと直感した。全員が配置につき、じりじりした緊張の時がすぎていく。

「右〇〇度、潜望鏡」突如、見張りからの報告がはいった。

「右砲戦！」艦長の下令である。いまにも砲撃がはじまるかと、全員が息をのんで待ち構えるが、一向にはじまらない。主砲、副砲ともに、いたずらに旋回しつづけているだけである。無気味な数刻がたつ。依然として霧は深い。

「目標が見えない」トップ射撃所より、くり返しおなじ報告がひびいてくる。いまにも、この艦が雷撃でやられそうな気がして、苛立つばかりである。

「早く射てばいいのに……」下の方から声がする。重苦しい時が、なおも過ぎていく。

「救助艇おろせ！　第一救助隊整列」という突然の艦内放送とともに、伝令が走る。

そうこうするうちに霧は少しうすらいで、右前方に鯨の背のような大きなものが、ぼんやり見えはじめた。その右方、少しはなれて、三角形に似たもう一つの影が見える。さらに、その右方遠くに艦影がぼんやり浮かび、発光信号が光っている。龍田である。しかし、陸奥の艦影が見えない。

上甲板では、救助隊員が慌ただしく短艇に乗り込んでいる。まもなく「総短艇おろせ」の伝令がだされ、上甲板は走りまわる兵員と怒号がうずまき、戦場そのものであった。砲はいつしか定位置にもどり、いまは救助作業に全艦が集中している。

出師準備完了した陸奥。幅広の船体に40cm主砲、まさに鋼鉄の浮城である

霧はほとんど晴れ、海上に赤腹の艦底が大きく見えている。転覆した陸奥の無残な姿であった。そして、艦尾の方はちぎれてはなれ、これも赤腹を少し見せていた。あとでわかったのであるが、見張りからの「潜望鏡」の報告は、仮設の航路標識の一部を誤認したものらしい。

重油まみれの陸奥乗員

海上では必死の救助作業がつづき、やがて先発の救助艇が帰ってきた。見れば、みなまるで墨汁を全身に浴びたように真っ黒である。そして、目だけが異様に光っていた。陸奥の乗員は黒い油をポタポタと落としながら、扶桑の舷梯を上がってくる。陸奥から流れ出た重油が海面にただよい拡がるなかを、浮き沈みしたためであった。

つぎつぎに救助艇が帰りつき、ふたたび救助に向かう。遭難者は防火用砂をしいた通路から浴室へ誘導されていく。すでに死亡した者は、直接、海岸に収容されているという。

救助作業のすすむうち、重油の浮いた海面は徐々にひろがり、本艦にも近づいてきた。その海面には、太い丸太ん棒のようなものが点々と浮いている。それは直径四十センチ、長さ五、六メートルもあろうかという鉄製の円筒であった。これらは、二重防禦区画のなかに詰めてある円筒で、防禦区画に浸水しても、この円筒が浮力を維持する、いわゆる二重浮力構造の材質であった。

遭難者がぞくぞくと収容される。油を洗いおとして新しい服に着がえ、軍医の検診などが終わって一応おちつくと、こんどは私たちが忙しくなった。原因究明のため、爆発前後の聴き込みやアンケート調査など、資料づくりは夜までつづいた。このとき本艦に収容した者は百六十数名と記憶している。

爆発の原因について、私の知るかぎり原因らしいものは見出せなかった。ただ、上甲板の三番砲塔付近の通風筒より、白い煙を見た者が一人あっただけである。

第一艦隊の旗艦長門（ながと）は事件当時、呉に停泊していたが、急遽、柱島に入港した。司令部より原因究明について矢の催促がきたが、すぐに判定できる資料はなかった。

ともかく、陸奥三番砲塔火薬庫の爆発であることは想像できた。装甲部は厚さ十五センチの鉄鈑でつつまれており、これを一瞬にして切断した爆発威力からも、それは想像できる。そして、転覆は浸水によるものではなく、均衡を失ったためであった。一般に轟沈といっても、一分や二分はかかるのに、陸奥は数秒で転覆してしまった。爆発により艦体が分断し、檣楼をもつ前部は極度に均衡を失い、急速転覆したものと思われる。

前甲板にいた者の証言によると、「爆発し、とっさに海中に飛び込むため、舷側に向かおうとしたとたんに甲板は傾き、すべりながら海中におちこんだ」ということで、いかに早く転覆したかが想像されよう。

四十五分間の死の乗艦実習

夕闇がせまるころ、その日の救助作業はいちおう打ち切られた。赤腹を見せた陸奥は、ま早く何とかできないものかと思うが、艦内で苦しみつつ救助を待つだ浮いている。艦内には、まだ生存者が多数いるのだ。四万トンの巨体が相手では、急にはどうすることもできない。生存者を想像すると、いつまでも寝つかれなかった。

翌日、塩沢幸一大将を長とする査問委員の一行が来艦した。さっそく救助された者が一人ずつ呼び出され、調査は数日にわたってつづけられた。その結果について、当時の私などには知らされる由もない。

事故の翌朝、陸奥は海上から姿を消していた。とはいえ、残存浮力があるため、逆立ちのままマストの先端が水深約四十メートルの海底にとどき、艦底は海面よりわずかに沈んだていどにあった。いっぽう、海上には工廠の曳船や団平船が数隻ほど見え、救難作業がつづけられていた。海中にあ

昭和45年に柱島沖から引き揚げられた陸奥4番主砲塔

る艦内から、どうやって救出するのか非常にむずかしい作業であろうことは想像していたが、ついに最後まで一名も救出されなかった。

戦艦陸奥、長門といえば、日本海軍の主力艦であり、日本国民で知らぬ者はなく、世界にほこる巨艦であった。開戦後まもなく巨艦大和と武蔵が建造され、そのころすでに艦隊で活躍していたとはいえ、陸奥と長門は大和、武蔵とともに、その活躍が大いに期待されていたのである。それなのに陸奥は一瞬にして、瀬戸内海の藻屑と消えてしまったのである。

緒戦の大戦果にもかかわらず戦局はしだいに不利となり、各地で敗退の兆しのあることを、薄々ながら私も知っていた。千三百余名の人命とあの巨艦を犠牲にする覚悟で、戦場において突撃を敢行したならば、相当に大きな戦果をあげえたはずであろうにと、長嘆息せずにはいられなかった。

激戦奮闘の末ならばまだしも、四肢健全のまま一瞬にして生きるすべを奪われ、なぶり殺しにもひとしい最期を遂げた乗員の気持は、いかばかりであったろうか。当時、前線ではこれにおとらぬ惨烈な戦闘がつづけられていたが、私には、この事件の痛ましさが、いつまでも胸中からぬぐい去ることができない。とくに予科練生の犠牲は忘れられない。はじめての乗艦実習で陸奥に乗り組んだのは、事故の四十五分前であった。紅顔の少年一五〇余名にとり、四十五分間の死の乗艦実習となった。ほとんど全員が殉職ときく。

乗員で救助された者は、査問委員の調べがおわると呉海軍病院へうつされた。ここに隔離されて、事件の外部への漏洩をふせぎ、元気な者から南方の最前線へ転出させられたときく。

ところで、陸奥爆沈の原因は、当時の査問委員会の判定も決定的でなかった。当時、私は砲術指導部として、対航空機戦用として開発され、大口径砲に装備されたばかりの三式弾を研究、指導していた。その立場から考えてみると、三式弾の信管機構の巧緻さが、かえって誤爆誘発の原因になったのではないかと、いまでもそう信じている。

艦務実習生　古屋一彦上飛曹の証言

私（古屋）と同期に中川某という上飛曹がいる。彼は戦争が終わってからも、ちょっとしたハズミで（おそらく人は信じないだろうが）突然、天に沖するような火柱の炎につつまれたという錯覚におちいって、半狂乱となった。戦時中、あのことがあって土浦へ帰ったとき、兵舎の二階で大掃除をやっていたところ、やはり、こうした幻影におびやかされて地面に真っ逆様に転落したことがある。

中川上飛曹のこういった得体の知れぬ狂乱状態は周囲をおどろかせたが、なにゆえにあの優秀だった中川生徒が、こんな精神状態に陥るようになってしまったのか、長いあいだ腑におちなかったものだ。なにが彼をして迷わしめたのか、その後の中川上飛曹はどういうわけか、かたくなに口をつぐんで周囲と絶縁した。

ところで、かつて日本海軍の名戦艦だった陸奥が、突然の大爆発を起こして広島湾の柱島沖にアッという間に沈没してしまったことは、いまなお記憶に新しい。

あれは、昭和十八年六月八日の昼ごろのことだった。その当時、予科練の訓練をおえて、艦隊艦務実習生として戦艦扶桑に乗り組み、パイロットの卵として訓練にはげんでいた私は、ちょうど、問題の陸奥から千メートルほどはなれた位置に仮泊した艦の上で、昼食をかきこんでいた。

やがて、腹も八分目になりかけたころ、ユラリと艦が動揺したのを感じた一瞬、グオッグオーンというものすごい爆発音が、洋上にとどろいた。スワッ空襲！　総員争うように艦上へとび出した。

ところが、おお、何ということだろう。はるか洋上にその巨軀をほこって、われわれの眼を楽しませてくれていた戦艦陸奥が、信じられない黒煙におおわれ、紅の炎を天につきあげて、地獄絵さながらの様相をくりひろげていたではないか。

対岸の火事にしては、あまりにも悲痛であった。全員、デッキで手摺をにぎりしめたまま、脳天をぶん殴られたようなショックで、目の前が真っ暗になる思いだった。

その直後、生き残った陸奥乗組員は、全部、南方を飛ばされ、土浦へ帰ってきた実習生も厳重な箝口令（かんこうれい）を布かれて、その悲劇の真相は、それから終戦まで謎につつまれていた。前記、中川上飛曹は、この爆沈で吹きとばされながらも、生き残った一人だったのだ。

いろいろと真相らしきものが伝えられている。しかし、中川上飛曹やその他のごく少数の生存者の話を総合すると、火薬庫に積まれてあった主砲対空弾（三式弾）の暴発ということらしい。十重二十重（とえはたえ）に警戒厳重な弾薬庫であるから、これ以外に原因は考えられないかもしれない。

航空戦艦「伊勢」エンガノ沖の主砲対空戦闘

初の三六センチ八門の咆哮と操縦回避運動により生還した四番砲塔長の体験

当時「伊勢」四番砲塔長・海軍中尉　杉山　栄

杉山栄中尉

沖縄、台湾、フィリピン海域と、かつての激戦地の洋上慰霊祭が戦後三十五年ぶりに計画された。これは、元航空母艦千歳（ちとせ）乗組であった福岡県出身の渡辺守氏の熱誠と、努力によるものであった。じつに二ヵ年余にわたり、家業を家族にまかせ専心これに取り組み、全国の遺家族ならびに生存者、各種団体に呼びかけ、その結果、五三〇名の参加者をえたのである。私もその一員としてくわわり乗船した。

昭和五十五年十月九日、九州の博多港には、洋上慰霊のために特別チャーターした豪華客船さくら（一万三千トン）が、慰霊船として岸壁に横付けになっている。

暮色せまる埠頭では、海上自衛隊佐世保基地から特別な好意により派遣された音楽隊の勇壮なメロディーが流れ、五色のテープが乱舞するなかを、汽笛を湾内にひびかせつつ十五日間の慰霊の船旅に出たのである。

こうして出港してからまたたくうちに十一日間のぶじな航海をおえ、いよいよ帰路についた十二日目の朝、すなわち十月二十日の午前六時半ごろ、ちょうど日の出の時刻に本船は、ついに比島沖海戦の古戦場であるエンガノ岬西方二五〇浬（かいり）の地点にさしかかった。

さくらは汽笛を数回吹きならし、白波の弧をえがきながら同海域を大きく一周しようとしたとき、英霊が生きて喜び、われわれに応えるもののように、空一面に朝日に映えて、鮮やかな虹が立ったのである。

奇蹟というか、このあまりにも劇的な出来事に一同は感激し、あるものは手を振って友の名を呼び、またある婦人はハンカチを手に夫の、兄の名を呼び、ある人は合掌して天を仰ぎ祈った。

この海域こそ、われわれ小沢機動艦隊がオトリとなって戦った、世にいう比島沖海戦の古戦場である。海と空だけでなんの目標とてないが、この海底深くには空母瑞鶴、瑞鳳、千代田、千歳をはじめ、巡洋艦多摩、駆逐艦秋月、初月などとともに幾千の将兵が眠っているところである。

私も航空戦艦伊勢の四番砲塔長として終日奮戦し、主砲の三式弾（対空弾）を射ちまくり、かつ九死に一生をえたところである。こうして慰霊船上にあって虹をながめるのも感無量であり、しばし三十七年前をしのび、回想にふけるのであった。

千載一遇の決戦に臨んで

「くるならこい」とばかりに私は、鉢巻をしめて腕を組み、四番砲塔の上に立って太平洋をにらみつけていた。意気はまさに天をつくの観があった。

たびかさなる敗戦により戦局はますます劣勢となり、これを挽回するために捷一号作戦が発動せられて、わが小沢機動艦隊は昭和十九年十月二十日に瀬戸内海を出撃し、豊後水道を南下しながら対潜、対空警戒を厳にしつつ、いま比島沖に向かっているところであった。

おもえば昭和六年六月一日、私は十七歳にして海軍に志願し、鳥取県浦安駅から軍用列車に乗り組み、呉海兵団に入団したのである。あの駅頭での万歳の声や旗の波が、故郷の風景とともに瞼にうかんでくる。あれから十三年もたったけれども、昨日のことのように思い出される。

私がこの世に生を享(う)けて三十年たったが、それもあと数日の生命かもしれない、いや一刻の生命かもしれない。しかし、みずから進んでえらんだ自分の人生であるならば、なにも悔ゆることはなく、志に殉ずるは男子の本懐でもある。

私はさいわいにして軍艦伊勢の乗員となり、一等水兵時代から三度目の乗艦であり、人一倍、伊勢にたいする親愛の情が深い。しかも主砲の三六センチ砲の砲塔長として、千載一遇の決戦にいまのぞもうとしている。

こうなれば、射って射って射ちまくって、死んでやろう、私は絶好の死に場所をえたのだからと、燦々(さんさん)たる朝陽を浴びながら自分に誓った。

4番砲。大改装後、後檣後方5番6番主砲塔を撤去して航空戦艦に変身した

大改装前の伊勢。36cm連装砲塔6基12門。後檣前方が右舷後方に仰角をかけた

十月二十五日、ついに決戦の日はきた。むらがる敵艦載機にたいして午前八時二十分、「対空戦闘」が下令された。砲術長の黒田吉郎中佐の指揮のもとに、主砲射撃指揮所よりつぎつぎと号令がかかってきて、「目標」と「距離」が伝達されてくる。

そこで私は、生まれて初めて実弾を装塡するため、腹の底から「装塡」と号令をくだした。三式弾は力強く腟中にこめられた。しかし、まったく平時の訓練のとおりであり、全員とも初陣であったが落ち着きはらっていた。

「・・・──」ついに主砲の発砲である。砲塔長室の前にかざってあった軍艦旗が、風圧と震動でゆらゆらと大きくゆれた。四番砲塔は最後部の砲塔であり、射界が狭く、さながらビルの谷間のような感があった。なにぶん前方には煙突があり、後部には後艦橋と飛行機の格納庫、さらに左右には飛行機射出用のカタパルトも装備したまま出撃したので、俯仰、旋回とも絶えず安全装置のブザーが鳴り、たいへん神経をつかった。

さて、すべて主砲射撃関係の号令は、前艦橋の最上部にある主砲射撃指揮所（通称トップ）の黒田砲術長より発せられ、艦橋の下にある主砲発令所を経由して各砲塔に伝達される。トップの円筒内には、主砲方位盤射撃装置が内蔵されていて、砲術長をはじめ、もっとも重要な方位盤射手として連続五ヵ月間勤務し、伊勢にこの人ありといわれた有馬久人中尉および旋回手の山本武兵曹長のご両人をはじめ、動揺修正手、弾着時計員など十名前後の人が陣取っていた。

さらに主砲発令所には射撃盤（いまでいうコンピューター）が装備せられ、十四、五名の人員でとりかこみ、あらゆる射撃諸元（的針、的速、自針、自速、風向、風力、砲令、薬令、地球自転など）のデータを手輪で動かし、この大きな機械のなかに組み入れる。さらに羅針儀が内装されていて、これを追尾することにより艦の動揺もいれた。

　その総合データはただちに電気時計のような各砲側の射手、旋回手の前の丸い大きな盤面につたわり、赤色の基針として動いた。

　砲塔の動力はすべて水圧であって、戦闘になった場合、水圧機室では被害を最小限度にするため戦闘区分となし、一砲塔に水圧機一台となるように七十キロの水圧が常時送られていた。

　砲塔は厚い鋼鈑で弾庫、火薬庫とも防禦されていて、伊勢には三六センチの連装砲四基八門が装備されていた。三六センチといえば砲口の直径のことで、私の身体が砲身のなかに這って入ることができた。

　そのような大きな大砲の内部は、砲室、換装室（弾庫と砲室との弾薬の中継所）、弾庫、火薬庫で形成され、五十五名で編成されていた。

沈没空母の乗員救助

　初弾を発砲したその爆風と爆音は、ものすごいものである。だが、塔内はさほどではないが、ただ震動は想像を超えたものである。動あれば反動ありで、約一二〇トンにもおよぶ白い太い大きな砲身が退却するさまを、砲塔長室の窓から見下ろしていると、雪なだれで山がくずれ落ちるような感がある。

主砲の最大仰角は四十三度であり、ほとんどこの角度で射った。射撃がおわると射手はただちに手輪で俯角となし、装塡角度を仰角五度まで毎回なおした。

一番砲手は砲塔の花といわれるくらいであるから、これから大活躍がはじまるのである。砲身台座の後ろから支基が出ていて、そこに装塡用の発動機が装備されていて、その付近が定位置である。彼は安全ベルトで身をささえ、砲身とまったくおなじ上下の運動をする。日の丸の鉢巻を締めて防毒マスクを着けたいでたちは、まさに男の花形である。

直径一・五メートルもある砲尾とピカピカに磨かれた尾栓は、ズドンと胸先二十センチくらいまで後退し、その風圧で身も心も押しつぶされそうな気持であろう。

左頁の図をみると、㈠は砲身の完全復座を確認し、手信号で㈡に「尾栓開け」を指示、尾栓は砲身と喰いこんでいるためまず回転をはじめ、開く直前に一五〇気圧の圧搾空気がものすごい力と音で噴気装置の作動を開始、砲身内に吹き込み、残さいおよび爆発ガスの煙を腟外に吹き出す。

㈠はさらに開いた砲身のなかを身をかがめて注視点検する。

最初は砲身内も真っ黒であるが、煙が抜けきると砲口が白く見える。これを確認し㈣に噴気装置「止め」を信号す。

射撃の後は、この確認がもっとも重要である。噴気装置が故障したり、または早く噴気をとめてまだ腟内に煙が残っているような場合、砲口から風が吹き込み逆流したならば、つぎに装塡する弾薬が砲尾にあがってきているので、これに点火し、ついに大爆発をおこし砲塔を吹きとばした事例がある。

噴気をとめたならば㈢に「揚弾薬機揚げ」の信号を送る。換装室の㈥で弾頭信管が調整された三式弾は、二段の装薬（一段で二袋ずつ入っていて合計四袋）とともにワイヤロープに引っぱられて、腟中に対向するように勢いよくのぼってくる。のぼり終わると、すかさず装塡機の動挺を「込め」に作動し、装塡頭を弾底にゆっくり当ててしだいに加速し、弾室に弾体が喰いこむように一気に装塡する。

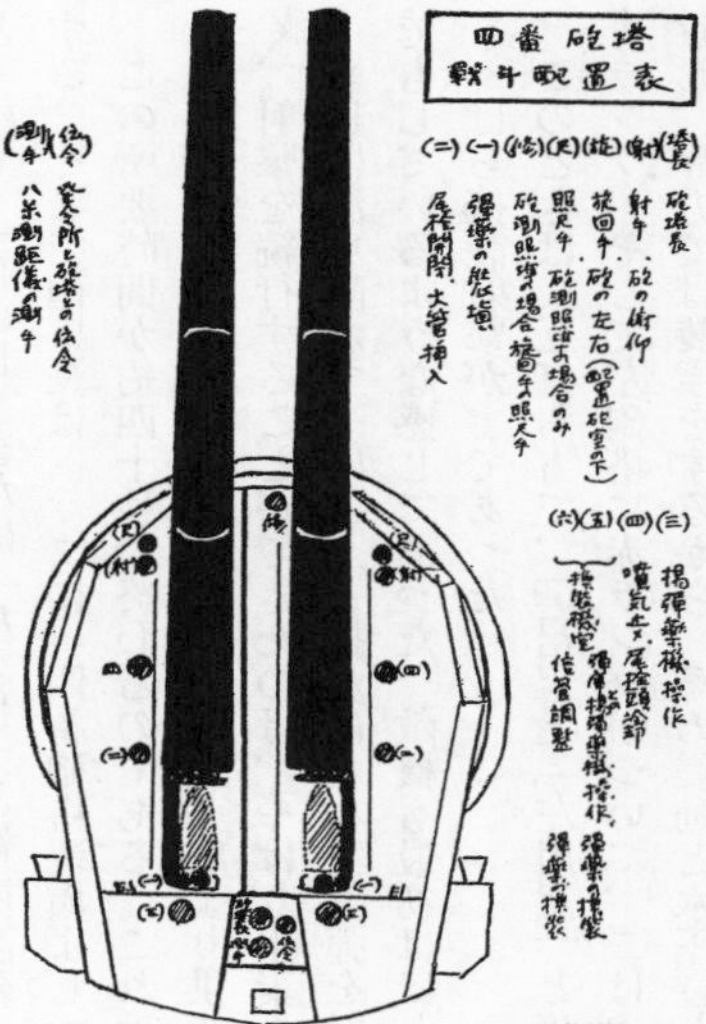

四番砲塔戦斗配置表

――筆者描く

つぎは二段の装薬を込めるが、最後の装薬はとくに慎重を要し、その深度は尾栓頭から二十センチないし四十センチになるように要求されている。

㈡は火管帯から火管をとりだし、尾栓の火管室にこめ、㈣は毎回、冷却水にひたしていた厚い布きれで尾栓頭を冷却し、拭って掃除する。

㈠はふたたび㈡に「尾栓を閉め」の信号を送り、閉鎖、装塡完了を見とどけて、「右よし」または「左よし」と報告する。すると射はただちに砲身を発射角度にする。そこで砲塔長はトップに「四番砲塔装塡よし」を報告する。

この所要時間が約四十秒で終わるのである。これは訓練のたまもので神業である。一発発射すればすべて連係動作で弾火薬庫より供給がはじまり、本戦闘中一回の故障もなく、射撃を続行することができたのは、やはり平素の整備と訓練のたまものと思った。

当日は波も静かで、ほとんど揺れはなく、実弾を射っていながら、最初は演習で教練射撃でもしているような感じであった。敵機も最初はほとんど空母を攻撃していたから、主砲はもっぱら掩護射撃が主であった。

このときは交互打ち方で、「右用意」「左用意」と接断器でスイッチをいれると、右砲塔に青ランプ、そして左砲塔に赤ランプがついて、㈡は砲尾接断器を「接」にした。片方では射撃し、片方では装塡をするから、その震動と水圧音と機械音で声はほとんど聞こえなかったが、てきぱきとした手先信号で意志は充分につうじた。

そのうち高角砲の音、機銃の音、飛びかう敵機の爆音も聞こえてきた。だが、いつ頭上に爆弾が落ちてくるかもしれないが、こうしてポカポカ射撃しているときはなんの恐ろしさも感じなかった。

どのくらいたったろう、第三次空襲が終わって、「打ち方止め」の号令がくだされ、ホッとしていた。

この直後、私の頭上にいた測距儀の測手がとつぜん興奮した声で、「砲塔長、砲塔長、大変です。味方の空母が沈みます」と報告した。それまで塔内で射撃指揮をとっているのが精一杯であって、外界のことなど眼中になく、果たして、これだけ射ったが戦況はどんなものかと思っていた矢先のことであった。

測手のただならぬ大声の報告が、ほかの砲員に聞こえれば士気に影響すると思い、私は反射的に「大きな声をだすな」とたしなめ、急いで頭上にある司令塔にのぼった。そして細い眼光からのぞくと、そこはまさに戦場のパノラマである。眼前には空母瑞鶴が煙を吐き、すでに大傾斜しており、乗員がつぎつぎと海中に飛びこんでいる。また、ほかの空母も垂直になり、赤い艦体をだして海中に没していくさまも望見された。

わが直衛機も母艦をうしない、燃料もつきて遂に海中に突っ込み、飛沫となって消えていった。望遠鏡でよく見ると、海中には沈没した空母の乗員や飛行機の搭乗員がいっぱい浮かんでいて、手をふって救助をもとめていた。

伊勢の戦闘記録によると、午後四時五分から同二十四分までの約二十分間、艦を停止させて瑞鳳の沈没海面に近づき、九十八名を救助している。

しかし、この戦闘の最中、よくも戦艦を停止させて救助にあたったものだ、といまでも語りぐさとなっている。そして、そのときの艦長である中瀬泝（のぼる）少将の英断と人間性に、敬意を表するしだいである。あのときの「手空き総員上甲板、急いで溺者を救助せよ」との号令がまだ耳に残っている。このため四番砲塔員も、一部救助にあたった。

その報告によると、両手とも負傷して索（ロープ）をつかむこともできず、腕で索を抱きしめて口に

対空戦闘中の航空戦艦伊勢。艦首砲煙は１番主砲の三式弾発射によるもの

くわえ、上甲板からの必死の声援に励まされて人事不省のまま吊りあげられた兵隊もあったとのこと。

だが、この救助の最中に電探はふたたび敵機の大群をとらえた。そのためただちに「敵機来襲、配置につけ」が下令され、本艦はふたたび「前進全速」を開始した。まだ海面に残る乗員も多数あったが、これが戦争であり、そして運命なのだと思った。

第四次空襲に耐える

空母四隻がすべて沈んだあとの空襲は、とうぜん伊勢が攻撃目標である。午後五時七分、いよいよ第四次対空戦闘が開始された。ドカン、ガン、ビリビリと、さすがの巨艦も敵機から投下される至近弾をうけて、一メートルくらいも私の腰が浮き上がったと思った瞬間、パッと電灯がぜんぶ消えてしまった。

それからいくらも経たないうちに伊勢は、しだいに左舷の方に傾きはじめた。もう体の中心をうしなってきたので、そばに置いてあった軍刀をはたと握りしめ体をささえた。十度くらいは傾いたであろうか、このとき初めて、もう駄目だと思い、おもわず「死」というものが頭をかすめた。真っ暗のなかで艦が傾くくらい、不安なことはない。

しかし、この大停電はほんの数分間であり、まもなく電灯がふたたび輝いた。その瞬間、砲員の全員が私の顔を射るように見つめた。そのときみんなは、まるで地獄から這いあがってきたようなすごい顔をしていたのが、いまでも忘れることができない。

そこで私は砲員の士気を鼓舞するため、砲員に手先信号を送り、「ドンドン射つんだ」と全身で叫んだ。

復原作業も功を奏したのか、やがて艦の傾斜もしだいにおさまり、五度くらいまで復原した。そして敵の空襲もこの第四次で終わった。

ここで特記せねばならぬことは、弾庫員の焦熱地獄での奮戦である。火薬庫は完全冷房となっていたが、弾庫にはなんの装置もなく、おまけに戦闘中は通風装置まで密閉してしまうから、たまったものではない。そのうえ、朝からの高速運転で罐室からの高熱が床や壁につたわり、そのため弾庫内は四十五度以上の高熱が終日つづく。この鉄の密室は想像を絶した。

それでもみんなは、汗が噴き出し服も戦闘に邪魔だと、上着もシャツもズボン下も脱ぎすて、真っ裸でただ越中フンドシに革靴という珍妙ないでたちで、一生懸命に弾薬の供給をおこなった。そのために一発も遅れたことはなかった。

電灯が消えて艦が傾いたときも、弾庫長の村田七郎上曹（山口県出身）は「みんなあわてるな、三途の川ァ手ェつないで一緒に渡るでョー」と叫んだという。全員はこれに従って死に対峙したのであった。

この最後の第四次空襲は、米軍側の資料によると『五隻の空母の飛行甲板にあった飛行機で攻撃隊が編成され、発進してから一時間以内で目標の伊勢に到達した。そして全力攻撃をかけたが激しい対空砲火を浴び、艦長の回避運動は絶妙をきわめ、ついに沈めることができなかった』と述べている。

それにしても、この攻撃でじつに十一本の魚雷と至近弾三十四発をうけたのであるが、魚雷の艦底通過はあったものの、ついに一発の命中弾をも許さず、激烈をきわめた海空戦に伊勢は奇跡的に生き残ったのである。

反撃の夜戦ついに成らず

戦いは終わった。夕陽はこの日、なにごともなかったかのように静かに雲を美しく染め、いま水平線の彼方に沈もうとしている。朝からラッパの音、爆音、砲声、銃声、爆撃、撃墜、噴煙、沈没、救助、そして絶叫の連続であったが、死線を越えて眺めるこの夕景は生涯忘れることができない。

「とうとう一命を拾ったかもしれないナ」というのが、だれしもが抱いたいつわざる実感であったであろう。

まもなく戦闘配食の夕食をすませ、一息していたときである。艦内放送で砲術長より「各砲塔長はいそいで主砲射撃指揮所にあつまれ」との命令があった。なにごとであろうと、心を身構えて前檣三十八メートルのラッタルを駆け足でのぼった。星空がとても美しかった。一番砲塔長高木銀次、二番砲塔長太田茂信、三番砲塔長近藤近松、そして四番砲塔長の私は、おたがいの奮戦をたたえてぶじを喜び、堅い堅い握手をかわした。

さて砲術長の話を要約すると、つぎのようであった。

「みんなも知っているとおり、わが方の損害は重大である。しかし、このままおめおめと内地に帰るに忍びない。そこで帝国海軍の面目にかけても、得意の夜戦で昼間の仇討ちをせねばならぬ。夜戦となると飛行機と異なり、艦と艦との戦いであるから、喰うか喰われるかの決闘である。これから本艦はまもなく反転する。いそいで砲塔に帰り、徹甲弾にきりかえ、用意ができたら報告せよ」というものであった。

これをきいた各砲塔長は、一瞬、ただならぬ気配に緊張感がみなぎった。そして、「がんばろう」の合言葉に闘志をこめて、われらはふたたび砲塔に帰った。

第４次対空戦闘における魚雷及び至近弾数

（1707 ～ 1811に85機来襲）

伊勢

魚雷11本
至近弾34発

数字は伊勢との距離（m）
カッコ内の数字は時刻

砲員はみんな集まっていた。そこでいま砲術長から聞いたことを説明すると、右手を高くかかげて歓声があがった。いよいよ徹甲弾を撃ち込めるぞーッと。

こうしてただちに弾庫に下りて、換装作業にかかった。真っ白くぬった徹甲弾（艦船射撃用に設計されていて弾底信管）を換装室まで揚げたときは、さすがに身のひきしまる思いがした。

「四番砲塔、徹甲弾準備よし」と、一段と声をはりあげて砲術長に報告した。

ともあれ本艦はまもなく、南十星をめざして南下していった。いつ「夜戦」の号令がかかってくるやもしれず、配られた夜食をとってまず全員を眠らせた。昼間の戦闘で疲れが一度に出た感じであった。

伊勢のいちばん長い日はまだこれから続こうとしている。すべては天運まかせだ。私もいつしか、しばらくの間まどろんだ。

ふと目がさめた。艦内の様子もあいかわらず冷静そのものであったので、おかしいと思い、例によって砲塔の司令塔にのぼり、天蓋を開き、星空を眺めてびっくりした。なんと本艦は北極星のほうに向かっているではないか。いつ、なぜ転舵したのか、夜空を見てわが目を疑った。

そして、張りつめていた気が急にゆるみ、大きく息をはいた。このとき午後十一時二十分であったが、その後、敵影を発見するにいたらず、反転したまま北進し、一路、奄美大島へと向かった。かくして比島沖海戦は終わった。こうして宿願の徹甲弾を射つことは、終戦の日を迎えるまで一度もなかった。

伊勢は奇跡の艦だとよくいわれる。戦時中は、前述の比島沖海戦においてあれだけの猛爆撃と猛雷撃をうけながら、一発の命中弾もうけなかったことはもちろん、その後、シンガポールに転進し、昭和二十年二月、東シナ海の制空権および制海権をとられながら無傷で内地にかえった北号作戦のように、奇跡つづきであった。

また、天運にめぐまれるとともに、歴代の名艦長にめぐまれて素晴らしい艦風がそだてられ、とくに比島沖海戦における操艦の妙は、艦長である中瀬泝少将の独壇場であった。

さらに忘れてならないのは、烈々たる乗員の〝伊勢魂〟と、戦闘配置にたいする優秀な技術であった。これは、一水兵にいたるまで素晴らしいものであったことは言うまでもないが、これがいまもって心のよき糧となっていることはいなめない。

比島沖「日向」戦闘詳報記録室の怒りと涙

千歳千代田の護衛に任じた航空戦艦の新米主計が記録した大海戦

当時「日向」庶務主任・海軍主計中尉　三十尾　茂

昭和十九年十月二十五日の早暁、航空母艦四隻（瑞鶴・瑞鳳・千歳・千代田）、航空戦艦二隻（伊勢・日向）を主とした十七隻からなるわが第一機動艦隊は、レイテ湾の米海軍機動部隊を北方に陽動する目的をもって、比島の東北方海面を南下しつつあった。

航空戦艦日向（ひゅうが）の飛行甲板にたたずんで、ゴーッという機関の音を耳にしながら、はるか水平線の彼方を見つめていた私には、雲ひとつない快晴のもと紺碧の太平洋は、その名のしめすごとく永遠に平和の海で、数刻後にはここが修羅の巷と化すなどとは、どうしても考えられなかった。

おたがいに顔を知り合うでもなく、また憎しみ合うでもない日米の若人たちが、国家利益のために数分後には殺し合い、傷つけ合う運命にあることが、学徒兵の私には、どうしても実感として感じられないのであった。

戦局の悪化にともない、文科系の学生にたいする徴兵猶予の恩恵は剝奪され、われわれは昭和十八年十二月、学業なかばにして兵役に服することとなった。中途半端な半成品ということであろうか、われわれはみな一様に横須賀の海兵団に入れられ、セーラー服の海軍二等兵を一ヵ月半ほどやらされた。

その海兵団において予備学生とか二年現役（主計科と法務科）とかの振り分けがおこなわれ、昭和十九年二月からそれぞれの学校へすすんだのである。私は近眼であったため主計科を志願したが、口頭試問のとき試験官だった主計大佐から「資本主義の利害を述べよ」といわれ、どの程度まで本音を吐いてよいものか迷ったことをおぼえている。結果として本音がよかったのか、建て前がよかったのかは、いまだにわからない。

経理学校卒業のさい配属の希望を問われたとき、本音でいこうと思って、家が近いから中島飛行機の工場監督官（の下働き）をやりたいと述べると、海軍になったのに陸上勤務を望むとは何事だ、と叱られた。こんなことで日向乗組を命じられたのかもしれない。

こうして昭和十九年九月に経理学校を卒業した私は、短期現役の海軍主計見習尉官として、戦艦日向への乗組を命じられたのである。戦艦クラスの艦における主計科士官のポストとしては、少佐級の主計長、衣服食糧を担当する掌衣糧長、経理を担当する掌経理長、それに若いガンルーム士官の庶務主任の四つが原則のようだった。

私にあたえられた庶務主任は、日常は艦内の人事、文書、庶務などをあつかう、いわば艦長（野村留吉少将）の秘書的な存在であったが、戦闘時には艦橋にあって、戦闘記録をとるのが仕事である（本稿もその「戦闘詳報」によるところ大）。着任したときは経理学校出の本チャンの主計少尉が先任者としており、私は見習という感じだった。しかし、彼が出撃直前、急に転出したため、私がにわかづくりの庶務主任となり、大いにあわてた次第である。

庶務主任というのは、艦長の下級秘書みたいなものだから、一日に二、三回は文書の決済をあおいだり、回覧文書をもって艦長のところへ顔を出さねばならず、したがってボスとは比較的インティメットな関係にあった。そのためガンルームにもどると、仲間の若い中少尉の連中から「今日は親父の機嫌はどうだ」と毎度のようにきかれる。一般に、少尉と少将では階級がちがいすぎて、めったに親しく話しあう機会もない。私が情報係みたいなもので、機嫌がいいと告げると、みな報告にいったり決済をもらいにいったりするのである。

兵科の予備少尉とはちがい、主計（庶務）という独自の分野をもっているせいか、人格の独立が認められ、本チャンの中少尉連中からいじめられるようなことはまったくなく、対等の付き合いで愉快な艦内生活をおくることができた。

目の前で知った悲しき現実

瀬戸内海の柱島泊地で訓練中であった機動艦隊は、十月十八日、連合艦隊司令長官より「捷一号作戦」（比島に敵が来寇した場合を想定した作戦）の発動が下令された。職務上、この命令を見れる立場にあった私は、これでわが艦隊はオトリ部隊となることがきまり、万に一つの生還も期しがたいことを知ったのである。

「戦闘詳報」によれば、機動部隊の任務は「敵機動部隊ヲ比島南西諸島東方海面ヨリ其ノ北方乃至北東方ニ牽制誘出シテ我ガ遊撃部隊（筆者注・ボルネオのブルネイより出撃する大和、武蔵を中心としたわが主力部隊）ノ敵上陸地点（レイテ湾）ニ対スル突入作戦ノ必成ヲ期スルト共ニ好機ニ投ジ敵分力ヲ撃滅ス」るにある。すなわち、オトリになって死ねというのである。

出撃前夜、居住区（兵員が日常起居し生活する大部屋）で行なわれた兵員たちによる送別の酒宴は、一種異様な雰囲気につつまれていた。言わず語らずのうちに、これが最後と気づいて踊り騒いでいる乗員たちの酒気をおびた顔には、ある種のデスペレートな翳りがあって、正視にたえなかった。

排水量三万六千トンの日向は、後部が二台のカタパルトのついた飛行甲板に改装されていて、艦爆二十二機を搭載できる航空戦艦となっていたが、乗組を予定されていた第六三四航空隊が、直前になって南方へ進出してしまった。そのため載せるべき飛行機とてなく、なんのための改装だったかと口惜しさはかぎりない。

オトリの機動艦隊だからか、空母の搭載機は百機にみたなかった。このような不釣合いな艦隊が豊後水道を出撃したのは、二十日の夕刻であった。細い雨による視界不良のなか、粛々として内海をすべり出したことをおぼえている。

出撃と同時に敵潜水艦に発見されたらしく、敵潜からとおぼしき電波を感じたり、魚雷音を探知したりした。果ては雷跡を発見して回避に大わらわとなるなど、まったく神経の休まらない毎日であった。

会敵予想日の前日である十月二十四日には、旗艦瑞鶴の檣頭高くZ旗がかかげられ、戦闘機、爆撃機、攻撃機あわせて七十六機が敵艦隊めがけて飛びたったが、これが四隻の航空母艦から発進した飛行機のすべてかと思うと、うら寂しさを禁じえなかった。搭乗員の練度不足のため、発進機はすべて比島か台湾のわが基地に帰着すべく指示されていたが、その後はなんの連絡もなく、戦果も報じられなかった。私が見ていて胸をつまらせたのは、練度未熟のため、母艦よりの発進時にフラフラとゆらめいたと見る間に、下向きになって艦の直前の海中に突入した飛行機のあったことである。私は暗い気持で、明日の戦闘を思うのであった。

明ければ二十五日の午前八時すぎ、「配置に付け」のラッパがけたたましく鳴りひびいた。胸がキューッと引きしまる。すでに電探が敵機の編隊を発見したのだ。防弾チョッキに身をかためた戦闘艦橋の幹部士官たちの顔が、緊張に引きつっている。見張りについている練達の航海科の特務士官(下士官から昇進したベテランの年配士官)が、ついに敵編隊を発見した。八時二十分である。

「右〇〇度敵編隊……十機……二十機……いや五十機。大編隊、向かってくる」左からも、後方からも、ほとんど同時に第二群、第三群の編隊の接近が報じられる。計約百機にものぼる敵機の数だ。

「主砲打ち方はじめ」である。一斉射で一編隊を破壊させたという大和の戦訓にならって、艦長の命令がくだされた。

敵もさるもので、三六センチ主砲の砲口に三式弾発射の黒煙を見ると、さっと編隊を解く。わが砲弾が、そのあとに炸裂する。二度目の斉射は時間的に無理である。「高角砲打ち方はじめ」「機銃打ち方はじめ」頭上の編隊めがけて射ち上げられた砲煙で、空は黒くおおわれ天日ために暗し——の語は、けっして誇張ではないことを知った。

空母に集中する敵来襲機

戦艦、巡洋艦、駆逐艦は、それぞれの分担にしたがって四隻の空母を護衛する。日向の護衛する改装空母（水上機母艦を改装した装甲の弱い空母）千歳、千代田のグループには、敵雷撃機、艦上爆撃機の一群が殺到した。敵の飛行機群は戦艦などには目もくれず、空母にむかって雷撃を敢行、あるいは急降下爆撃による爆弾の雨を降らせた。

一瞬、千歳はマストの二、三倍の高さに達する数本の水柱のなかに隠れてしまった。そして、ふたたびあらわれた同艦の飛行甲板には大穴があき、甲板上の飛行機は火を噴いて炎上していた。艦上では蟻のように見える消火班が、必死になって消火活動に走りまわっている。舵系統に故障を起こしたのであろうか低速で円を描きながら、のたうちまわっている。改装空母のもろさのゆえか、千歳は一時間たらずで沈んでしまった。

すぐその向こうでは、防空駆逐艦の秋月が煙突のあたりに被弾して、あっという間に轟沈するのが目にはいる。敵の急降下爆撃の技量はすばらしい。我に大和魂あれば、彼にもヤンキー魂のあるのを知った。初めて実戦に参加する私には、その恐ろしさがわからないため、戦闘記録をとるにはここにかぎるとばかり、艦橋から抜けだして、マストの頂上にある電探のそばによじ登り、そこで観戦しながら記録をとっていた。

爆撃をおえたグラマンが、なぜか艦のまわりを旋回してから遠ざかっていく。と突然、横で記録をとっていた主計兵曹が「あっ」と叫んで頬をおさえた。見ると、その手のあいだから血が流れている。艦に当たった機銃弾の破片かなにかが、跳弾となってかすったのだろう。敵は機銃掃射をおこなっていたのだ。私は急に恐ろしくなり、あわてて戦闘艦橋まで降りた。

第一波の空襲では、わが艦にはほとんど被害がなかった。ただ、後部飛行甲板で機銃群の指揮をしていた予備少尉が、甲板に当たって跳（は）ね返ってきた敵機銃弾に、下から体をつらぬかれて戦死するという悲劇があった。つい今朝ほど朝食を共にしたあの髭面（ひげづら）で、豪放、ひょうきんな性格をもち、ガンルームの人気者だった大学出身の学徒兵がもうこの世にいないのかと思うと、なんとも儚（はかな）く、空しい思いに沈み込むのであった。

約一時間後に、今度は四～五十機による第二波の空襲がはじまった。攻撃は改装空母の千代田に集中された。千代田は一発の命中弾と多数の至近弾で傾斜、浸水により航行不能におちいり、一時は日向に曳航が命じられた。しかし、敵艦隊が至近距離にあるためそれもかなわず、乗員救出後、船体処分によって自沈したのであった。

戦闘艦橋にあって、挙手の礼をしつつ、沈みゆく僚艦を見送った乗員の目に、熱い涙の流れるのが見られた。その間にも、海中にただよう同胞にたいし、敵機は非情にも反復して機銃掃射をくわえていく。個人のヒューマニズムなどというものは、戦争という巨大な国家悪

航空戦艦への改装を終え公試運転に向かう日向。後檣両舷にカタパルト

の中にあっては、まったく通用する余地がないのであった。

至近弾七発「日向」健在なり

戦闘記録によれば、十月二十五日にわが機動艦隊は、朝八時すぎから夕方の六時ごろまでに十波、延べ六百機による空襲をうけたことになっている。幸いにして日向のうけた攻撃は、夕方五時すぎ、艦尾よりする約二十機の急降下爆撃（第九波）により至近弾七発をくらったのが最後だった。

しかし二十七日の昼ごろ、奄美大島の薩川湾に投錨した艦隊の姿は、みじめなものであった。去る二十日、威風堂々と豊後水道を出撃した十七隻の機動艦隊は、空母四隻をはじめ多数の艦艇をうしない、無事にもどったのは戦艦二隻をふくむ計八隻という淋しさであった。

また先に述べたように、空母搭載機は七十六機が出撃したが、帰艦した二機をのぞき全機が行方不明となり、戦果もまた不明という惨憺たるものであった。オトリ部隊なのだから、損害の大きいのはやむをえないとしても、捷号作戦全般としての成果はどうであったか。結果は完全な失敗、敗北であった。

オトリ作戦そのものは、ほぼ完全に成功したといえよう。猛牛ハルゼー提督のひきいる米大機動艦隊は、全隊が比島の東北方海面に吊りだされて、レイテ湾は一時からっぽになっていた。大和を中心とするわが第一遊撃部隊（連合艦隊の主力）は、その間隙をぬって同湾に殴り込みをかけ、逃げまわるアメリカの残留弱小艦隊（正規空母を欠く）に攻撃をくわえて、いま一歩で揚陸作業中の敵輸送船団に痛撃をくわえるところまでいった。

しかし、なぜか第一遊撃部隊は急に反転して、レイテ湾から離脱してしまったのである。これが戦後、戦史上の大きな謎とされていることは、周知のとおりである。

何故、何故――と理詰めでゆくと、究極の原因はわからないようだが、少なくとも次の点だけははっきりしている。オトリ作戦が成功したことを報じたわが機動部隊からの無電が、なにゆえか第一遊撃部隊指揮官にとどかなかったという事実である。

長時間にわたる血みどろの合戦に疲れきったわが首脳陣の判断力も気力も、その極限に達しており、しかも本作戦最大のキーポイントであるオトリが成功したか否かの情報も入ってこない。いつ敵の機動部隊がレイテ湾にもどってくるかわからない。このような状況で、図上演習どおりの作戦の完遂を生身の人間にもとめるのは、これは無理というものであろう。

一国の盛衰も、個人の人生も、しょせんは「運」というもので決まるのかもしれない。し

比島沖海戦で対空戦闘中の日向。高角砲16門、機銃104門、30連装噴進砲６基

かし、個人の場合、あるいは平時ならいざ知らず、国家が百年兵を養うのは、この一戦に勝ちをおさめるためであろう。運が悪かったでは済まされない。

柱島泊地でのぞき見た捷号作戦の命令を読んでおどろいた。そのあつかう時間空間の広大さと、その計画の緻密さとである（これはほめて言っているのではない）。

十月二十五日に突撃するための行動が十八日に開始され、瀬戸内海と台湾、ボルネオにいる三つの艦隊が特定の日時、特定の場所において、同時に協力して戦闘を実行する。しかも、一週間をこえる長期間、行動秘匿のため艦隊相互間の無電使用は原則として禁止されていたのである。

まさに神業というべきだろう。世の中では、予期しないことがおこるのが普通である。情況の変化に即応して、機動的、臨機応変、柔軟に対処してゆくのが処世の常識というものである。

無線の整備や技術など、兵装面に問題があったことはたしかだ。兵員の技量、練度に欠陥もあったであろう。しかしながら、ものを流動的、弾力的に見ないで、固定的、硬直的にしか対応できない日本人の思考様式や行動様式、なかんずく日本の軍隊の伝統、さらには特殊な優等生的、純粋培養的なエリート教育をうけた日本海軍の指導層の考え方のなかに、失敗の根元的な理由があったものと私は考える。

なにゆえに日本海軍は敗れたのか

日本の陸軍は悪者で、海軍は良い子に扱われているのをよく見かけるが、これは大変なドグマであり、大きな間違いだと思う。海軍はなんとなくスマートで文化的で、政治にもくちばしをいれず、真珠湾で大勝するほど強い等々。スマートで文化的に見えるのは外観だけ。政治的決断をもとめられるときは逃げてしまう、戦さは決して強くない。勝ったのは奇襲の真珠湾だけで、しばらくは互角、それ以降は負け戦さの連続である。

経済力、総合国力において破れたのだというが、そうとばかりは言いきれまい。海軍のホープといわれた小沢治三郎長官が指揮をとった「あ」号作戦（米軍がサイパンなどの中部太平洋に来寇した場合を想定した作戦）などは、昔から日本海軍が想定し、期待し、研究してきた日米両艦隊の主力による海上決戦であった。

あの局面にかんするかぎり、基地航空兵力への期待が不可能になったとはいうものの、海上兵力（母艦機をふくむ）にお話にならぬほど大きな懸隔があったとは、素人の私には考えられない。それにもかかわらず、あのような大敗を招いたのは、作戦指導の拙劣さにある。たとえば、

(1)想定決戦海面の予想をあやまったため、出撃基地からの距離が遠くになりすぎてしまったこと。

(2)高度の飛行技量を必要とする戦術のアウトレンジ戦法を、練度未熟な搭乗員に実行させるなど、現実無視がおこなわれたこと。

等々、兵力の能力錬磨の不足、要するに軍隊としての戦闘力が弱かったといわざるをえない。

私は出撃の前、食糧購入のため、瀬戸内海の小さな島を訪れたことがあった。そののどかで美しい風景、純朴な人情・風俗・可愛い小学生たちに接したとき、万一、この戦争に生き残れて、ふたたび日本に帰れる日があったならば、今後の人生は地位もいらぬ、名誉もいらぬ、お金もいらぬ、この内海の静かな島で先生にでもなって、あの小学生たちと共に一生を過ごしてゆきたいと夢みたものである。

私のどこかが狂ったのか、世の中のなにかが許さなかったのか、戦後の私は、この理想にまったくそむいた人生を、あくせくと過ごして六十歳のなかばを迎えてしまった。

いまの日本を見わたすと、豊かさの中に寒々としたなにものかを感じる。そのなかで若者たちは衣食住ともに、戦前われわれが夢想だにしなかった豊饒（ほうじょう）な生活を楽しみ、イデオロギ

ーや思想をあざ笑い、価値の相対化という言いのがれのもとに勝手気儘な放埓をつくし、いずれは自分たちもそうなるのを気づかずにオジン、オバンと年配者を嘲笑する。

こんな時代をつくるために、私たちの仲間は南溟の鬼と化したのではあるまい。死んだ彼らが、ふたたび帰らないとすれば、生き残ったわれわれは何をすればよいのだろうか。

戦艦「扶桑」レイテ出撃とその戦訓

元「扶桑」艦長・海軍少将　古村啓蔵

古村啓蔵少将

戦前および戦時において人の教育訓練というものは、きわめて重要な仕事である。日露戦争の勝因は「メン・ビハインド・ザ・ガン」であったといわれる。射撃の訓練が格段にすぐれていたのだ。今次戦争初期の機動艦隊の練度も、断然、敵を圧倒していた。（インド洋作戦のときの爆弾の命中率は九八パーセントという驚くべきものであった）

それが、サイパン沖海戦以後になると、搭乗員の消耗にその補充が追いつかず、練度未熟の者が第一線で戦わねばならなくなり、数量の劣勢に拍車をかけて敗れた。

すなわち太平洋戦争の敗因の重要なひとつは、飛行機搭乗員の教育訓練のたちおくれである。米国は緒戦の戦訓にかんがみ大規模な訓練計画をたてて、ただちに実行しているのに、日本は緒戦の戦果に酔って学徒動員も女子動員もたちおくれたばかりか、飛行機搭乗員の大量養成にまったく後手を打ってしまった。

しかし当時、海軍兵学校は拡張につぐ拡張で江田島内に一つの分校ができても足りず、岩国にも分校ができて、その生徒の数はふくれあがった。そしてその上級生になると、いちおう砲術の訓練として実弾射撃をおこなうので、柱島艦隊の四艦はほとんど交代でいつも周防灘に出動して、実弾射撃の訓練をおこなった。

その方法は飛行機の曳航する標的にたいする高角砲機銃の射撃と、二艦対(つい)でおたがいに曳航する標的にたいする中小口径砲射撃を反覆おこなうのである。艦長としては敵にたいする心配はないが、未熟の生徒の実施する射撃訓練であるから、事故危険の防止にはそうとう心をいためたりした。

また少尉候補生の第一期練習艦隊としての任務も、柱島艦隊で行なわれた。平時なら遠洋航海で華ばなしく練習をするのであるが、戦時中だから瀬戸内海の巡航ぐらいで、ただちに艦隊各艦に配乗となるのである。

これらの任務に対して、司令長官の清水光美中将はきわめて適切に指導され、部下はもちろん乗艦の教官はじめ、候補生や生徒までひとしく慈父のごとく尊敬していた。候補生にたいする訓示のごときも、人情味に富んだ実に感銘深い名訓示であったことを記憶している。のちに清水長官は例の陸奥の爆沈事件の責任をとられて、いさぎよく現役を退かれたのであるが惜しい人であった。

陸奥の爆沈は昭和十八年六月の柱島泊地で、ちょうど昼食頃、とつぜん後部弾薬庫が爆発、数分にして沈没した事件で、その原因は明らかでない。このとき、艦と運命を共にした艦長は三好輝彦大佐で、潜水艦出身の温厚な人で私とは海軍大学校の同期生であった。私が武蔵に転任したので、その送別会を大畠海峡を見下ろす艦長の家でやったとき、三好君は歌をうたいながら座ったまま笑いもせずにくるりと一廻りするので、みな大笑いをした姿が今も忘れられない。事件の起こったのは、ちょうど私が扶桑を退艦した翌日のことであった。

人の運命は実にわからないもので、第一線で無事だった人々が柱島で命を失っている。それにしても、なにしろ軍艦生活は舟底一枚下地獄といわれるうえに、火薬庫の上に住んでいるのだから、油断ができないのである。

スリガオ海峡の夜戦

戦艦扶桑の戦記としては、唯一にして最後のスリガオ海峡の夜戦に触れないわけにはいかない。しかし、これは阪匡身艦長以下の総員が艦と運命を共にしているので戦闘の詳細は知るよしもないが、概略はつぎの通りである。

扶桑が柱島艦隊の平和な夢から呼び出されて死の出撃の第一歩は、昭和十九年九月十日、山城とともに第二戦隊を編成して西村祥治中将の指揮下に入り、第二艦隊に編入されたときからはじまる約一ヵ月足らずの準備の後、内海を出撃、十月十日にはスマトラ東岸沖のリンガ泊地に到着、栗田長官の指揮下に入った。このころから、沖縄および台湾にたいする敵機動部隊の攻撃が本格的となり、比島方面にたいする敵の来攻はいよいよ濃厚となった。

カタパルト。機関部改装により出力７万5000馬力、速力24.5ノットになった

改装公試中の扶桑。3番砲塔上に飛行機射出用

十月十七日には連合艦隊より栗田部隊はすみやかにボルネオ北岸のブルネイ湾に進出すべき命に接し、十八日リンガ泊地を発して二十日ブルネイ湾に入泊した。この日、連合艦隊より栗田本隊のレイテ島タクロバン突入を二十五日黎明と発令があった。各艦は急速に燃料を満載し、二十一日には旗艦愛宕に各級指揮官参集して作戦の打合わせと長官訓示があり、栗田本隊は二十二日午前八時に、西村部隊は同日午後三時にブルネイを出撃した。

西村部隊は戦艦山城、扶桑のほか重巡最上(もがみ)と駆逐艦四隻(満潮、朝雲、山雲、時雨)で二十三日未明、ボルネオ北端沖のバラバック海峡を経てスル海に入り一路レイテ南東岸のスリガオ海峡に向かった。二十四日の払暁には最上の偵察機を発進させて、敵情を全軍に報告している。

西村部隊は早くも二十四日の朝九時十分、ネグロス島南端付近で二十数機の艦上機の攻撃をうけ、爆弾一発が扶桑の艦尾に命中。飛行機射出装置に火災を起こして二機を焼失したが、戦闘航海に支障なかった。ついで西村隊は二十四日の午後十時すぎにボホール島の南方で、敵魚雷艇の攻撃をうけ星弾射撃で砲撃撃退している。しかし、その後も魚雷艇に触接されている。

このころ栗田健男長官より「本隊は二十五日、午前十一時レイテ泊地突入の予定、西村隊は予定のごとく突入、同日午前九時スルアン島付近にて合同せよ」との電令に接している。栗田長官はもっともよく西村中将の人となりを知っているので、暗に全滅をいましめ合同せよといったものと思われ、二十五日午前一時半ごろ西村隊は速力二十ノットをもってスリガオ海峡に向かった。

レイテ島南方パナオン島を通過するころより敵魚雷艇の攻撃はおいおい活発となり、午前二時二十分、山雲はついに雷撃をうけて数分ののち沈没した。

二時半ごろさらに先頭の満潮と朝雲が同時に被雷し、満潮は約十分後に沈没し、朝雲は速力十二ノット以下となり南方に落伍した。

その後も執拗な魚雷艇の攻撃になやまされながら一路北上中、山城は魚雷一本をうけたが大した被害もなかった。午前三時ごろより敵駆逐艦を発見、砲戦をまじえている。さらに三時半ごろから西村隊は待ちかまえていた敵戦艦巡洋艦各数隻および駆逐艦多数の集中攻撃をうけた。かくて山城は午前四時ごろ魚雷二本をうけて、沈没した。

阪扶桑艦長はただちに支隊の指揮を継承して、最上、時雨をひきいて猛虎のごとく突進した。このころから敵戦艦部隊からの主砲弾が雨のごとく降りそそいできた。最上はたちまち火災をおこし南方に避退をはじめた。時雨は敵をもとめて主隊よりはるかに進出し、扶桑は単独で全砲火をもって応戦につとめたが、衆寡敵せず、相つぐ敵弾の命中のため、四時十分ごろ大爆発を起こしてついに沈没した。

扶桑は完全なる十字砲火をうけ十字戦法の利を敵にあたえたのみならず、わが方からは島影にさまたげられ、敵の発見は困難できわめて不利な戦闘をおこなっている。このとき西村部隊と戦った米軍は、オルデンドルフ少将の指揮する戦艦六隻、重巡四隻、軽巡四隻、駆逐艦二十六隻、魚雷艇三十七隻であった。

その後、時雨のみが無事に避退したが、さきに落伍した朝雲は敵の電探射撃によって被弾炎上のため放棄され、最上は翌朝、艦載機の空襲をうけて火災再発のため自沈した。すなわち、西村隊は夜間スリガオ海峡を強行突破せんとして優勢なる敵の集中攻撃をうけ、時雨一艦を残しあえなく全滅したのである。

この西村隊の猪突を責めるものもあるが、レイテ海戦そのものが特攻であり、西村隊は小沢隊とおなじく自ら犠牲となって本隊の作戦を有利にするのが任務である。本隊に先んじて突入し、敵を牽制せんとしたのは当然である。あるいは一子、禎治大尉を比島に失ったゆえに死を覚悟したという人があるが、西村中将はそんな公私を混同する人ではない。一死奉公は開戦の初頭からだれしも覚悟していたことである。戦場における艦長、司令官には一身の生死をこえた責任がかかっている。それを知らない道理はない。

ただ、つづいて突入してくる志摩部隊と合同し、その指揮下に入るのは好まなかったと思われる。志摩清英中将は内地から急きょ駆けつけた部隊であるため、その指揮下に入ってはやばやと反転などされては、たまらないと思ったであろう。

西村中将は生死よりは名を惜しむ真に武人の典型であった。

衝角でしかない戦艦

太平洋戦争をかえりみれば、結局、戦艦は衝角（ラム）でしかなかった。衝角というのはむかしの軍艦の艦首水線下に前方に突出した堅固な角で、猛牛のごとくこれで敵艦をやっつけようというものだ。日露戦争の前、世界に先がけて衝角を廃止した帝国海軍が、こんどは世紀の驚異、偉大なる衝角大和、武蔵をつくって戦った。そうして日本の海軍では、すべての戦備作戦も訓練もこの戦艦中心の思想で一貫されていた。

私はいわゆる水雷屋で駆逐艦や水雷戦隊の勤務が多かったが、その水雷関係者がもっとも重視して美保ヶ関事件までも起こして訓練にはげんだ夜戦も、結局は敵の戦艦を漸減して翌朝、味方主力艦の砲力をもって敵を殲滅するにあった。昼間決戦の演習も反覆訓練したが、これまた水雷戦隊は彼我の主力砲戦距離に入れば挺身突撃して、犠牲をかえりみず肉薄雷撃、味方戦艦の勝利を決定的にするを主眼としていた。いずれも戦艦中心の思想である。

戦略も同様で潜水艦も敵港湾を監視し、敵出撃せば追蹤触接し攻撃を反覆、その主力の兵力を漸減するという戦法であった。航空機もまた偵察触接して主力の戦闘を有利にし、その攻撃にあたっても漸減の思想でなければ、主力部隊の決戦に策応する補助的思想からぬけきってはいなかった。

陸上の諸戦備も諸施設も戦艦中心であったことはもちろんである。艦政本部の予算も砲術関係の第一部はだんぜん多く、他の各部の合計よりも多かったのではないかと思う。すなわち、帝国海軍は偉大なる衝角戦艦を中心として奉仕していたのである。

戦前すでに航空機の進歩とその関係者の血の出るような努力の結果、つぎつぎの演習等で航空攻撃の爆弾、魚雷の命中率のすばらしかったことが実証され、研究会でその成績が発表されていた。それでも、戦艦中心の思想はふかく根づよかった。その結果として大和、武蔵の二大戦艦を産んだ。これは技術の粋を集めた、じつに驚くべきものであった。

私も扶桑艦長ののちに武蔵艦長を約六ヵ月つとめた。当時、武蔵は古賀峯一長官の旗艦として、主としてトラックに在泊していたが、ときどき環礁内で主砲射撃の訓練をおこなった。その射撃術の進歩、砲力の偉大なのには自分も驚かされた。なにしろ四万メートル以上から射撃は開始され、どんどん命中し、敵のマストが水平線に現われてくるころには勝負がついてしまおうというのだから、驚いたものだ。方向距離は飛行機で測定し、北辰電機でつくった精度のいいジャイロコンパスを利用し、しかも一番艦武蔵の発令所から二番艦大和の射撃も同時に指揮し、二艦の一斉射撃まで訓練していたのである。

それで今度の戦争で彼我戦艦の決戦という場面を出現させたかったものだったが、そうは問屋がおろさなかった。航空機の発達は、ついに母艦がその地位をうばって海上の主力となり、その決戦距離は一五〇～二〇〇浬(かいり)となった。戦艦の決戦距離を二十浬とすると、とうてい比べものにならない。

日本の艦艇は戦術運動を有利にし、また挑戦避退の自由を得るため、いくらか優速にできていた。しかし、戦艦の巨砲をもって敵機動部隊を撃滅せんとして一〇〇浬の距離を二ノットの速力差で縮めんとすれば、約二昼夜を要する。その間、まる二日の昼間、艦載機の攻撃にさらされねばならず、たとえ敵に近迫しえたとしても、すでに燃料を消費しつくしているであろう。

敵は洋上補給も可能であるが、わが艦隊は敵地に立ち往生となる。戦艦部隊と機動部隊との戦闘が問題にならないのはあきらかである。

これが戦艦を衝角(ラム)と称するゆえんである。

宇垣纏中将は昭和二十年四月七日、大和沈没の日の戦藻録につぎのように論じている。

「燃料の欠乏はなはだしき今日において戦艦を無用の長物視しまたやっかいな存在視するは皮相の観念にして一たび、攻撃に転ぜば必要なること。敵が戦艦の多数を我等の眼前に使用し、第三十二軍は戦艦一隻は野戦七コ師団に相当し、これが撃滅をたびたび、要望し来れるに徴するも明かなり。すなわち航空専門屋等はこれにてやっかいばらいしたりと思惟するむきもあるべきも、なお保存して決号作戦等に使用せしむるを妥当としたりと断ずるものなり」

さすがは帝国海軍をリードした大艦巨砲論者の雄、この期におよんでも一歩もその論旨をゆずってはいない。しかし、ここに重大な一事を忘れている。それは、敵は本土攻撃の第一着に内海の大和を空襲撃沈するであろうことだ。そして敵の戦艦が海岸陣地に有効な砲撃をくわえ得たのは、敵の制空権下においてであることを失念している。

レイテ海戦の正体

レイテ海戦については諸説ごうごうとして尽きないが、この戦艦衝角論を一読してレイテ海戦の意義を考えれば、おのずからはっきりするだろう。明鏡に照らして初めて物の本態がわかる。鏡が曲がったり曇ったりしていたのでは、物の正体がわかる道理はない。戦艦はいかに堂々と見えても、すでに衝角に過ぎない。海上の主兵は母艦に変わってしまった。変わらないのは艦隊将兵の頭の切換えだけである。

しかし、連合艦隊司令部は、すでに頭の切換えが出来ていたと思われる。

レイテ海戦ははじめから水上特攻戦であった。ただ命令には明らかに特攻と明記していないだけである。のちに行なわれた大和、二水戦の沖縄突入戦となんら異なるところはないのである。その理由は、有効な母艦兵力を伴わない艦隊が敵の機動部隊に立ち向かっても、勝算はゼロであるからだ。母艦の決戦距離を一〇〇浬とし、戦艦のそれを二十浬としても八十浬、アウトレンジされている。

わが方は夜戦に自信ありというが、夜戦の主兵たる魚雷はさらに肉薄しなければ効果はないのみばかりか、全面避退の目標に対しては目標面が小さく命中率がよくない。夜戦は先に述べたように、主力部隊だけで決戦するものではない。また、しようとしても出来ないのは、ミッドウェー海戦でもサイパン沖海戦でも経験ずみである。この両海戦とも味方母艦部隊の被害を受けたのち夜戦を決行せんとして敵に向かったが、成算なく中止している。すなわち、勝算はゼロで味方の全滅は必至であり、敵にいくらかの損害をあたえるかも知れないというのは、すでにして特攻作戦である。

小沢部隊の四隻の母艦があるではないかという者があるかも知れないが、当時の搭乗員は多少技量のある者は基地航空隊に補充して、母艦は名のみで搭載機数も少なく、搭乗員はかろうじて発艦できるだけであった。小沢部隊は初めからオトリ部隊としてしか価値はないのだ。

連合艦隊長官が森厳なる統帥に徹せよといったのは、皆死んでくれという意味である。栗田長官も小沢長官も西村司令官もよくその意味を了解していたと思われる。栗田長官が出撃前夜、「国破れて艦隊残るも恥さらしであろう。おそらく、大本営は本艦隊に死場所を与えるつもりであろう」と語っているのを見ても、十月二十四日十七時十四分、シブヤン海で「いいんだ。行くんだ」といって反転、敵に向かったのを見ても明らかである。西村司令官

大改装後の扶桑の煙突をはさんで前向き３番砲上の射出機は艦尾へ移設

はなんにもいわないが、その行動がよく雄弁にこれを物語っている。
ただ、参謀長以下、艦隊の将兵たちに対しては、敵の機動部隊を撃滅する——くらいのことをいって置かねばおさまりがつかないから、そういうことにしておいたまでだと思う。それなら、十月二十五日十三時十三分、レイテ湾をへだたる四十五浬にて突入をやめ反転北上したのはなぜか、という疑問がおきるのは当然である。これは栗田長官の仏心がそうさせたものと、私は判断している。この時すでに多くの艦を失い多数の将兵を戦死させている。
またこの反転の直前には、米航空母艦が沈没して何百という米兵がそれぞれの漂流物につかまって、海面一面に浮かんでいるのを目撃している。
これ以上、戦って彼我の将兵を殺しても、すでに大勢を決した戦況には変わりはないという仏心が心の底にわいたものと思われる。これは平素から思いやりの深い栗田長官の人格を知るものには、ピンとくると思う。

小柳冨次参謀長はこの反転の理由として港内の空船を撃つよりは敵機動部隊の撃滅に向かうのだといっているが、敵機動部隊との戦闘の無意味なことは前述のとおりだし、もし栗田部隊でこれが撃滅できるなら、なにも小沢部隊のオトリ作戦も西村部隊の牽制作戦もその必要はなかったのである。また港内の空船というのもおかしい。いかに船舶が豊富な米軍でも、人員兵器の揚陸を終わった空船がいつまでも敵地の港湾に残っているはずがない。現にマッカーサー司令官も、まだこのとき船上にいたのである。

どうしてもこれは理窟では判断できない。ただ栗田長官の仏心というほかはない。このとき長官は、連合艦隊長官に「レイテ湾突入をやめ、北上して敵の機動部隊を求めて決戦、午後、サンベルナルジノ海峡を突破せんとす」と報告している。

折りかえし連合艦隊長官よりあくまでレイテ湾突入を要求する電令があればもちろん、ふたたび反転突入の覚悟であったろう。また、もしこの反転に対してお叱りを受けるとしたら、栗田一身で責任をとる覚悟であったろう。

私も長年、指揮官であった経験から、また帝国海軍の伝統から、この判断に間違いはないと思う。レイテ海戦では戦闘五日間で、味方の損害は空母四隻、戦艦三隻、重巡六隻、軽巡四隻、駆逐艦十隻、潜水艦五隻である。名実ともに特攻作戦というべきである。

レイテ海戦で西村支隊は敵の魚雷艇になやまされた。その駆逐艦三隻はあきらかに魚雷艇のために撃破され、山城、扶桑、最上にもおそらく相当数の魚雷艇の魚雷が命中したものと思われる。

この海戦で沈没した戦艦は三隻であるが、武蔵はシブヤン海において敵の機動部隊の艦載機の攻撃により、逃げても逃げても逃げきれず沈没し、山城、扶桑はいずれもスリガオ海峡の夜戦において突入また突入して、魚雷艇、駆逐艦、巡洋艦および戦艦の集中攻撃によって沈没している。そして、この三隻の戦艦はいずれもほとんど戦果らしい戦果を挙げていない。簡単にいえば戦艦は逃げても進んでも撃沈され、なんの役にも立たなかったということになる。

スペインのインビンシブル、アルマダは英国のフリゲートに敗れた。日本の無敵艦隊は魚雷艇と飛行機に敗れた。

戦後、戦艦は世界各国の海軍で現役から姿を消したのでいまさら、戦艦有用論をとなえるものもあるまいが、時代の変遷はきびしいもので、大艦巨砲の時代はかくしてその幕を閉じた。

ここでスリガオ海峡で戦艦に勝った魚雷艇に関して、いささか所見を述べてみたい。

私は昭和八年、駐英中、サウザンプトンのブリティッシュ・パワーボート・カンパニーを視察したことがある。もちろん、高速魚雷艇を見たかったのであるが、それは許されなかった。しかし、各種の高速艇を見て非常に進歩していることを知り、わが国でも魚雷艇の研究に力を用うべきだと意見を具申したことがある。その後、水雷学校などでイタリアの魚雷艇を買っていろいろ研究をしたが、日本近海では波が荒れてうまくいかなかったようだった。

それでも私は、ずっと魚雷艇について関心をもっていたので、今次大戦中、機動艦隊の筑摩艦長として何回か赤道を往復し、東は真珠湾から西はインド洋まで、北は千島から南はソロモン群島までの実際に遭遇した海上の模様を毎日たんねんに記録して研究し、一つの結論に達した。それは北緯二〇度から、南緯二〇度の海面ではいつでも、魚雷艇の行動に適当であるということであった。

当時あいつぐソロモンの消耗戦で味方の夜戦部隊が苦戦をしているときであったが、この海面で敵の進攻を阻止するには無数の魚雷艇を配し、昼間はジャングルに隠れ夜間に出動しては敵を攻撃するゲリラ戦法にしくはない。

おいおい優勢となった敵の飛行機も、これに対しては適切な掃蕩方法がなく、敵の夜戦部隊もてこずるだろうという意見を提出した。

艦隊司令部でも、これを了承して軍令部へ伝達した。その結果、あわてて魚雷艇の建造に着手したが、失敗して関係技術者が自殺するなどの事件まで起こしたが、ついに間に合わず終戦となった。

南溟に映える戦艦「山城」最後の英姿

悲壮な使命をおびてスリガオ海峡に突入した西村部隊旗艦の死闘

戦史研究家　伊藤一郎

昭和十九年十月の米軍のフィリピン進攻は、日米決戦の天王山といわれた。その年の六月にマリアナで敗れた連合艦隊が、ふたたび戦勢を逆転すべく、押しよせる米艦隊を全力をあげて邀撃しようとしたのは当然のことであった。

米軍がレイテ湾頭に姿をあらわしたのは、十月十七日であった。そして二十日には大規模な艦砲射撃の後、レイテ島北部のタクロバンに上陸を開始した。連合艦隊はかねてより、このような場合に対して捷号作戦と称する作戦計画を立てていたが、ついに十月十八日午後、作戦の発動が発せられたのである。

すなわち小沢治三郎中将の機動部隊が瀬戸内海より出撃して、ルソン島の東方洋上に作戦し、米空母群の攻撃をさそっている間に、第一遊撃部隊はシンガポール南方、スマトラ東岸沖のリンガ泊地より出撃して、第一および第二部隊がフィリピン中部のシブヤン海からサンベルナルジノ海峡をぬけ、第三部隊が南部のミンダナオ海からスリガオ海峡をぬけて、ともにレイテ湾に突入し、所在の米艦隊と輸送船団を撃滅するという作戦である。作戦発動後、第二遊撃部隊も補強されて、第三部隊の後方に続行して、レイテ湾に突入するように定められた。

西村部隊の大黒柱として

リンガ泊地を出撃した第一遊撃部隊は、いったんボルネオ北岸のブルネイに入港して給油の後、第一および第二部隊は、十月二十二日朝八時五分、第三部隊は同日午後三時、いずれもブルネイをあとにした。

第三部隊の陣容は、この作戦に参加した艦隊のなかでも、もっとも劣勢であり、旗艦の戦艦山城（やましろ）以下、同型艦の扶桑、後部二砲塔を撤去して観測機十一機を搭載して航空巡洋艦となった最上（もがみ）が主力で、駆逐艦満潮、朝雲、山雲、時雨が直衛任務についていた。

第三部隊は二十四日未明、なにごともなくミンダナオ海に入り、速力十三ノットで東進をつづけた。九時五分、米空母エンタープライズとフランクリンより発進した索敵機は、西村部隊を発見し九時十八分、急降下爆撃機二十機が来襲した。やがて扶桑のカタパルトに一弾が命中し、航空用ガソリンタンクに引火して、約一時間にわたって燃えつづけた。

二十四日の米軍の航空攻撃は、主としてシブヤン海を東進中の栗田部隊に対してくわえられたので、西村部隊に対する攻撃は、これが唯一のものであった。

しかしレイテ湾にあった米艦隊の戦闘部隊を指揮していたオルデンドルフ少将の最大の関

心事は、その西村部隊であったのだ。彼は西村部隊の来攻を、二十四日夜から二十五日未明と判断して、これを迎え撃つ準備をすすめた。

敵ながら天晴れのT字戦法

まずミンダナオ海の東部ボホール島付近から、レイテ湾の入口スリガオ海峡にいたる間には三十九隻の魚雷艇が、十三のグループに分かれて配置されていた。

そしてスリガオ海峡をぬける海域には、恐るべき砲戦部隊が西村部隊の来攻を今や遅しと待ち構えていたのである。

恐るべき部隊とはなにか。それは西村部隊とは比較にならぬ、強力な戦艦と巡洋艦の集団であった。

西村祥治中将はすでに最上の索敵機からの報告で、レイテ湾内に優勢な米艦隊が待ちうけていることを知っていた。

西村部隊は全滅し、指揮官もその幕僚も全員戦死をとげてしまったので、西村中将が劣勢な艦隊を率いて、絶望的な死地にむかって敢然として進撃した真意は知る由(よし)もない。

二十四日午後九時、ボホール島南方で西村部隊は索敵のため、最上と満潮、朝雲、山雲を先行させた。しかし皮肉なことに、最初に魚雷艇の哨戒線にひっかかったのは本隊であった。

十時三十六分、魚雷艇はボホール島沖でレーダーによって三隻の艦の東進中しているのをみとめ、ただちに接敵行動を開始した。

砲塔6基12門。扶桑や伊勢型との3番4番砲塔の配置のちがいがわかる

十時五十分、ついに肉眼で西村部隊を発見したが、二分後には日本側も魚雷艇をみとめて、時雨のサーチライトはその一隻を照らし出すと同時に、攻撃をくわえた。一方、最上隊も二十五日午前零時十五分、魚雷艇二隻（PT151、146）の攻撃をうけたが被害なく、これを撃退した。

零時五十分、本隊と最上隊はふたたび合流し、十分後には接敵隊形を命じて東進をつづけた。先頭には満潮が占位し、朝雲、山城、扶桑、最上と単縦陣を形成し、旗艦山城の両側には、左翼に時雨、右翼に山雲が配された。

扶桑にむけた集中砲火

スリガオ海峡に入ると、魚雷艇の攻撃は活発化した。攻撃は二時五分から十三分まで、延べ十一隻がつぎつぎと現われた。しかし西村隊は巧妙な作戦をつづけて、ほとんど損害もうけなかった。

PT490は大きな損害をうけて沈没を防ぐため、み

大改装工事を終え、公試運転中の山城。24.5ノットで全力航走中。36cm連装

ずから海岸に擱坐し、PT493は退避の途中、暗礁にふれて沈没している。

このときすでに西村部隊の両側には、さらに強力な敵が迫りつつあった。

東方から迫ったのはカワード大佐の率いる駆逐艦三隻、レミイ、マックゴーワン、メルヴィンであり、西方から南下して来たのはフィリップス中佐指揮の駆逐艦二隻、マクダーモット、モンセンであった。

二時五十六分、時雨は北方から急速に近づくカワード隊を発見したが、距離が遠すぎて発砲にいたらず、さらに両軍の距離は刻々と縮まって、三時にはついにカワード隊の三隻は合計二十七本の魚雷を発射した。

三時八分より九分の間に、その一発は扶桑に命中し、扶桑は右舷に傾斜して列外に出ることになった。西方から近づいたフィリップス隊は、三時九分より十一分の間に二十発の発射を完了し、三時二十分、西村部隊の列線に達して、恐るべき効果を発揮した。

三時五十四分より五十八分の間にコンクリー大佐の駆逐艦三隻、また五十九分にはブールウェア中佐の駆逐艦三隻が攻撃にうつったが、まったく戦果をおさめることができなかった。四時四分、最後のスムート大佐の率いる駆逐艦三隻が攻撃コースに入り、山城にはさらに一発が命中した。

しかし西村部隊の反撃も激しく、アルバート・W・グラントは四時七分からつづけて命中弾をうけ、四時二十分には完全に停止してしまった。そして命中弾のうちの何発かは、北方の味方巡洋艦から発射されたものだったのである。戦死または行方不明三十四名、負傷九十四名という損害は、この海戦で米軍がうけた最大の被害であった。

名将とともに沈む名艦に栄えあれ

レイテ湾の入口に陣列をひいて西村部隊を待ちうけていた砲戦部隊が、砲撃の火ブタを切ったのは三時五十一分である。

二分後、戦艦隊も一斉に砲門をひらいた。直進する西村部隊に対し、T字戦法の利をうばった米艦隊の砲撃はすさまじく、西村部隊の三艦はたちまち水柱につつまれた。

このとき西村部隊の各艦は、主砲で敵艦隊右翼の巡洋艦部隊を攻撃し、副砲で魚雷攻撃に突進してくる駆逐艦をねらっていたようである。しかし、このような不釣合いな戦闘が長くつづくはずがない。山城も最上も、火炎につつまれていた。そして四時十九分、ついに山城は、勇敢な乗員たちを乗せたまま転覆沈没したのであった。

このようにして山城は、その輝かしい戦歴にピリオドを打ったのであるが、この善戦ぶりは、わが戦艦史上に永くたたえられることであろう。

天皇と戦艦 三代過去帳

日清日露から太平洋戦争まで海軍の興亡と共にあった天皇と軍艦物語

元伏見宮元帥副官・海軍大佐　山屋太郎

天皇陛下が飛行機でヨーロッパ諸国を訪問された。しかし、昭和天皇はその五十年前、すなわち大正十年三月、まだ皇太子のとき、軍艦ではじめてヨーロッパ諸国を歴訪されている。お帰りは同年九月で、そのときのお召艦は戦艦香取、供奉艦は姉妹艦の鹿島である。

香取（一万六九五〇トン、英国ビッカース社製）鹿島（一万六四〇〇トン、英国アームストロング社製）は、日露戦争ののち最初にできたもっとも有力な戦艦で、両艦とも明治三十九年五月竣工、その年の八月に相前後して日本に到着した。その艦名は、国土平定の軍神フツヌシノミコトおよびタケミカヅチノミコトを祭神とする香取、鹿島両神社に由来するものである。

なにしろ軍艦に乗ってはじめて航海されたのだから、艦上の生活の懐かしい思い出は、数多いことと察することができる。それは昭和四十二年宮中歌会始での御題〝魚〟の天皇のお歌にもその一端がうかがわれる。

昭和6年秋の陸軍特別大演習に行幸された天皇の御召艦榛名

わが船にとびあがりこし飛魚を　さきはひとしき海を航きつつ

このお歌は、お召艦香取の甲板に飛び魚が三匹とびこんだときのことを回想して、お詠みになったものである。奥深い九重の宮殿から、せいぜい須磨、明石あたりの海浜風景を詠まれた歴代天皇のお歌と、大洋の真っ只中での実感を詠まれたこのお歌を対比して、感とくに深いものがある。

このお歌の中で「さきはひとしき」――吉兆としてお喜びになったことに関連し、故事来歴をのべてみよう。

遠い昔、周の武王が殷の紂王(ちゅうおう)征伐にむかう途中、河をわたって中流にさしかかると、王の船に白魚がおどりこんだ。

武王は、白色は殷(いん)の正色であるから白魚が船にとびこんだのは、殷の軍が帰順する前兆だといって大いに喜んだ。武王は、やがて殷をほろぼして天下をおさめた。

わが国では、平清盛が伊勢の安濃津から海路、熊野権現に参詣する途中、大きなスズキが船におどりこんだので、周王の故事にちなんで、これこそ権現のご利益と大いに喜んだ。そしてみずから調理してこれを食べ、家の子郎党にも食べさせた。これが清盛の出世の第一歩であったと、平家物語にはいわれている。

北条五代記にも似たようなことが書いてある。天文六年（一五三七）北条氏綱が小田原で船遊びをし、漁船のカツオ釣りを見物していたとき、カツオが一匹船にとびこんだ。氏綱は勝つ魚だといって大いに喜び、さっそく酒の肴（さかな）にした。それからまもなく、武蔵に上杉朝定を打ち破って、その国を平定した。

さて今回の天皇の外遊にはゲバ学生の阻止運動があったが、五十年前のときにも、左翼でなく右翼壮士たちの外遊阻止行動があった。その動機はまったく別だが、なんとなく時の流れをおもわせる。

お気の毒だった艦内の食事

私は大尉のとき、戦艦榛名（はるな）の分隊長をつとめたが、昭和六年秋、九州で天皇ご統監のもとに陸軍特別大演習がおこなわれ、榛名はお召艦となって横須賀、鹿児島間を往復した。陛下は政務に忙殺された日常から解放され、ひさしぶりに艦内の生活にうちくつろがれ、ご満悦のようすであった。航海中は乗員の剣道、柔道、銃剣術、相撲などをお見せしたが、相撲はとくに気にいられた。

また士官室士官は、ご昼食のとき毎回二名ずつ陪食を許されていたため、よく末席をけがしたが、陛下はとくにこれらの士官に言葉をかけられ、一同感激していた。ついでながら、宮中では陪食というのは正式のごちそうをいただくことで、相伴というのは大奥で陛下と同じふだん召し上がる食事を賜わることである。相伴のほうが陪食よりも格式は上だが、一汁四菜ていどの質素なもので、しかも御飯は七分つきの白米である。

陛下が召しあがる食料品は、軍艦側で吟味して調達するが、飲み物としては宮内省から大きなガラスびんに入れた蒸留水をもっていった。軍艦では遠洋航海などで水道の水がなくなると、蒸留水をつくって飲むのであるが、蒸留水は味のない、まずい味であるうえ、便秘、下痢を起こすことがある。そんな蒸留水のびんを見てまことに気の毒と思ったものであった。

鹿児島在泊中、県知事から海綿そのほか各種の海洋生物が献上されたので、後甲板に樽をならべ生物が死なないように、消防ポンプでたえず海水をながしこんでいた。陛下は、これが唯一の趣味であるところから、ご帰航の途中も熱心に観察しておられた。

海水は、このようにいつも流していないと、海綿などはすぐ死んでしまう。それでも排泄物のにおいが鼻をつく。かつて私は海岸でこれを磯のかおりといって、喜んで胸いっぱい吸っていたことを思い出してしまった。

明治元年の第一回観艦式で

明治天皇がはじめて軍艦をご覧になったのは、明治元年（慶応四、一八六八）のことである。この年の一月、鳥羽伏見の戦いの後、十五代将軍徳川慶喜は江戸に走り、二月、西郷隆盛らの官軍が東征大総督有栖川(ありすがわ)熾仁親王を奉じて京都を進発、江戸にむかった。おなじく三月、天皇は大阪に行幸し、二十六日、天保山沖に停泊する諸藩の軍艦の操練をご覧になった。

そのころは軍艦とは名ばかりで、最大のものでさえわずか六百トンていどの木船で、合計六隻、二三〇〇トンに過ぎず、その船名と所有藩は電流丸（佐賀藩）、万里丸（熊本藩）、華陽丸（山口藩）、万年丸（広島藩）、三邦丸（鹿児島藩）などであった。

はなはだ貧弱ではあるが、幕府が大船建造の禁をといたのが、これより十五年前、すなわちペリーが来航した嘉永六年（一八五三）九月のことだから、これは天皇がはじめて軍艦というものをご覧になった画期的な出来事である。

このご親閲は観艦式とはいわなかったが、実質的には最初の観艦式であり、はじめて皇礼砲がおこなわれ、同地在泊のフランス軍艦も皇礼砲をおこなったとのことである。当時の庶民は〝天子様のお顔を直接おがんだら目がつぶれる〟と思っていたほどだから、その天皇が軍艦ご親閲のため九重の奥からお出ましになったと聞き伝えただけで、国民全般に大きな衝動をあたえ、これが海軍興隆の素地をなしたものと思われる。

それからまもなく、八月に旧幕府海軍副総裁榎本(えのもと)武揚らが幕府軍艦開陽、蟠龍、回天、千代田形ほか数隻をひきいて品川を脱走して北海にむかった。官軍は先に幕府からおさめた朝陽、陽春、甲鉄および諸藩から徴発した春日、丁卯などの艦船をもってその討伐にあたらせた。

九月八日、年号があらためられて明治となったが、内外ともに国事は多難であり、十月になって「海軍ハ当今第一ノ急務ナルヲ以テ速カニ基礎ヲ確立スヘシ」との沙汰があり、ここにはじめて日本海軍経営の第一歩がふみ出されたのである。

明治二年五月、榎本武揚らが函館の五稜郭を出て降服し、新政府の全国統一が達成されたので、六月十六日、品川沖で凱旋整列式というのが行なわれた。参加艦船は六隻、合計四千トンである。

その後、諸大名が藩籍を奉還し、これにともない明治三年から四年までに、その私有艦船を朝廷におさめた。これにより教育そのほかの諸制度もつぎつぎと定められ、造船その他の機関も設けられるようになって、天皇は明治四年十一月、横須賀造船所に行幸になった。

品川から横須賀までは往復とも龍驤に乗御し、横須賀沖では第一艦隊龍驤、筑波、春日、第一丁卯、孟春の五隻と、第二艦隊日進、甲鉄、鳳翔、第二丁卯、千代田形の五隻の大砲発射操練をはじめてご覧になった。この龍驤という艦は、明治三年、英国で建造した木製鉄帯、二五三〇トンの帆走汽船で、熊本藩が献納した当時としては最大最優秀の軍艦である。

このころの艦船は、戦艦とか巡洋艦とかの名称がなく、帆装軍艦の種別であるスループ、スクーナー、ガンボート、デスパッチボート、コルベット、フリゲートなどといっていたが、明治六年、艦船を軍艦と運送船とにわけ、軍艦は乗組人員数、運送船はトン数で等級を定めた。

ちなみに、明治十六年（一八八三）に初めて巡洋艦（巡航艦とも）の名があらわれ、その

後檣上に天皇旗が翻る御召艦榛名（左）を先頭に供奉艦比叡、磐手がつづく

のち砲艦、報知艦（のちに通報艦）、海防艦、水雷艇の称呼も出てきた。

また明治三十一年（一八九八）に〝軍艦及水雷艇類別等級標準〟が制定され、このときはじめて戦艦の名があらわれ、一万トン以上の軍艦を戦艦と定めた。その最初の戦艦は、明治三十年八月竣工の富士（一万二六四九トン）である。

ともあれ天皇は明くる明治五年、ふたたび龍驤に乗艦して近畿、中国、九州方面を巡幸された。五月二十三日、品川を出港してから、金田湾、鳥羽、紀州大島、大阪、小豆島、鞆、馬関、長崎、熊本、鹿児島に寄港し、瀬戸内をとおって丸亀、兵庫、神戸、金田湾をへて横浜に帰港された。その間約二ヵ月で、このあいだ神宮および山陵参拝、地方民情の視察をすまされた。

天皇はまた明治九年に、東北、北海道を巡幸され、その帰途の七月十八日、函館から明治丸に乗船して、二十日、横浜にお着きになった。お召船には、右大

昭和３年12月、昭和天皇即位を記念して横浜沖で挙行された大礼特別観艦式。

臣岩倉具視、内閣顧問木戸孝允、艦船万務指揮海軍少将伊東祐麿らが陪乗、軍艦清輝が先導し、供奉には高雄丸が奉仕した。出港当初は霧に苦しめられ、つづいて悪天候となり、随員の多くは船酔いになやまされて絶食していたが、天皇は顔色もかえず、落ちつきはらった様子だったという。

明治丸は政府の灯台視察船として、明治七年、英国で建造した日本随一の鉄製機帆船で、二本マスト、総トン数一〇二八トン、お召船として最適の船であった。本船は、明治二十九年、東京商船学校（商船大の前身）の練習船となり、三本マストに改装され、越中島の大学構内に海洋博物館として保存され、百年の船齢を迎えようとしている。

このことは、ながく鎖国の因習にとらわれ、海をおそれる国民にたいし、天皇が海への関心を高め、海国民としての将来に力強い指針をあたえられた重大な意義があるので、天皇が横浜にお帰りになった日を記念して、昭和十六年に海の記念日が制定された。

海軍育成につとめた明治天皇

明治二十三年（一八九〇）四月、ひさしぶりで観艦式がおこなわれた。当時はこれを観艦式といわず観兵式といったが、実質的には第一回の観艦式とされている。場所は神戸沖で、参加艦船は巡洋艦浪速、扶桑以下の十九隻、合計三万二千トン、お召艦は巡洋艦高千穂（三六五〇トン、十八ノット）であった。

高千穂は明治十七年三月二十二日、英国アームストロング社で起工、十九年竣工した最新式の軍艦で、これと同じ日に同じ造船所で起工し、これより二ヵ月早く竣工した浪速と姉妹艦である。浪速についてロンドンタイムスは、「この艦は、諸国軍艦のうち、速力が最大で備砲もすぐれ、防禦も完全であり、最新式の装備をほどこした巡洋艦である」といった要旨の記事を掲載した。

ともあれ第一回の観艦式より先の明治二十年、海軍育成に格別の気持をそそがれた明治天皇は、海軍拡張のため御内帑金三十万円をだされたため、民間からもこれにならって二一四万円の献金が寄せられた。

その後、明治二十五年、帝国議会に政府から提出した予算案のうち、軍艦建造費が衆議院で削除されたことがある。

このころ朝鮮においてわが国と清国との間に紛争が絶えず、清国は朝鮮を属国視し、陰に陽にその勢力を半島に扶植して、日本に大きな脅威をあたえるような情勢になった。

当時、清国には北洋、南洋、福建、広東の四艦隊があり、世界に誇る大甲鉄艦鎮遠、定遠の二隻を有していたが、わが国にはこれに対抗できる軍艦がなかった。

この両艦は明治二十三年から四年にかけて、横浜をはじめ日本の主な港に来航してその威容をしめし、わが国民に大きな恐怖をあたえたものであった。

一方、世界の海軍国では軍艦、兵器の改良進歩がいちじるしく、このままでは国防に重大な支障をきたす情勢であった。明治天皇は、深くこのことを憂慮し、

「国家軍防ノ事ニ至リテハ苟モ一日ヲ緩クスルトキハ或ハ百年ノ悔ヲ遺サム朕茲ニ内廷ノ費ヲ省キ六年ノ間毎歳三十万円ヲ下付シ又文武ノ官僚ニ命シ特別ノ情状アル者ヲ除ク外同年月間其俸給十分一ヲ納シ以テ製艦費ノ補足ニ充テシム」という詔書がくだされた。

そこで衆議院は予算案を再審議して、海軍予算を復活させた。議員の歳費値上げには与野党こぞって賛成する昭和の議会とくらべて、今昔の感なきをえないが、それはさておきこの結果、わが国最初の戦艦富士、八島が英国に発注され、両艦は明治三十年八月以降に相ついで日本に到着した。

第二回の観艦式は明治三十三年（一九〇〇）、大演習ののち神戸沖でおこなわれた。観艦式の名がつけられたのは、この時がはじめてである。

日本海軍は戦艦六隻、装甲巡洋艦六隻を基幹とする均斉のとれた、いわゆる六六艦隊を保有することを目標としていたが、このときの観艦式には戦艦富士、八島、敷島、装甲巡洋艦

常磐（ときわ）がくわわり、お召艦には常磐の姉妹艦である浅間が選ばれた。浅間は、このあと三回つづけてお召艦をつとめている。

明治三十六年、第三回の観艦式のころには、戦艦では朝日、初瀬、三笠の三隻、装甲巡洋艦では吾妻、八雲、出雲、磐手の四隻も完成し、参列艦六十一隻、合計二十一万七千トンとなり、その大部分は日露戦争で活躍した。

大正二年（一九一三）に横須賀沖でおこなわれた第七回の観艦式は、大正天皇第二回目のご親閲であり、お召艦にははじめて戦艦があてられ、香取がその役をつとめた。こののち、お召艦には筑波をのぞいてみな戦艦をあて、陸奥、比叡、榛名などがその役をつとめた。天皇ご親閲の観艦式は、昭和十五年（一九四〇）横浜沖でおこなわれた特別大演習観艦式が最後である。終戦後は、海上自衛隊の観艦式がおこなわれているが、観閲官は首相か防衛庁長官である。今後、天皇ご親閲はいつの日か。それはだれにもわからない。

※本書は雑誌「丸」に掲載された記事を再録したものです。執筆者の方で一部ご連絡がとれない方がありま す。お気づきの方は御面倒で恐縮ですが御一報くだされば幸いです。

単行本　平成二十六年九月　潮書房光人社刊

NF文庫

戦艦十二隻

二〇二〇年十一月二十二日 第一刷発行

著 者 小林昌信他

発行者 皆川豪志

発行所 株式会社 潮書房光人新社

〒100-8077 東京都千代田区大手町一-七-二

電話/〇三-六二八一-九八九一(代)

印刷・製本 凸版印刷株式会社

定価はカバーに表示してあります

乱丁・落丁のものはお取りかえ致します。本文は中性紙を使用

ISBN978-4-7698-3189-1 C0195

http://www.kojinsha.co.jp

NF文庫

刊行のことば

第二次世界大戦の戦火が熄(や)んで五〇年——その間、小社は夥しい数の戦争の記録を渉猟し、発掘し、常に公正なる立場を貫いて書誌とし、大方の絶讃を博して今日に及ぶが、その源は、散華された世代への熱き思い入れであり、同時に、その記録を誌して平和の礎とし、後世に伝えんとするにある。

小社の出版物は、戦記、伝記、文学、エッセイ、写真集、その他、すでに一、〇〇〇点を越え、加えて戦後五〇年になんなんとするを契機として、「光人社NF（ノンフィクション）文庫」を創刊して、読者諸賢の熱烈要望におこたえする次第である。人生のバイブルとして、心弱きときの活性の糧(かて)として、散華の世代からの感動の肉声に、あなたもぜひ、耳を傾けて下さい。